实例020 通过裁剪（入点）编辑"电子广告"文件
- 视频位置：视频 \ 第2章 \020 通过裁剪（入点）编辑"电子广告"文件.mp4

实例021 通过裁剪（出点）编辑"旅途记忆"文件
- 视频位置：视频 \ 第2章 \021 通过裁剪（出点）编辑"旅途记忆"文件.mp4

实例022 通过裁剪-滚动编辑"情深似海"文件
- 视频位置：视频 \ 第2章 \022 通过裁剪-滚动编辑"情深似海"文件.mp4

实例023 通过裁剪-滑动编辑"古镇欣赏"文件
- 视频位置：视频 \ 第2章 \023 通过裁剪-滑动编辑"古镇欣赏"文件.mp4

实例024 通过多机位模式编辑"婚纱摄影"文件
- 视频位置：视频 \ 第2章 \024 通过多机位模式编辑"婚纱摄影"文件.mp4

实例027 通过作为序列添加到素材库编辑"成长记录"文件
- 视频位置：视频 \ 第2章 \027 通过作为序列添加到素材库编辑"成长记录"文件.mp4

实例029 通过导入视频素材导入"清凉菜系"文件
- 视频位置：视频 \ 第3章 \029通过导入视频素材导入"清凉菜系"文件.mp4

实例033 通过剪切素材文件编辑"真爱一生"文件
- 视频位置：视频 \ 第3章 \033通过剪切素材文件编辑"真爱一生"文件.mp4

实例034 通过波纹剪切素材编辑"新品汉堡"文件
- 视频位置：视频 \ 第3章 \034通过波纹剪切素材编辑"新品汉堡"文件.mp4

实例036 通过精确删除功能删除视频素材
- 视频位置：视频 \ 第3章 \036直接删除"室内广告"视频素材.mp4

实例041 通过设置素材出点编辑"节日模版"文件
- 视频位置：视频 \ 第4章 \041通过设置素材出点编辑"节日模版"文件.mp4

实例042 通过为选定的素材设置入/出点编辑"快乐童年"文件
- 视频位置：视频 \ 第4章 \042通过为选定的素材设置入/出点编辑"快乐童年"文件.mp4

实例043 通过消除素材的入点与出点编辑视频画面
• 视频位置：视频 \ 第4章 \043 分别消除"城市的夜"素材的入点与出点.mp4

实例050 通过设置视频素材速度剪辑"电影片段"文件
• 视频位置：视频 \ 第4章 \050 通过设置视频素材速度剪辑"电影片段"文件.mp4

实例057 通过"YUV曲线"滤镜校正"清明时节"文件
• 视频位置：视频 \ 第5章 \ 057 通过"YUV曲线"滤镜校正"清明时节"文件.mp4

实例058 通过"三路色彩校正"滤镜校正"城市夜景"文件
• 视频位置：视频 \ 第5章 \058 通过"三路色彩校正"滤镜校正"城市夜景"文件.mp4

实例062 通过"反转"滤镜校正"青柠檬"文件
• 视频位置：视频 \ 第5章 \062 通过"反转"滤镜校正"青柠檬"文件.mp4

实例063 通过"提高对比度"滤镜校正"冰山时钟"文件
• 视频位置：视频 \ 第5章 \063 通过"提高对比度"滤镜校正"冰山时钟"文件.mp4

实例065 通过添加视频滤镜制作视频特效
• 视频位置：视频 \ 第6章 \065通过添加视频滤镜制作"幸福恋人"文件.mp4

实例065 通过添加视频滤镜制作视频特效
• 视频位置：视频 \ 第6章 \065 通过添加多个视频滤镜制作"音乐频道"文件..mp4

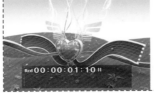
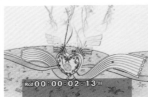

实例066 通过删除视频滤镜制作"向往"文件
• 视频位置：视频 \ 第6章 \066 通过删除视频滤镜制作"向往"文件.mp4

实例067 通过"镜像"滤镜制作"动漫特效"文件
• 视频位置：视频 \ 第6章 \067 通过"镜像"滤镜制作"动漫特效"文件.mp4

实例068 通过"浮雕"滤镜制作"自然气息"文件
• 视频位置：视频 \ 第6章 \068通过"浮雕"滤镜制作"自然气息"文件.mp4

实例070 通过"铅笔画"滤镜制作"化妆品广告"文件
• 视频位置：视频 \ 第6章 \070 通过"铅笔画"滤镜制作"化妆品广告"文件.mp4

实例075 通过手动添加转场制作"幸福情侣"文件
- 视频位置：视频 \ 第7章 \075 通过手动添加转场制作"幸福情侣"文件.mp4

实例076 通过设置默认转场制作"小熊"文件
- 视频位置：视频 \ 第7章 \076 通过设置默认转场制作"小熊"文件.mp4

实例079 通过替换转场效果制作"名花"文件
- 视频位置：视频 \ 第7章 \079 通过替换转场效果制作"名花"文件.mp4

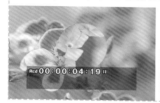

实例080 通过删除转场效果制作"图像"文件
- 视频位置：视频 \ 第7章 \080 通过删除转场效果制作"图像"文件.mp4

实例082 通过2D特效制作"荷花"文件
- 视频位置：视频 \ 第7章 \082 通过2D特效制作"荷花"文件.mp4

实例083 通过3D特效制作"相伴一生"文件
- 视频位置：视频 \ 第7章 \083 通过3D特效制作"相伴一生"文件.mp4

实例085 通过双页特效制作"香水百合"文件
- 视频位置：视频 \ 第7章 \085 通过双页特效制作"香水百合"文件.mp4

实例086 通过四页特效制作"白色的花"文件
- 视频位置：视频 \ 第7章 \086 通过四页特效制作"白色的花"文件.mp4

实例087 通过扭转特效制作"午日时分"文件
- 视频位置：视频 \ 第7章 \087 通过扭转特效制作"午日时分"文件.mp4

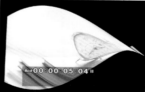

实例088 通过旋转特效制作"桃花朵朵"文件
- 视频位置：视频 \ 第7章 \088 通过旋转特效制作"桃花朵朵"文件.mp4

实例089 通过爆炸特效制作"神奇海底"文件
- 视频位置：视频 \ 第7章 \089 通过爆炸特效制作"神奇海底"文件.mp4

实例090 通过管状特效制作"婚纱影像"文件
- 视频位置：视频 \ 第7章 \090 通过管状特效制作"婚纱影像"文件.mp4

实例091　通过SMPTE特效制作"生活留影"文件

●视频位置：视频 \ 第7章 \091 通过SMPTE特效制作"生活留影"文件.mp4

实例092　通过位置关键帧制作"生如夏花"文件

●视频位置：视频 \ 第8章 \092 通过位置关键帧制作"生如夏花"文件.mp4

实例093　通过伸展关键帧制作"盛夏光年"文件

●视频位置：视频 \ 第8章 \093 通过伸展关键帧制作"盛夏光年"文件.mp4

实例094　通过旋转关键帧制作"欢度五一"文件

●视频位置：视频 \ 第8章 \094 通过旋转关键帧制作"欢度五一"文件.mp4

实例095　通过可见度和颜色关键帧制作"天真可爱"文件

●视频位置：视频 \ 第8章 \095 通过可见度和颜色关键帧制作"天真可爱"文件.mp4

实例096　通过裁剪图像制作"爱情永恒"文件

●视频位置：视频 \ 第8章 \096 通过裁剪图像制作"爱情永恒"文件.mp4

实例098　通过三维空间变换制作"花儿绽放"文件

●视频位置：视频 \ 第8章 \098通过三维空间变换制作"花儿绽放"文件.mp4

实例099　通过三维空间动画制作"永结同心"文件

●视频位置：视频 \ 第8章 \099 通过三维空间动画制作"永结同心"文件.mp4

实例100　通过变暗混合模式制作"幸福新娘"文件

●视频位置：视频 \ 第9章 \100 通过变暗混合模式制作"幸福新娘"文件.mp4

实例101　通过正片叠底模式制作"广告艺术"文件

●视频位置：视频 \ 第9章 \101 通过正片叠底模式制作"广告艺术"文件.mp4

实例102　通过色度键制作"可爱儿童"文件

●视频位置：视频 \ 第9章 \102通过色度键制作"可爱儿童"文件.mp4

实例103　通过亮度键制作"商场广告"文件

●视频位置：视频 \ 第9章 \103 通过亮度键制作"商场广告"文件..mp4

实例104 通过创建遮罩制作"海边美景"文件
• 视频位置：视频 \ 第9章 \104 通过创建遮罩制作"海边美景"文件..mp4

实例105 通过轨道遮罩制作"玩球小子"文件
• 视频位置：视频 \ 第9章 \105通过轨道遮罩制作"玩球小子"文件..mp4

实例106 通过创建单个标题字幕制作"电商时代"文件
• 视频位置：视频 \ 第10章 \106通过创建单个标题字幕制作"电商时代"文件.mp4

实例107 通过创建模版标题字幕制作"珠宝广告"文件
• 视频位置：视频 \ 第10章 \107通过创建模版标题字幕制作"珠宝广告"文件.mp4

实例108 通过创建多个标题字幕制作"汽车广告"文件
• 视频位置：视频 \ 第10章 \108通过创建多个标题字幕制作"汽车广告"文件.mp4

实例109 通过变换标题字幕制作"方圆天下"文件
• 视频位置：视频 \ 第10章 \109通过变换标题字幕制作"方圆天下"文件.mp4

实例110 通过设置字幕间距制作"情定一生"文件
• 视频位置：视频 \ 第10章 \110通过设置字幕间距制作"情定一生"文件.mp4

实例112 通过设置字体类型制作"书的魅力"文件
• 视频位置：视频 \ 第10章 \112通过设置字体类型制作"书的魅力"文件.mp4

实例113 通过设置字号大小制作"七色花店"文件
• 视频位置：视频 \ 第10章 \113通过设置字号大小制作"七色花店"文件.mp4

实例114 通过更改字幕方向制作"听海的声音"文件
• 视频位置：视频 \ 第10章 \114通过更改字幕方向制作"听海的声音"文件.mp4

实例115 通过添加文本下划线制作"放飞梦想"文件
• 视频位置：视频 \ 第10章 \115通过添加文本下划线制作"放飞梦想"文件.mp4

实例116 通过调整字幕时间长度制作"三月折扣"文件
• 视频位置：视频 \ 第10章 \116通过调整字幕时间长度制作"三月折扣"文件.mp4

实例117 通过颜色填充制作"圣诞快乐"文件
- 视频位置：视频 \ 第10章 \117通过颜色填充制作"圣诞快乐"文件.mp4

实例118 通过描边效果制作"动漫画面"文件
- 视频位置：视频 \ 第10章 \118通过描边效果制作"动漫画面"文件.mp4

实例119 通过阴影效果制作"儿童乐园"文件
- 视频位置：视频 \ 第10章 \119通过阴影效果制作"儿童乐园"文件.mp4

实例120 通过划像效果制作标题字幕
- 视频位置：视频 \ 第10章 \120通过向上划像运动效果制作"父爱如山"文件.mp4

实例121 通过垂直划像效果制作"自由驰骋"文件
- 视频位置：视频 \ 第10章 \121通过垂直划像效果制作"自由驰骋"文件.mp4

实例123 通过水平划像效果制作"城市炫舞"文件
- 视频位置：视频 \ 第10章 \123通过水平划像效果制作"城市炫舞"文件.mp4

实例124 通过淡入淡出效果制作标题字幕
- 视频位置：视频 \ 第10章 \124通过向上淡入淡出效果制作"电影汇演"文件.mp4

实例124 通过淡入淡出效果制作标题字幕
- 视频位置：视频 \ 第10章 \124通过向下淡入淡出效果制作"钢琴艺术"文件.mp4

实例125 通过激光效果制作标题字幕
- 视频位置：视频 \ 第10章 \125通过上面激光效果制作"果粒缤纷"文件.mp4

实例125 通过激光效果制作标题字幕
- 视频位置：视频 \ 第10章 \125通过下面激光效果制作"红金鱼笔记本"文件.mp4

第14章 制作节目片头——《智勇向前冲》
- 视频位置：视频\第14章

第15章 制作婚纱广告——《钟爱一生》
•视频位置：视频\第15章

第16章 制作电视片头——《音乐达人》
•视频位置：视频\第16章

EDIUS

专业级视频与音频制作

从入门到精通

第2版

专业级视频与
音频制作

楚飞 编著

人民邮电出版社

北京

图书在版编目（CIP）数据

EDIUS专业级视频与音频制作从入门到精通 / 楚飞编
著. -- 2版. -- 北京：人民邮电出版社，2016.4
ISBN 978-7-115-41778-7

Ⅰ. ①E… Ⅱ. ①楚… Ⅲ. ①视频编辑软件 Ⅳ.
①TN94

中国版本图书馆CIP数据核字(2016)第030414号

内 容 提 要

本书为 EDIUS 专业级视频、音频制作实战从入门到精通手册，对 EDIUS 软件的各项核心技术与精髓内容进行了全面且详细的讲解，可以有效地帮助读者在短时间内实现从入门到精通，从新手成为视频制作高手。

本书共 5 篇，分别为软件入门篇、精修校正篇、特效制作篇、后期处理篇和案例精通篇。主要内容包括 EDIUS 8.0 快速入门、EDIUS 8.0 窗口管理、视频素材的添加与编辑、视频素材的标记与精修、色彩校正影视画面、制作神奇滤镜效果、制作精彩转场效果、制作视频运动效果、制作画面合成效果、制作广告字幕效果、制作背景声音效果、安装与使用 EDIUS 插件、输出与刻录视频文件、制作节目片头《智勇向前冲》、制作婚纱广告《钟爱一生》、制作电视片头《音乐达人》、制作公益宣传《爱护环境》、制作专题剪辑《新桥试行》等。读者学习后可以融会贯通、举一反三，制作出更多精彩、漂亮的视频效果。

本书光盘包括所有实例制作所需的素材与效果文件、所有实例的视频文件和赠送的 1200 多款素材。

本书结构清晰、语言简洁，既适合 EDIUS 的初、中级读者阅读，也适合影视广告设计和影视后期制作相关从业人员学习参考，还可以作为高等院校动画影视相关专业的辅导教材。

◆ 编　著　楚　飞
　　责任编辑　张丹阳
　　责任印制　陈　犇

◆ 人民邮电出版社出版发行　　北京市丰台区成寿寺路 11 号
　　邮编　100164　电子邮件　315@ptpress.com.cn
　　网址　http://www.ptpress.com.cn
　　大厂聚鑫印刷有限责任公司印刷

◆ 开本：787×1092　1/16
　　印张：26.75　　　　　　　彩插：4
　　字数：759 千字　　　　　 2016 年 4 月第 2 版
　　印数：3 001 – 5 500 册　　2016 年 4 月河北第 1 次印刷

定价：69.00 元（附光盘）

读者服务热线：(010)81055410　印装质量热线：(010)81055316
反盗版热线：(010)81055315
广告经营许可证：京东工商广字第 8052 号

前 言
PREFACE

软件简介

EDIUS是日本Canopus公司研发的优秀非线性编辑软件，是为了满足广播电视和后期制作的需要而专门设计的，可以支持当前所有标清和高清格式文件的实时编辑。EDIUS拥有完善的工作流程，提供了实时、多轨道、多格式混编、合成、色键、字幕及时间线输出等功能。EDIUS因具有迅捷、易用和稳定等特性为广大专业音频、视频制作者和电视人所广泛使用，是混合格式编辑的绝佳选择。

本书特色

特 色	特 色 说 明
5大 案例应用实战	本书精讲了5大应用案例：软件入门篇、精修校正篇、特效制作篇、后期处理篇和案例精通篇，精心挑选素材并制作了大型设计案例：节目片头、婚纱广告、电视片头、公益宣传及专题剪辑等，让读者学有所成，快速领会
13大 技术专题精讲	本书精讲了13大技术专题：编辑视频素材、精修视频素材、影视画面色彩校正、制作神奇滤镜特效、制作精彩转场特效等，帮助读者从零开始，循序渐进，一步一个台阶地进行学习，结合书中的中小型实例，成为视频剪辑高手
130个 技巧提示放送	作者在编写时，将平时工作中总结的各方面EDIUS实战技巧、设计经验等毫无保留地奉献给读者，不但丰富和提高了本书的含金量，而且方便读者提升使用软件的实战技巧与经验，从而提高读者的学习与工作效率
200个 技能实例奉献	本书通过200个技能实例来辅助讲解软件，帮助读者在实战演练中逐步掌握软件的核心技能与操作技巧，与同类书相比，读者省去了学习无用理论的时间，能快速学习到远超同类书的大量实用技能和案例，让学习更高效
360分钟 语音视频演示	书中的200个技能实例以及最后的5大综合案例，全部录制了带语音讲解的演示视频，时间长达360分钟（6个小时），重现了书中所有实例的操作。读者既可以结合书本，也可以独立观看视频演示，像看电影一样进行学习
600个 素材效果展示	随书光盘包含了400多个素材文件，近200个效果文件。其中素材包括汽车广告、化妆品广告、门店庆典、节日庆典、婚纱广告、房产广告、旅游片段、电视广告、栏目片头、电影片段、电影片头和背景音乐等，应有尽有，供读者使用
1200款 超值素材赠送	为了使读者能将所学的知识技能更好地融会贯通于实践工作中，本书特意赠送了1200多款超值素材，其中包括60款片头片尾模版、110款婚纱广告模版、160款字幕广告特效、200首专题音乐等，帮助读者快速精通EDIUS软件
1810张 图片全程图解	本书采用了1810张图片，对软件的技术、实例的讲解、效果的展示，进行了全程式的图解。通过这些大量清晰的图片，让实例的内容变得更通俗易懂，读者可以一目了然，快速领会，举一反三，剪辑出更多精美漂亮的视频效果

内容安排

本书篇章的主要内容安排如下。

篇 章	主 要 内 容
软件入门篇	第1~第2章，专业讲解了EDIUS的新增功能、EDIUS软件基本设置、EDIUS工作界面、EDIUS软件的安装与启动、工程文件的基本操作、管理窗口模式、窗口叠加显示、视频编辑模式和管理素材文件等内容
精修校正篇	第3~第5章，专业讲解了导入素材文件、编辑素材文件、添加与去除剪切点、运用入点与出点剪辑素材、为视频素材添加标记、精确剪辑视频素材、视频画面色彩控制和运用YUV曲线滤镜与单色滤镜校正视频画面的颜色等内容
特效制作篇	第6~第11章，专业讲解了制作视频滤镜特效、制作视频转场、制作关键帧运动特效、制作裁剪与变换特效、制作三维空间运动特效、制作画面合成特效、制作标题字幕特殊效果、制作标题字幕运动效果和制作背景声音特效等内容
后期处理篇	第12~第13章，专业讲解了安装与使用Vitascene滤镜插件、安装与使用Mercalli防抖插件、使用PorDAD转场插件输出与渲染视频文件及快速刻录EDIUS成品到DVD光盘等内容
案例精通篇	第14~第18章，专业讲解了视频制作在不同领域中的经典实例效果，如节目片头、婚纱广告、电视片头、公益宣传及专题剪辑等，既融会贯通，又帮助读者快速精通并应用EDIUS软件制作出更多精彩专业的视频效果

作者致谢

本书由楚飞编著。在成书的过程中，还得到了柏慧、谭贤、柏松、刘嫔、曾杰、杨闰艳、苏高、宋金梅、罗权、罗林、罗磊、张志科、田潘、黄英、徐婷、李禹龙、余小芳、朱俐、周旭阳、袁淑敏、谭俊杰、徐茜、王力建、杨端阳、谭中阳、张国文、李四华、蒋珍珍、代君、吴金蓉、陈国嘉等人的大力支持，编者在此表示感谢。

由于编写水平有限，书中难免有错误和疏漏之处，恳请广大读者批评、指正。读者在学习的过程中，如果遇到问题，可以与我们联系（电子邮箱：itsir@qq.com）。

版权声明

编 者

2016年1月

目 录
CONTENTS

第 01 章

EDIUS 8.0快速入门

本章重点

掌握视频编辑入门认识

掌握EDIUS 8.0新增功能

熟悉EDIUS 8.0软件基本设置

熟悉EDIUS工作界面

通过程序安装EDIUS 8.0

通过选项启动EDIUS 8.0

通过命令退出EDIUS 8.0

通过"新建工程"命令新建工程文件

通过"打开工程"命令打开时装展广告

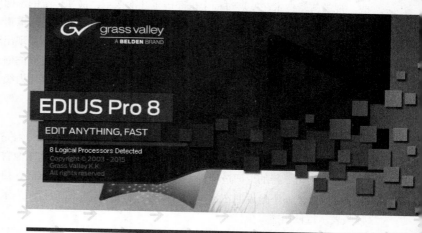

EDIUS是日本Canopus公司推出的优秀非线性编辑软件，专为满足广播和后期制作的需要而设计，特别适用于新式、无带化视频记录和存储设备。EDIUS拥有完善的工作流程，提供了实时、多轨道、多格式混编、合成、色键、字幕和时间线输出等功能。在开始学习EDIUS视频编辑之前，让我们首先了解EDIUS 8.0的新增功能，以及安装、启动与退出EDIUS的操作方法。

1.1 EDIUS视频剪辑准备工作

在学习EDIUS软件之前，首先需要掌握视频编辑术语、EDIUS新增功能、EDIUS基本设置及EDIUS工作界面等内容，为后面的学习奠定良好的基础。

实例 001 视频编辑入门认识

使用非线性影视编辑软件编辑视频和音频文件之前，首先需要了解视频和音频编辑的基础知识，如视频编辑术语、支持的视频格式与音频格式及线性和非线性编辑的定义、特点等，从而为制作绚丽的影视作品奠定良好的基础。希望读者能熟练掌握本节的内容。

1. 了解视频编辑术语知识

进入一个新的软件领域前，用户必须了解在这个软件中经常需要用到的专业术语。在EDIUS 8.0中，最常见的专业术语有剪辑、帧和场、分辨率及获取与压缩等。只有了解了这些专业术语，才能更好地掌握EDIUS 8.0软件的精髓。下面介绍视频编辑术语的基本知识。

（1）剪辑

剪辑可以说是视频编辑中最常提到的专业术语。一部完整的好电影通常都需要经过无数次的剪辑操作，才能完成。视频剪辑技术在发展过程中也经历了几次变革，最初传统的影像剪辑采用的是机械和电子剪辑两种方式。

● 机械剪辑是指直接对胶卷或者录像带进行物理的剪辑，并重新连接起来。因此，这种剪辑相对比较简单，也容易理解。随着磁性录像带的问世，这种机械剪辑的方式逐渐显现出其缺陷，因为剪辑录像带上的磁性信息除了需要确定和区分视频轨道的位置外，还需要精确切割两帧视频之间的信息，这就增加了剪辑操作的难度。

● 电子剪辑的问世，让这一难题得到了解决。电子剪辑也称为线性录像带电子剪辑，它按新的顺序来重新录制信息过程。

（2）帧和场

帧是视频技术常用的最小单位，一帧是由两次扫描获得的一幅完整图像的模拟信号，视频信号的每次扫描称为场。视频信号扫描的过程是从图像左上角开始，水平向右到达图像右边后迅速返回左边，并另起一行重新扫描。这种从一行到另一行的返回过程称为水平消隐。每一帧扫描结束后，扫描点从图像的右下角返回左上角，再开始新一帧的扫描。从右下角返回左上角的过程称为垂直消隐。一般行频表示每秒扫描多少行，场频表示每秒扫描多少场，帧频表示每秒扫描多少帧。

（3）分辨率

分辨率即帧的大小（Frame Size），表示单位区域内垂直和水平的像素数，一般单位区域中像素数越大，图像显示越清晰，分辨率也就越高。不同电视制式的分辨率不同，用途也会有所不同，如表1-1所示。

表1-1 不同电视制式分辨率的用途

制 式	行 帧	用 途
NTSC	352×240	VDC
	720×480、704×480	DVD
	480×480	SVCD
	720×480	DV
	640×480、704×480	AVI视频格式
PAL	352×288	VCD
	720×576、704×576	DVD
	480×576	SVCD
	720×576	DV
	640×576、704×576	AVI视频格式

当一组连续的画面以每秒 10 帧的速度进行播放时，画面就会获得运动的播放效果，然而想要画面变得更加流畅，则需要达到每秒 24 帧以上的速率。

（4）"数字/模拟"转换器

"数字/模拟"转换器是一种将数字信号转换成模拟信号的装置。"数字/模拟"转换器的位数越高，信号失真越小，图像也越清晰

（5）电视制式

电视信号的标准称为电视制式。目前各国的电视制式各不相同，制式的区分主要在于帧频（场频）、分辨率、信号带宽及载频、色彩空间转换等的不同。电视制式主要有NTSC制式、PAL制式和SECAM制式3种。

（6）获取与压缩

获取是将模拟的原始影像或声音素材数字化，并通过软件存入计算机的过程。例如，拍摄电影的过程就是典型的实时获取。

压缩是用于重组或删除数据，以减小剪辑文件大小的特殊方法。在压缩影像文件时，可在第一次获取到计算机时进行压缩，或者在EDIUS 8.0中进行编辑时再压缩。

（7）复合视频信号

复合视频信号包括亮度和色度的单路模拟信号，即从全电视信号中分离出伴音后的视频信号，色度信号间插在亮度信号的高端。这种信号一般可通过电缆输入或输出至视频播放设备上。由于该视频信号不包含伴音，与视频输入端口、输出端口配套使用时，还要设置音频输入端口和输出端口，以便同步传输伴音，因此复合式视频端口也称为AV端口。

2. 掌握EDIUS支持的视频格式

数字视频是用于压缩图像和记录声音数据及回放过程的标准，同时包含了DV格式的设备和数字视频压缩技术本身。在视频捕获的过程中，必须通过特定的编码方式对数字视频文件进行压缩，在尽可能保证影像质量的同时，有效地减小文件大小，否则会占用大量的磁盘空间。对数字视频进行压缩编码的方法有很多，也因此产生了多种数字视频格式。

（1）MPEG格式

MPEG的英文全称为Motion Picture Experts Group，即动态图像专家组，MPEG格式的视频文件是用MPEG编码技术压缩而成的视频文件，被广泛应用于VCD/DVD及HDTV的视频编辑与处理中。MPEG标准的视频压缩编码技术主要利用了具有运动补偿的帧间压缩编码技术，以减小时间冗余度，利用DCT技术，以减小图像的空间冗余度，利用熵编码，则在信息表示方面减小了统计冗余度。这几种技术的综合运用，大大增强了压缩性能。MPEG包括MPEG-1、MPEG-2、MPEG-4、MPEG-7及MPEG-21等，下面分别进行简单介绍。

● MPEG-1

MPEG-1是用户接触得最多的，因为被广泛应用在VCD的制作及下载一些视频片段的网络上，一般的VCD都是应用MPEG-1格式压缩的（注意：VCD 2.0并不是说VCD由MPEG-2压缩的）。使用MPEG-1的压缩算法，可以把一部120min长的电影压缩到1.2 GB左右。

● MPEG-2

MPEG-2主要应用在制作DVD方面，同时在一些高清晰电视广播（HDTV）和高要求的视频编辑、处理上也有广泛应用。使用MPEG-2压缩算法，可以将一部120min长的电影压缩到4GB～8GB。

● MPEG-4

MPEG-4是一种新的压缩算法，使用这种算法的ASF格式可以把一部120min长的电影压缩到300MB左右，适合在网上观看。虽然其他的DIVX格式只能将电量压缩到600MB左右，但其图像质量比ASF要好很多。

● MPEG-7

MPEG-7的研究于1996年10月开始。确切来讲，MPEG-7并不是一种压缩编码方法，其作用是生成一种用来

描述多媒体内容的标准。这个标准将对信息含义的解释提供一定的自由度，可以被传送给设备和计算机程序，或者被设备或计算机程序查取。MPEG-7并不针对某个具体的应用，而是针对被MPEG-7标准化了的图像元素，这些元素将支持尽可能多的各种应用。建立MPEG-7标准的出发点是依靠众多的参数对图像与声音实现分类，并对它们的数据库实现查询，就像查询文本数据库那样。

● MPEG-21

MPEG在1999年10月的MPEG会议上提出了"多媒体框架"的概念，同年12月的MPEG会议确定了MPEG-21的正式名称是"多媒体框架"或"数字视听框架"，它以将标准集成起来支持协调的技术从而管理多媒体商务为目标，目的就是理解如何将不同的技术和标准结合在一起，需要什么新的标准以及完成不同标准的结合工作。

（2）AVI格式

AVI的英文全称为"Audio Video Interleaved"，即音频视频交错格式，是将语音和影像同步组合在一起的文件格式。它对视频文件采用了一种有损压缩方式，但压缩率比较高，因此尽管画面质量不是太好，但其应用范围仍然非常广泛。AVI支持256色和RLE压缩。AVI主要应用在多媒体光盘上，用来保存电视、电影等各种影像信息。它的好处是兼容性好，图像质量好，调用方便，但文件有点偏大。

（3）QuickTime格式

QuickTime是Apple公司提供的系统及代码的压缩包，它拥有C和Pascal的编程界面，更高级的软件可以用它来控制时基信号。应用程序可以用QuickTime来生成、显示、编辑、复制、压缩影片和影片数据。除了处理视频数据以外，诸如QuickTime 3.0，还能处理静止图像、动画图像、矢量图、多音轨以及MIDI音乐等对象。到目前为止，QuickTime共有4个版本，其中以QuickTime4.0版本的压缩率最好，是一种优秀的视频格式。

（4）WMV格式

WMV（Widows Media Video）是Microsoft公司推出的一种流媒体格式，它是由"同门"的ASF格式升级延伸来的。在同等视频画面质量下，WMV格式的文件可以边下载边播放，因此很适合在网上播放和传输。WMV的主要优点在于：可扩充的媒体类型、本地或网络回放、可伸缩的媒体类型、多语言支持以及扩展性等。

（5）ASF格式

ASF（Advanced Streaming Format）是Microsoft为了和现在的RealPlayer竞争而发展起来的一种可以直接在网上观看视频节目的文件压缩格式。由于它使用了MPEG-4压缩算法，所以压缩率和图像的质量都很不错。因为ASF是以一个可以在网上即时观赏的视频流格式存在的，所以它的图像质量比VCD差一些，但比同是视频流格式的RMA格式要好。

3. 掌握EDIUS支持的音频格式

数字音频是用来表示声音强弱的数据序列，由模拟声音经抽样、量化和编码后得到。简单地说，数字音频的编码方式就是数字音频格式，不同的数字音频设备对应不同的音频文件格式。常见的音频格式有MP3、WAV、MIDI、WMA、MP4及AAC等，下面主要针对这些音频格式进行简单介绍。

（1）MP3格式

MP3是一种音频压缩技术，其全称是"动态影像专家压缩标准音频层面3（Moving Picture Experts Group Audio Layer 3）"，简称为MP3。它是在1991年由位于德国埃尔朗根的研究组织Fraunhofer- Gesellschaft的一组工程师发明和标准化的。它被设计用来大幅度地降低音频数据量。利用MP3的技术，将音乐以1:10甚至1:12的压缩率，压缩成容量较小的文件，对于大多数用户来说，重放的音质与最初没有压缩的音质相比没有明显下降。用MP3形式存储的音乐就叫做MP3音乐，能播放MP3音乐的设备就叫做MP3播放器。

目前，MP3成为了最为流行的一种音乐文件，原因是MP3可以根据不同需要采用不同的采样率进行编码。其中，127 kbit/s采样率的音质接近于CD音质，而其大小仅为CD音乐的10%。

（2）WAV格式

WAV格式是Microsoft公司开发的一种声音文件格式，又称为波形声音文件，是最早的数字音频格式，广泛应用于Windows平台及其应用程序。WAV格式支持多种压缩算法、音频位数、采样频率和声道，采用44.1kHz的采样频率和16位量化位数，因此WAV的音质与CD相差无几，但WAV格式对存储空间需求太大，不便于交流和传播。

（3）MIDI格式

MIDI又称为乐器数字接口，是数字音乐电子合成乐器的统一国际标准。它定义了计算机音乐程序、数字合成器及其他电子设备交换音乐信号的方式，规定了不同厂家的电子乐器与计算机连接的电缆和硬件及设备间数据传输的协议，可以模拟多种乐器的声音。

MIDI文件就是MIDI格式的文件，在MIDI文件中存储的是一些指令，把这些指令发送给声卡，声卡就可以按照指令将声音合成出来。

（4）WMA格式

WMA是Microsoft公司在互联网音频、视频领域的力作。WMA格式可以通过减少数据流量但保持音质的方法来达到更高的压缩率目的。其压缩率一般可以达到1:18。另外，WMA格式还可以通过DRM（Digital Rights Management）方案防止拷贝，或者限制播放时间和播放次数，以及限制播放机器，从而有力地防止盗版。

（5）MP4格式

MP4采用的是美国电话电报公司（AT&T）研发的以"知觉编码"为关键技术的A2B音乐压缩技术，是由美国网络技术公司（GMO）及RIAA联合公布的一种新型音乐格式。MP4在文件中采用了保护版权的编码技术，只有特定的用户才可以播放，有效地保护了音频版权的合法性。

（6）AAC格式

AAC（Advanced Audio Coding）的中文意思为"高级音频编码"，出现于1997年，是基于MPEG-2的音频编码技术。由Nokia和Apple等公司共同开发，目的是取代MP3格式。AAC是一种专为声音数据设计的文件压缩格式，与MP3不同，它采用了全新的算法进行编码，更加高效，具有更高的"性价比"。利用AAC格式，可使人感觉声音质量在没有明显降低的前提下，更加小巧。

AAC格式可以用Apple iTunes转换，千千静听、Apple iPod和Nokia手机也支持AAC格式的音频文件。

4. 了解线性与非线性编辑

在视频编辑的发展过程中，先后出现了线性编辑和非线性编辑两种编辑方式。

（1）线性编辑

线性编辑是指源文件从一端进来进行标记、分割和剪辑，然后从另一端出去。该编辑的主要特点是录像带必须按照顺序进行编辑。

线性编辑是利用电子手段，按照播出节目的需求对原始素材进行顺序剪接处理，最终形成新的连续画面。线性编辑的优点是技术比较成熟，操作相对比较简单。通过线性编辑可以直接、直观地对素材录像带进行处理，因此操作起来较为简单。

但线性编辑所需的设备则为编辑过程带来了众多不便，全套的设备不仅需要投入较大的资金，而且设备的连线多，故障发生也频繁，维修起来更是比较复杂。这种线性编辑的过程只能按时间顺序进行，无法删除、缩短以及加长中间某一段的视频。

> **提示**
>
> 目前，在广播电视台或娱乐传媒机构中，依然大量使用线性编辑方式来完成视频与图像素材的获取和剪辑工作。

（2）非线性编辑

随着计算机软硬件的发展，借助计算机软件数字化的非线性编辑，几乎将所有的工作都在计算机中完成。这不仅节省了众多外部设备和降低了故障的发生频率，更是突破了单一事件顺序编辑的限制。

非线性编辑是指应用计算机图形、图像技术等，在计算机中对各种原始素材进行编辑操作，并将最终结果输出到计算机硬盘、光盘以及磁带等记录设备上的一系列完整工艺过程。

非线性编辑的实现主要靠软硬件的支持，两者的组合便称为非线性编辑系统。一个完整的非线性编辑系统主要由计算机、视频卡（或IEEE 1394卡）、声卡、高速硬盘、专用特效卡以及外围设备构成。

相比线性编辑，非线性编辑的优点与特点主要集中在素材的预览、编辑点定位、素材调整的优化、素材组接、素材复制、特效功能、声音的编辑以及视频的合成等方面。

实例 002 EDIUS 8.0新增功能的掌握

EDIUS 8.0除了继承其一贯的实时多格式、顺畅混合编辑等优点之外，还增强了灵活的用户界面立体3D编辑、转换不同帧速率以及高清/标清实时特效应用等，可满足越来越多用户对立体3D、多格式、高清实时特效编辑的各种全新需求。

1. 熟悉灵活的用户界面

EDIUS 8.0拥有灵活的用户界面，视频、音频、字幕和图形数量不限，为用户编辑视频提供了良好的工作空间，极大地方便了用户对视频轨道的需求，如图1-1所示。

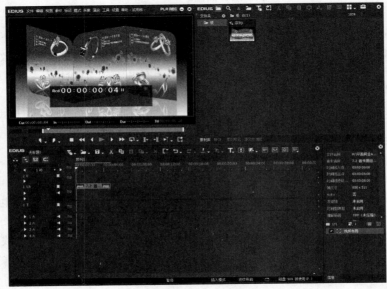

图1-1　灵活的用户界面

2. 了解立体3D编辑

源码支持当前流行的Panasonic、Sony和JVC等品牌的各种专业、家用立体摄像机拍摄格式；方便的立体素材成组设置；方便的立体效果校正，包括自动画面校正、汇聚面调整、水平/垂直翻转等；方便的立体多机位编辑，并可对左右眼素材进行视频效果的分别指定；提供各种立体预览方式，如左-右、上-下、互补色等；可输出EDIUS支持的所有输出文件格式，并指定立体输出方式。

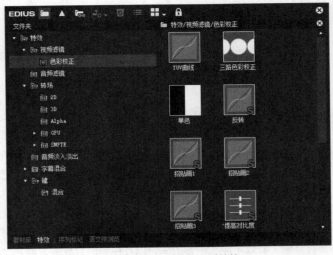

图1-2　高清/标清的实时特效

3. 掌握高清/标清的实时特效

在EDIUS 8.0中，用户可以通过"特效"面板使用高清/标清的实时特效，如转场特效、字幕特效以及键特效等。"特效"面板如图1-2所示。

EDIUS 8.0软件的基本设置

在EDIUS 8.0中，用户可以对软件进行一些基本的设置，使软件的操作更符合用户的习惯和需求。EDIUS包含4种常用设置，如系统设置、用户设置、工程设置以及序列设置。下面介绍这4种设置的操作方法。

1. 设置EDIUS系统属性

在EDIUS 8.0工作界面中，单击"设置"｜"系统设置"命令，弹出"系统设置"对话框。EDIUS的系统设置主要包括应用设置、硬件设置、导入器/导出器设置、特效设置以及输入控制设备设置，可用来调整EDIUS的回放、采集、工作界面、导入导出以及外挂特效等各个方面。

（1）应用设置

在"系统设置"对话框中，单击"应用"选项前的下三角按钮，展开"应用"列表框，其中包括"SNFS QoS"回放"工程预计""文件输出""检查更新""渲染""源文件浏览""用户配置文件"和"采集"9种选项卡，如图1-3所示。

在"应用"列表框中，各选项卡的含义如下。

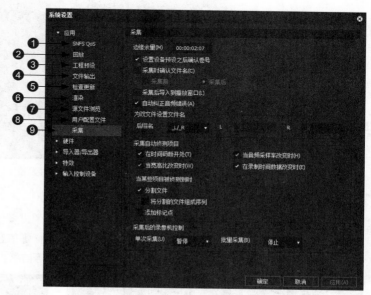

图1-3　应用设置

❶ "SNFS QoS"选项卡：在该选项卡中可以选中"允许QoS"复选框，并设置相应属性。

❷ "回放"选项卡：在该选项卡中可以设置视频回放时的属性，取消选中"掉帧时停止回放"复选框，EDIUS将在系统负担过大而无法进行实时播放时，通过掉帧来强行维持视频的播放操作。将"回放缓冲大小"右侧的数值设到最大，播放视频时画面会更加流畅。将"在回放前缓冲"右侧的数值设到最大，EDIUS将会以比用户看到的画面帧数提前15帧的方式进行预读处理。

❸ "工程预设"选项卡：在该选项卡中可以设置工程预设文件，可以找到高清、标清、PAL、NTSC或24 Hz电影帧频等几乎所有播出级视频的预设。只需要设置一次，系统就会将当前设置保存为一个工程预设，每次新建工程或者调整工程设置时，只要选择需要的工程预设图标即可。

❹ "文件输出"选项卡：在该选项卡中可以设置工程文件输出时的属性，选中"输出60p/50p时以偶数帧结尾"复选框，则在输出60p/50p时，以偶数帧作为结尾。

❺ "检查更新"选项卡：在该选项卡中可选中"检查EDIUS在线更新"复选框。

❻ "渲染"选项卡：在该选项卡中可以设置视频渲染时的属性，在"渲染选项"选项区中，可以设置工程项目需要渲染的内容，包括滤镜、转场、键特效、速度改变以及素材格式等内容。在下方还可以设置是否删除无效的、被渲染后的文件。

❼ "源文件浏览"选项卡：在该选项卡中可以设置工程文件的保存路径，方便用户日后打开EDIUS源文件。

❽ "用户配置文件"选项卡：在该选项卡中可以设置用户的配置文件信息，包括对配置文件的新建、复制、删除、更改、预置以及共享等操作。

❾ "采集"选项卡：在该选项卡中可以设置视频采集时的属性，包括采集时的视频边缘余量、采集时的文件名、采集自动侦测项目、分割文件以及采集后的录像机控制等，用户可以根据自己的视频采集习惯，进行相应的采集设置。

（2）硬件设置。

单击"硬件"选项前的下三角按钮，展开"硬件"列表框，其中包括"设备预设"和"预览设备"两个选项卡，如图1-4所示。

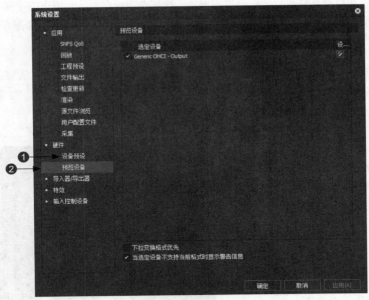

图1-4 硬件设置

在"硬件"列表框中，各选项卡的含义如下。

❶ "设备预设"选项卡：在该选项卡中可以预设硬件的设备信息。单击选项卡下方的"新建"按钮，弹出"预设向导"对话框，在其中可以设置硬件设备的名称和图标等信息，如图1-5所示。单击"下一步"按钮，在进入的页面中，可以设置硬件的接口、文件格式以及音频格式等信息，如图1-6所示。

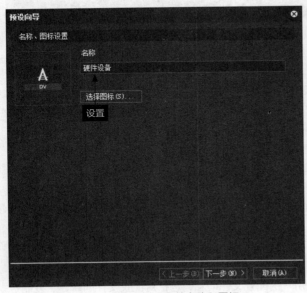

图1-5 设置硬件设备的名称和图标   图1-6 设置硬件接口、文件格式等

❷ "预览设备"选项卡：在该选项卡中，可以选择已经预设好的硬件设备信息。

（3）导入器/导出器设置。

在"系统设置"对话框的"导入器/导出器"列表框中，主要可以进行图像、视频或音频文件的导入与导出设置，如图1-7所示。

在"导入器/导出器"列表框中，各选项卡的含义如下。

❶ "AVCHD"选项卡：在该选项卡中可以设置AVCHD的属性。AVCHD标准基于MPEG-4 AVC/H.264视频编码，支持480i、720p、1080i、1080p等格式，同时支持杜比数位5.1声道AC-3或线性PCM 7.1声道音频压缩。

❷ "GF选项卡"：在该选项卡中可以设置GF的相关属性，包括添加与删除设置。

❸ "GV Browser"选项卡：在该选项卡中可以设置GV Browser的相关显示属性。

❹ "Infinity"选项卡：在该选项卡中可以设置Infinity的相关属性，包括添加与删除设置。

❺ "MPEG"选项卡：在该选项卡中可以设置MPEG视频获取的相关属性。

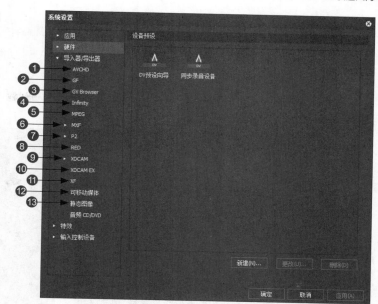

图1-7　导入器/导出器设置

❻ "MXF"选项卡：在该选项卡中可以设置FTP服务器与解码器的属性，在"解码器"选项区中可以选择质量的高、中、低，以及下采样系数的比例等内容。

❼ "P2"选项卡：在该选项卡中可以设置浏览器的属性，包括添加与删除设置。

❽ "RED"选项卡：在该选项卡中可以设置RED的预览质量，在"预览质量"列表框中可以根据实际需要选择相应的选项。

❾ "XDCAM"选项卡：在该选项卡中可以设置FTP服务器、导入器以及浏览器的各种属性。

❿ "XDCAM" EX选项卡：在该选项卡中可以设置XDCAM EX的属性。

⓫ "XF"选项卡：在该选项卡中可以设置XF的属性。

⓬ "可移动媒体"选项卡：在该选项卡中可以设置可移动媒体的属性。

⓭ "静态图像"选项卡：在该选项卡中可以设置采集静态图像时的属性，包括偶数场、奇数场、滤镜、宽高比以及采集后保存的文件类型等。

（4）特效设置。

在"系统设置"对话框的"特效"列表框中，各选项卡主要用来加载After Effects插件、设置GPUfx以及添加VST插件等，如图1-8所示。

在"特效"列表框中，各选项卡的含义如下。

❶ "After Effects插件桥接"选项卡：在该选项卡中，单击"添加"按钮，在弹出的"浏览文件夹"对话框中后，选择相应的After Effects插件，单击"确定"按钮，将After Effects插件导入EDIUS软件中后，就可以使用After Effects插件了。若用户对某些After Effects插件不满意，或者不再需要使用某些After Effects插件，则在"After Effects插件搜索文件夹"列表框中，选择不需要的插件选项，单击右侧的"删除"按

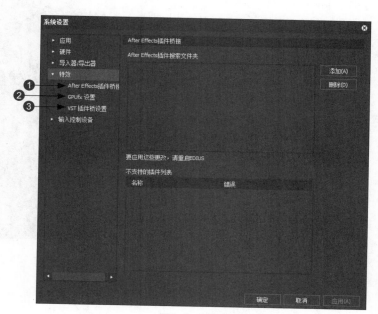

图1-8　特效设置

钮即可。

❷ **"GPUfx设置"选项卡**：在该选项卡中可以设置GPUfx的属性，包括多重采样与渲染质量等。

❸ **"VST插件桥设置"选项卡**：在该选项卡中，可以添加VST插件至EDIUS软件中。

（5）输入控制设备设置

在"输入控制设备"列表框中，包括"推子"和"旋钮设备"两个选项，如图1-9所示，在其中可以设置输入控制设备的各种属性。

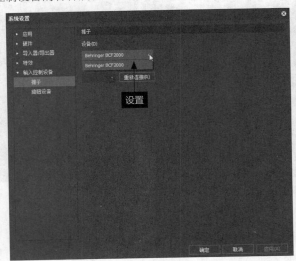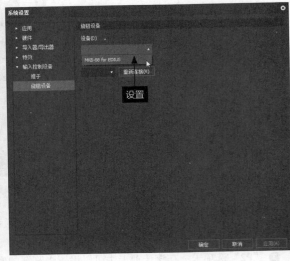

图1-9 输入控制设备设置

2. 设置EDIUS用户属性

在EDIUS 8.0工作界面中，单击"设置"|"用户设置"命令，弹出"用户设置"对话框。EDIUS的用户设置主要包括应用设置、预览设置、用户界面设置、源文件设置以及输入控制设备设置，可用来设置EDIUS的时间线、帧属性、工程文件、回放、全屏预览以及键盘快捷键等各个方面。

（1）应用设置

在"用户设置"对话框中，单击"应用"选项前的下三角按钮，展开"应用"列表框，其中包括"代理模式""其他""匹配帧""后台任务""工程文件"和"时间线"6个选项卡，如图1-10所示。

在"应用"列表框中，各选项卡的含义如下。

❶ **"代理模式"选项卡**：在该选项卡中，包括"代理模式"和"高分辨率模式"两个选项的设置，用户可根据实际需要选择。

❷ **"其他"选项卡**：在该选项卡中可以设置最近使用过的文件，以及文件显示的数量。在下方还可以设置播放窗口的格式，包括源格式和时间线格式。

❸ **"匹配帧"选项卡**：在该选项卡中可以设置帧的搜索方向、轨道的选择以及转场插入的素材帧位置等属性。

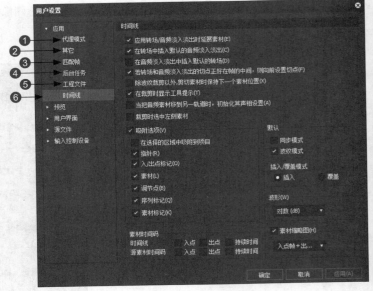

图1-10 应用设置

❹ "后台任务"选项卡：在该选项卡中，若选中"在回放时暂停后台任务"复选框，则在回放视频文件时，程序自动暂停后台正在运行的其他任务。

❺ "工程文件"选项卡：在该选项卡中可以设置工程文件的保存位置、保存文件名、最近显示的工程数以及自动保存等属性。

❻ "时间线"选项卡：在该选项卡中可以设置时间线的各属性，包括素材转场、音频淡入淡出的插入、时间线的吸附选项、同步模式、波纹模式以及素材时间码的设置等内容。

（2）预览设置

在"用户设置"对话框中，单击"预览"选项前的下三角按钮，展开"预览"列表框，其中包括"全屏预览""叠加""回放""和屏幕显示"4个选项卡，如图1-11所示。

在"预览"列表框中，各选项卡的含义如下。

❶ "全屏预览"选项卡：在其中可以设置全屏预览时的属性，包括显示的内容以及监视器的检查等。

❷ "叠加"选项卡：在其中可以设置叠加属性，包括斑马纹预览以及是否显示安全区域等。

❸ "回放"选项卡：在其中可以设置视频回放时的属性，用户可以根据实际需要选中相应的复选框。

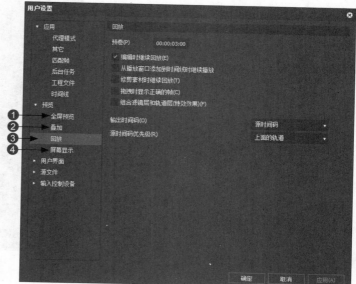

❹ "屏幕显示"选项卡：在该选项卡中可以设置屏幕显示的视图位置，包括常规编辑时显示、裁剪时显示以及输出时显示等。

图1-11　预览设置

（3）用户界面设置。

在"用户设置"对话框中，单击"用户界面"选项前的下三角按钮，展开"用户界面"列表框，其中包括"按钮""控制""素材库""键盘快捷键"以及"窗口颜色"5个选项卡，如图1-12所示。

在"用户界面"列表框中，各选项卡的含义如下。

❶ "按钮"选项卡：在该选项卡中可以设置按钮的显示属性，包括按钮显示的位置、可用的按钮类别以及当前默认显示的按钮数目等。

❷ "控制"选项卡：在该选项卡中可以控制界面显示，包括显示时间码、显示飞梭/滑块以及显示播放窗口和录制窗口中的按钮等。

❸ "窗口颜色"选项卡：在该选项卡中可以设置EDIUS工作界面的窗口颜色，用户可以拖动滑块调整界面的颜色，也可以在后面的数值框中，输入相应的数值来调整界面的颜色。

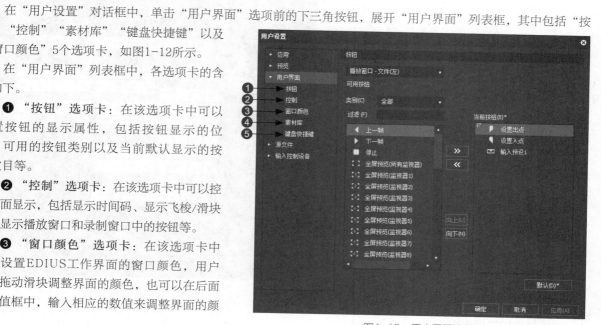

图1-12　用户界面设置

❹ "素材库"选项卡：在该选项卡中可以设置素材库的属性，包括素材库的视图显示、文件夹类型以及素材库的其他属性。

❺ **"键盘快捷键"选项卡**：在该选项卡中可以导入、导出、指定、复制以及删除EDIUS软件中各功能对应的快捷键设置。

（4）源文件设置

在"用户设置"对话框中，单击"源文件"选项前的下三角按钮，展开"源文件"列表框，其中包括"恢复离线素材""持续时间""自动校正"和"部分传输"4个选项卡，如图1-13所示。

在"源文件"列表框中，各选项卡的含义如下。

❶ **"恢复离线素材"选项卡**：在该选项卡中可以对恢复离线素材进行设置。

❷ **"持续时间"选项卡**：在该选项卡中可以设置静帧的持续时间、字幕的持续时间、V-静音的持续时间以及自动添加调节线中的关键帧数目等。

❸ **"自动校正"选项卡**：在该选项卡中可以设置RGB素材色彩范围、YCbCr素材色彩范围、采样窗口大小以及素材边缘余量等。

❹ **"部分传输"选项卡**：在该选项卡中可以对移动设备的传输进行设置。

（5）输入控制设备设置。

在"用户设置"对话框中，单击"输入控制设备"选项前的下三角按钮，展开"输入控制设备"列表框，其中包括"Behringer BCF2000"和"MKB-88 for EDIUS"两个选项，如图1-14所示。可以对EDIUS程序中的输入控制设备进行相应的设置，以符合用户的操作习惯。

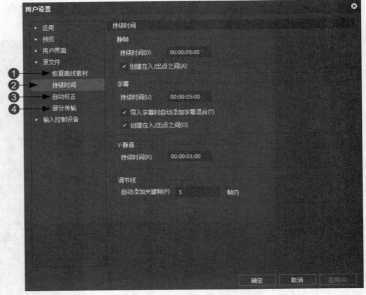

图1-13　源文件设置

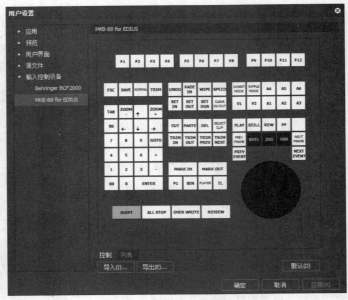

图1-14　输入控制设备设置

3. 设置EDIUS工程属性

在EDIUS 8.0中，工程设置主要针对工程预设中的视频、音频和设置进行查看和更改操作，使之更符合用户的操作习惯。

单击"设置"|"工程设置"命令,弹出"工程设置"对话框,其中显示了多种预设的工程列表,单击下方的"更改当前设置"按钮,如图1-15所示。

图1-15　单击"更改当前设置"按钮

执行操作后,弹出"工程设置"对话框,如图1-16所示。

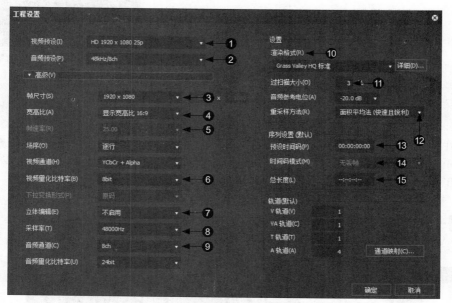

图1-16　"工程设置"对话框

在"工程设置"对话框中,各主要选项含义如下。

❶ "视频预设"列表框:在该列表框中可以选择视频预设模式,用户可以根据实际需要选择。

❷ "音频预设"列表框:在该列表框中可以选择音频预设的模式,包括48 kHz/8 ch、48 kHz/4 ch、48 kHz/2 ch、44.1 kHz/2 ch以及32 kHz/4 ch等选项。

❸ "帧尺寸"列表框:在该列表框中可以选择帧的尺寸类型,若选择"自定义"选项,则可以在右侧的数值框中输入帧的尺寸数值。

❹ "宽高比"列表框:在该列表框中可以选择视频画面的宽高比,包括16:9、4:3、1:1等。

❺ "帧速率"列表框:在该列表框中可以选择不同的视频帧速率,用户可以对帧速率进行修改。

❻ "视频量化比特率"列表框:在该列表框中可以选择视频量化比特率,包括10 bit和8 bit两个选项,用户可以根据实际需要选择。

❼ "立体编辑"列表框:可以设置是否启用立体编辑模式。

❽ "采样率"列表框:在该列表框中可以选择不同的视频采样率,包括48000 Hz、44100 Hz、32000 Hz、24000 Hz、22050 Hz以及16000 Hz等选项。

❾ "音频通道"列表框:在该列表框中可以选择不同的音频通道,包括16 ch、8 ch、6 ch、4 ch以及2 ch等选项。

⑩ "渲染格式"列表框：在该列表框中可以选择用于渲染的默认编解码器，EDIUS可以在软件内部处理和输出，实现完全的原码编辑，不用经过任何转换，也没有质量及时间上的损失。

⑪ "过扫描大小"数值框：过扫描的数值可以设置为0～20%，如果用户不使用扫描，则可以将数值设置为0。

⑫ "重采样方法"列表框：在该列表框中可以选择视频采样的方法。

⑬ "预设时间码"数值框：在右侧的数值框中，可以设置时间线的初始时间码。

⑭ "时间码模式"列表框：如果在输出设备中选择了NTSC，就可以在"时间码模式"列表框中选择"无丢帧"或"丢帧"选项。

⑮ "总长度"数值框：在该数值框中输入相应的数值，可以设置时间线的总长度。

4. 设置EDIUS序列属性

在EDIUS 8.0中，序列设置主要针对序列名称、时间码预设、时间码模式以及序列总长度。单击"设置" | "序列设置"命令，弹出"序列设置"对话框，如图1-17所示。各种设置方法在前面的知识点中都有讲解，在此不再介绍。

图1-17 "序列设置"对话框

实例
004　熟悉EDIUS工作界面

EDIUS工作界面提供了完善的编辑功能，用户利用它不仅可以全面控制视频的制作过程，还可以为采集的视频添加各种素材、转场、特效以及滤镜效果等。使用EDIUS 8.0的图形化界面，可以清晰而快速地完成视频的编辑工作。EDIUS工作界面主要包括菜单栏、播放窗口、录制窗口、"素材库"面板、"特效"面板、"序列标记"面板、"信息"面板以及"轨道"面板等，如图1-18所示。

图1-18　EDIUS 8.0工作界面

1. 菜单栏

菜单栏位于整个窗口的顶端，由"文件""编辑""视图""素材""标记""模式""采集""渲染""工具""设置"和"帮助"11个菜单组成，如图1-19所示。单击任意一个菜单项，都会弹出其包含的命令，EDIUS

中的绝大部分功能都可以利用菜单栏中的命令来实现。菜单栏的右侧还显示了控制文件窗口显示的"最小化"按钮和"关闭"按钮。

图1-19　菜单栏

在菜单栏中，主要菜单的含义如下。

❶ "文件"菜单：执行"文件"菜单，在弹出的下级菜单中可以执行新建、打开、存储、关闭、导入、导出以及添加素材等一系列针对文件的命令。

❷ "编辑"菜单："编辑"菜单中包含对图像或视频文件进行编辑的命令，包括撤销、恢复、剪切、复制、粘贴、替换、删除以及移动等命令。

❸ "视图"菜单："视图"菜单中的命令可对整个界面的视图进行调整及设置，包括单窗口模式、双窗口模式、窗口布局以及全屏预览等。

❹ "素材"菜单："素材"菜单中的命令主要针对图像、视频和音频素材进行一系列的编辑操作，包括创建静帧、添加转场、持续时间以及视频布局等。

❺ "标记"菜单："标记"菜单主要用来标记素材位置，包括设置入点、设置出点、设置音频入点、设置音频出点、清除入点以及添加标记等。

❻ "模式"菜单："模式"菜单主要用来切换窗口编辑模式，包括常规模式、剪辑模式、多机位模式、机位数量、同步点以及覆盖切点等。

❼ "采集"菜单："采集"菜单中的命令主要用来采集素材，包括视频采集、音频采集、批量采集以及同步录音等。

❽ "渲染"菜单："渲染"菜单主要用来渲染工程文件，包括渲染整个工程、渲染序列、渲染入/出点间范围以及渲染指针区域等。

❾ "工具"菜单："工具"菜单中主要包含"Disc Burner""EDIUS Watch""MPEG TS Writer"3个命令，它们是EDIUS软件自带的3个工具。

❿ "设置"菜单："设置"菜单主要针对软件进行设置，可以进行系统设置、用户设置、工程设置以及序列设置等。

⓫ "帮助"菜单：在"帮助"菜单中可以获取EDIUS软件的注册帮助。

2. 播放窗口

在EDIUS 8.0中，菜单栏的右侧有两个按钮，分别为"PLR"按钮 **PLR** 和"REC"按钮 **REC**，单击"PLR"按钮，即可切换至播放窗口。播放窗口主要用来采集素材或单独显示选定的素材，如图1-20所示。

在播放窗口中，各主要按钮含义如下。

❶ "设置入点"按钮：单击该按钮，可以设置视频中的入点位置。

❷ "设置出点"按钮：单击该按钮，可以设置视频中的出点位置。

❸ "停止"按钮：单击该按钮，停止视频的播放操作。

❹ "快退"按钮：单击该按钮，对视频进行快退操作。

图1-20　播放窗口

⑤ "上一帧"按钮◀：单击该按钮，跳转到视频的上一帧位置处。

⑥ "播放"按钮▶：单击该按钮，开始播放视频文件。

⑦ "下一帧"按钮▶：单击该按钮，跳转到视频的下一帧位置处。

⑧ "快进"按钮▶▶：单击该按钮，对视频进行快进操作。

⑨ "循环"按钮🔁：单击该按钮，对轨道中的视频进行循环播放。

⑩ "插入到时间线"按钮：单击该按钮，插入时间线位置。

⑪ "覆盖到时间线"按钮：单击该按钮，覆盖到时间线位置。

> **提示**
>
> 双击视频轨道中的视频素材，也可以快速切换至播放窗口。

3. 录制窗口

在EDIUS 8.0中，单击"REC"按钮**REC**，即可切换至录制窗口，如图1-21所示。录制窗口主要用于播放时间线中的素材文件，所有的编辑工作都是在时间线上进行的，而时间线上的内容正是最终视频输出的内容。

图1-21 录制窗口

在录制窗口中，大部分按钮的功能与播放窗口中按钮的功能一样，这里不再赘述，下面只对播放窗口中没有的按钮进行简单讲解，部分按钮含义如下。

❶ "上一编辑点"按钮：单击该按钮，可以跳转至素材的上一编辑点位置。

❷ "下一编辑点"按钮：单击该按钮，可以跳转至素材的下一编辑点位置。

❸ "播放指针区域"按钮：单击该按钮，可以在指针区域播放视频。

❹ "输出"按钮：单击该按钮，可以输出视频文件。

4. "素材库"面板

单击"视图"|"素材库"命令，即可打开"素材库"面板。"素材库"面板位于窗口的右上方，主要用来放置工程文件中的视频、图像以及音频等素材文件，面板上方的一排按钮主要用来对素材文件进行简单编辑，如图1-22所示。

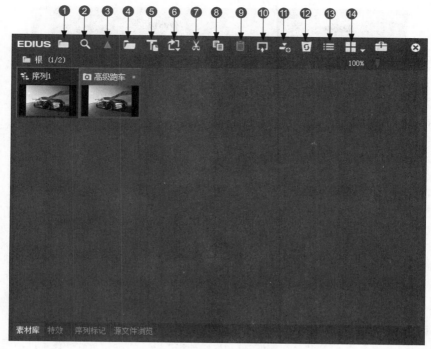

图1-22 "素材库"面板

在"素材库"面板中，各主要按钮含义如下。

❶ "文件夹"按钮▣：单击该按钮，可以显示或隐藏文件夹列表。

❷ "搜索"按钮▣：单击该按钮，可以搜索素材库中的素材文件。

❸ "上一级文件夹"按钮▣：单击该按钮，可以返回上一级文件夹中。

❹ "添加素材"按钮▣：单击该按钮，可以添加硬盘中的素材文件。

❺ "添加字幕"按钮▣：单击该按钮，可以创建标题字幕效果。

❻ "新建素材"按钮▣：单击该按钮，可以新建彩条或色块素材。

❼ "剪切"按钮▣：单击该按钮，可以对素材进行剪切操作。

❽ "复制"按钮▣：单击该按钮，可以对素材进行复制操作。

❾ "粘贴"按钮▣：单击该按钮，可以对素材进行粘贴操作。

❿ "在播放窗口显示"按钮▣：单击该按钮，可在播放窗口中显示选择的素材。

⓫ "添加到时间线位置"按钮▣：单击该按钮，可以将素材添加到"轨道"面板中的时间线位置。

⓬ "删除"按钮▣：单击该按钮，可以对选择的素材进行删除操作。

⓭ "属性"按钮▣：单击该按钮，可以查看素材的属性信息。

⓮ "视图"按钮▣：单击该按钮，可以调整素材库中的视图显示效果。

提示

在 EDIUS 工作界面中，按【B】键，可以快速显示或隐藏"素材库"面板；按【H】键，可以快速显示或隐藏所有面板。

5. "特效"面板

"特效"面板包含了所有的视频滤镜、音频滤镜、转场特效、音频淡入淡出、字幕混合以及键特效，如图1-23所示。合理地运用这些特效，可以使画面更加生动、绚丽多彩，从而创作出神奇的、变幻莫测的、媲美好莱坞大片的视觉效果。

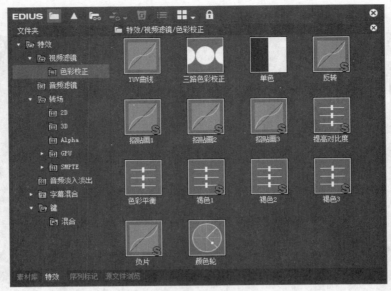

图1-23 "特效"面板

6. "序列标记"面板

在EDIUS工作界面中，单击"视图"｜"面板"｜"标记面板"命令，即可打开"序列标记"面板，如图1-24所示。"序列标记"面板主要用来显示用户在时间线上创建的标记信息。EDIUS 8.0中的标记分为两种类型：素材标记和序列标记。素材标记基于素材文件本身，而序列标记则基于时间线。一般情况下，序列标记就是在时间线上做个记号，用于提醒。但在输出DVD光盘时，它可以作为特殊的分段点。

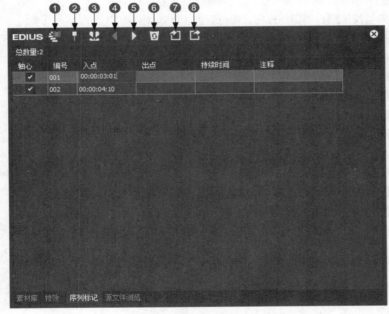

图1-24 "序列标记"面板

在"序列标记"面板中，各主要按钮的含义如下。

❶ "切换序列标记/素材标记"按钮：单击该按钮，可以在序列标记与素材标记之间进行切换。

❷ "设置标记"按钮：单击该按钮，可以标记时间线中的视频素材。

❸ "标记入点/出点"按钮：单击该按钮，可以标记视频中的入点和出点位置，起到提醒的作用。

❹ "移到上一标记点"按钮：单击该按钮，可以移到上一标记点位置。

⑤ "移到下一标记点"按钮▶：单击该按钮，可以移到下一标记点位置。

⑥ "清除标记"按钮◎：单击该按钮，可以清除视频中的标记。

⑦ "导入标记列表"按钮⬆：单击该按钮，可以导入外部标记文件。

⑧ "导出标记列表"按钮⬇：单击该按钮，可以导出外部标记文件。

7. "信息"面板

在EDIUS 8.0中，"信息"面板主要用来显示当前选定素材的信息，如文件名、入出点时间码等，还可以显示应用到素材上的滤镜和转场特效，如图1-25所示。

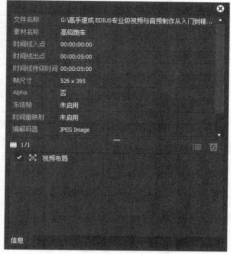

图1-25 "信息"面板

8. "轨道"面板

EDIUS的"轨道"面板可以准确地显示出事件发生的时间和位置，还可以粗略浏览不同媒体素材的内容，如图1-26所示。用户可以在"轨道"面板中微调效果，并以精确到帧的精度来修改和编辑视频，还可以根据素材在每条轨道上的位置，准确地显示故事中事件发生的时间和位置。

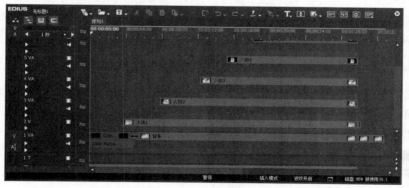

图1-26 "轨道"面板

1.2 EDIUS软件的基本操作

用户在使用EDIUS8.0编辑视频之前，首先需要在计算机中安装应用程序，然后学习启动与退出应用程序的方法。

实例 005 通过程序安装EDIUS 8.0

用户在学习EDIUS 8.0之前，需要对软件的系统配置有所了解，并掌握软件的安装方法，这样才有助于更进一步地学习EDIUS 8.0软件。下面主要介绍系统的配置要求，以及安装EDIUS 8.0的操作方法。

1. 了解系统配置

视频编辑需要占用较多的计算机资源，在配置视频编辑系统时，需要考虑的主要因素有硬盘空间、内存大小和处理器速度。这些因素决定了保存视频的容量，以及处理、渲染文件的速度，高配置可以使视频编辑更加省时，从而提高工作效率。

若要正常使用EDIUS 8.0，必须达到相应的系统配置要求，如表1-2所示。

表1-2　安装EDIUS 8.0的系统最低配置与标准配置

硬 件	最低配置	标准配置
CPU	Intel或AMD CPU 3.0 GHz或更高配置，支持SSE 2和SSE 3指令集	推荐使用多处理器或多核处理器
内 存	1GB或更大容量的内存	推荐使用4 GB的内存
硬 盘	安装EDIUS 8.0软件和第三方插件，要求6 GB硬盘空间，视频存储需要ATA100/7200rpm或速度更快的硬盘	高清编辑推荐使用RAID-0
显 卡	支持DirectX 9.0c或更高配置，使用GPUfx时必须支持Pixel Shader Model 3.0，SD编辑时需要128 MB或更大显存，DH编辑时需要256 MB或更大显存	SD编辑时，推荐使用256 MB显存，DH编辑时，推荐使用512 MB显存
声 卡	支持WDM驱动的声卡	
光 驱	DVD-ROM驱动器，若需要刻录光盘，则应具备蓝光刻录驱动器，如DVD-R/RW或者DVD±R/RW驱动器	
USB插口	密钥需要一个空余的USB接口	
操作系统	Windows 8（32位或64位）、Windows 7（32位或64位）	

2. 安装EDIUS 8.0软件

- **视频文件** | 光盘\视频\第1章\005通过程序安装EDIUS 8.0.mp4
- **实例要点** | 通过运行".exe"格式的安装文件安装EDIUS 8.0软件。
- **思路分析** | 安装EDIUS 8.0之前，用户需要检查计算机是否装有低版本的EDIUS程序，如果存在，需要将其卸载后再安装新的版本。另外，在安装EDIUS 8.0之前，必须先关闭其他所有应用程序，包括病毒检测程序等，如果其他程序仍在运行，则会影响到EDIUS 8.0的正常安装。

┃ 操作步骤 ┃

01 将EDIUS 8.0安装程序复制至计算机中。进入安装文件夹，选择".exe"格式的安装文件，单击鼠标右键，在弹出的快捷菜单中选择"打开"选项，如图1-27所示。

02 执行操作后，弹出EDIUS对话框，显示EDIUS 8.0软件的安装信息，如图1-28所示。

图1-27　选择"打开"选项

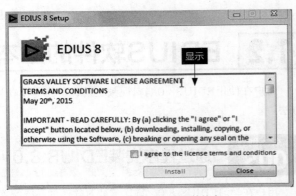

图1-28　显示软件的安装信息

在 EDIUS 8.0 安装程序所在的文件夹中，双击".exe"格式的安装文件，也可以弹出 EDIUS 欢迎对话框。

03 选中相应对话框，单击"Install"按钮，如图1-29所示。

04 执行操作后，显示软件的安装进度，如图1-30所示。

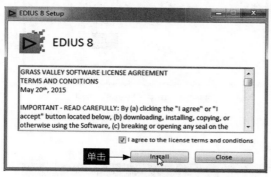
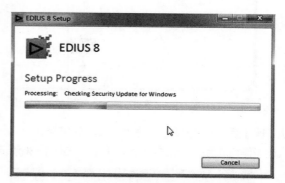

图1-29　设置相应选项　　　　　　　　　　　　　图1-30　显示软件的安装进度

在许可证协议界面中，只有勾选"I agree to the license terms and conditions（同意协议条款）"，选项才能进行软件的
下一步操作，否则 Install 按钮呈灰色显示。

05 缓冲完成后，单击"Next"按钮，如图1-31所示。

06 执行操作后，再单击"Next"按钮，如图1-32所示。

在选择安装路径界面中，如果用户对自己计算机中的文件路径很熟悉，则可以在界面下方的目标文件夹文本框中手动输入
软件的安装路径。

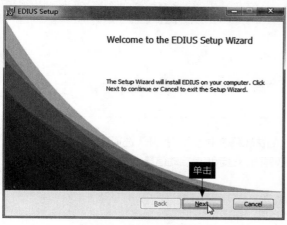
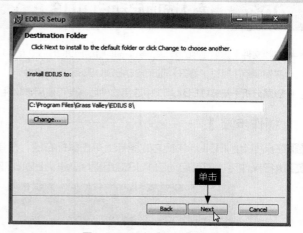

图1-31　单击"Next"按钮　　　　　　　　　　　图1-32　单击"Next"按钮

在"浏览文件夹"对话框中，单击对话框下方的"新建文件夹"按钮，可以在中间的列表框中新建文件夹。

07 再次单击"Next"按钮，如图1-33所示。

08 单击"Install"按钮，如图1-34所示。

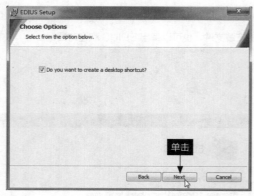

图1-33　单击"Next"按钮

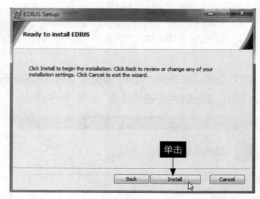

图1-34　单击"Install"按钮

09 执行操作后，即可查看缓冲进度，如图1-35所示。

10 上述操作完成后，单击"Finish"按钮，如图1-36所示。

图1-35　查看缓冲进度

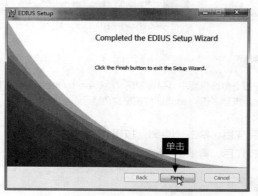

图1-36　单击"Finish"按钮

实例 006　通过选项启动EDIUS 8.0

- **视频文件** | 光盘\视频\第1章\通过选项启动EDIUS 8.0.mp4
- **实例要点** | 通过"打开"选项启动EDIUS 8.0应用软件。
- **思路分析** | 安装好EDIUS 8.0应用软件后，便可使用该软件了。下面介绍启动EDIUS 8.0的操作方法。

操作步骤

01 在桌面上的EDIUS快捷方式图标上单击鼠标右键，在弹出的快捷菜单中选择"打开"选项，如图1-37所示。

02 执行操作后，即可启动EDIUS应用程序，进入EDIUS欢迎界面，显示程序启动信息，如图1-38所示。

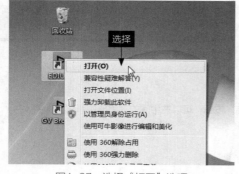

图1-37　选择"打开"选项

图1-38　显示程序启动信息

03 稍等片刻，弹出"初始化工程"对话框，在其中单击上方的"新建工程"按钮，如图1-39所示。

04 弹出"工程设置"对话框，在"预设列表"选项区中选择相应的预设模式，右侧窗格中显示预设模式的具体信息，如图1-40所示。

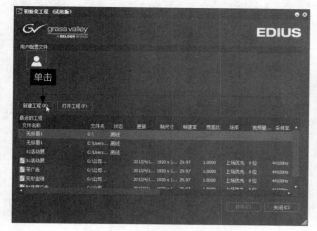
图1-39　单击"新建工程"按钮

图1-40　选择相应的预设模式

05 单击"确定"按钮，即可启动EDIUS软件，进入EDIUS工作界面，如图1-41所示。

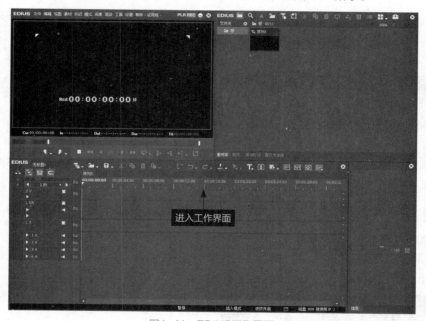
图1-41　EDIUS工作界面

实例 007　通过命令退出EDIUS 8.0

- **视频文件** | 光盘\视频\第1章\通过命令退出EDIUS 8.0.mp4
- **实例要点** | 通过"退出"命令退出EDIUS 8.0应用软件。
- **思路分析** | 当运用EDIUS 8.0编辑完视频后，为了节约系统内存空间，提高系统运行速度，可以退出EDIUS 8.0应用程序。

┃操作步骤┃

01 在EDIUS 8.0工作界面中编辑相应的视频素材，如图1-42所示。

02 视频文件编辑完成后，单击"文件"菜单，在弹出的菜单列表中单击"退出"命令，如图1-43所示。

图1-42 编辑相应的视频素材

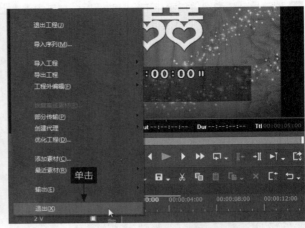

图1-43 单击"退出"命令

03 执行操作后，即可退出EDIUS 8.0应用程序。

1.3 工程文件的基本操作

使用EDIUS 8.0对视频进行编辑时，会涉及一些工程文件的基本操作，如新建工程文件、打开工程文件、保存工程文件以及导入序列文件等。本节主要介绍在EDIUS 8.0中工程文件的基本操作方法，希望读者可以熟练掌握。

实例 008 通过"新建工程"命令新建工程文件

- **视频文件｜**光盘\视频\第1章\通过"新建工程"命令新建工程文件.mp4
- **实例要点｜**通过"新建"｜"工程"命令008新建工程文件
- **思路分析｜**EDIUS 8.0中的工程文件是".ezp"格式的，它用来存放制作视频所需要的必要信息，包括视频素材、图像素材、背景音乐以及字幕和特效等。

操作步骤

01 单击"文件"菜单，在弹出的菜单列表中单击"新建"｜"工程"命令，如图1-44所示。

02 执行操作后，弹出"工程设置"对话框，在"预设列表"选项区中选择相应的工程预设模式，单击"确定"按钮，如图1-45所示，即可新建工程文件。

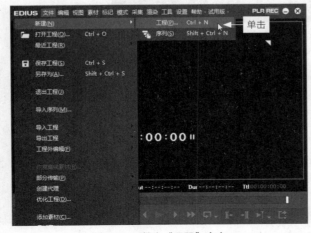

图1-44 单击"工程"命令

图1-45 单击"确定"按钮

除了运用上述方法新建工程文件外，还有以下两种方法。
➤ 快捷键：按【Ctrl + N】组合键，新建工程文件。
➤ 选项：在"轨道"面板上方单击"新建序列"右侧的下拉按钮，在弹出的列表框中选择"新建工程"选项，即可新建工程文件。

实例 009　通过"打开工程"命令打开"时装展广告"文件

● **素材文件**┃光盘\素材\第1章\时装展广告.ezp
● **视频文件**┃光盘\视频\第1章\009通过"打开工程"命令打开"时装展广告"文件.mp4
● **实例要点**┃通过"打开工程"命令打开工程文件。
● **思路分析**┃在EDIUS 8.0中打开工程文件后，可以对工程文件进行编辑和修改。下面介绍打开工程文件的操作方法。

▌操作步骤▐

01 单击"文件"菜单，在弹出的菜单列表中单击"打开工程"命令，如图1-46所示。
02 弹出"打开工程"对话框，在中间的列表框中选择需要打开的工程文件，如图1-47所示。

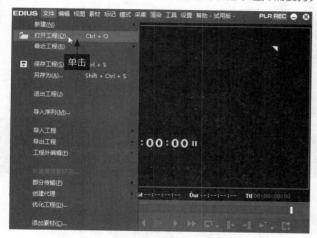
图1-46　单击"打开工程"命令

图1-47　选择工程文件

除了运用上述方法打开工程文件外，还有以下两种方法。
➤ 快捷键：按【Ctrl + O】组合键，可以弹出"打开工程"对话框。
➤ 双击：双击".ezp"式的 EDIUS 源文件，也可以打开工程文件。

03 单击"打开"按钮，即可打开工程文件，如图1-48所示。

当正在编辑的工程文件没有保存时，在打开工程文件的过程中会弹出提示信息框，提示用户是否保存当前工程文件。单击"是"按钮，即可保存工程文件；单击"否"按钮，将不保存工程文件；单击"取消"按钮，将取消工程文件的打开操作。

图1-48　打开工程文件

实例 010 通过"另存为"命令保存"假山风景"文件

- **素材文件** | 光盘\素材\第1章\假山风景.ezp
- **效果文件** | 光盘\效果\第1章\假山风景.ezp
- **视频文件** | 光盘\视频\第1章\010通过"另存为"命令保存"假山风景"文件.mp4
- **实例要点** | 通过"另存为"命令保存工程文件。
- **思路分析** | 在视频编辑过程中，保存工程文件非常重要。可以保存工程文件的视频素材、图像素材、声音文件、字幕以及特效等所有信息。如果对保存后的视频有不满意的地方，还可以重新打开工程文件，修改其中的部分属性，然后渲染修改后的各个元素并生成新的视频。

▌操作步骤 ▌

01 视频文件制作完成后，单击"文件"|"另存为"命令，如图1-49所示。

02 弹出"另存为"对话框，在中间的列表框中选择工程文件的保存位置与文件名称，如图1-50所示。

图1-49　单击"另存为"命令

图1-50　设置文件保存选项

03 单击"保存"按钮，即可保存工程文件。在录制窗口中可以预览保存的工程文件，如图1-51所示。

> **提示**
>
> 除了运用上述方法保存工程文件外，还有以下两种方法。
> ➢ 快捷键 1：按【Ctrl + S】组合键，可以保存工程文件。
> ➢ 快捷键 2：按【Shift + Ctrl + S】组合键，可以另存为工程文件。

图1-51　预览保存的工程文件

实例 011 通过"导入序列"命令导入"描绘童年"文件

- **素材文件** | 光盘\素材\第1章\描绘童年.ezp
- **效果文件** | 光盘\效果\第1章\描绘童年.ezp
- **视频文件** | 光盘\视频\第1章\010通过"导入序列"命令导入描绘童年.mp4
- **实例要点** | 通过"导入序列"命令导入工程文件。

● **思路分析 |** 在EDIUS 8.0工作界面中，用户不仅可以导入一张图片素材、一段视频素材以及一段音频素材，还可以导入整个序列文件。

┃ 操作步骤 ┃

01 单击"文件"菜单，在弹出的菜单列表中单击"导入序列"命令，如图1-52所示。

02 弹出"导入序列"对话框，单击右侧的"浏览"按钮，如图1-53所示。

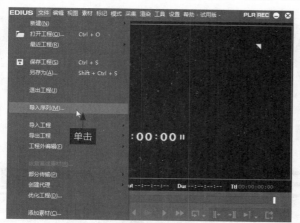

图1-52　单击"导入序列"命令

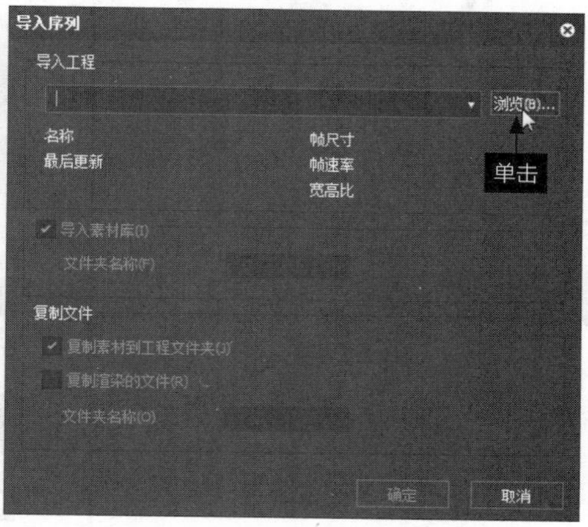

图1-53　单击"浏览"按钮

03 弹出"打开"对话框，在中间的列表框中，选择需要导入的序列文件，如图1-54所示。

04 单击"打开"按钮，返回"导入序列"对话框，在"导入工程"选项区中显示需要导入的序列信息，如图1-55所示。

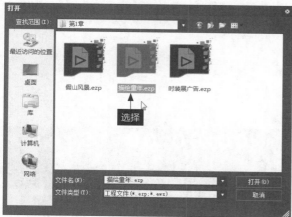

图1-54　选择需要导入的序列文件

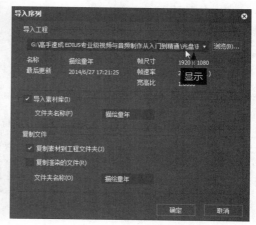

图1-55　显示需要导入的序列信息

05 单击"确定"按钮，即可导入序列文件，在录制窗口中可预览导入的视频效果，如图1-56所示。

图1-56　预览导入的视频效果

第 02 章

EDIUS 8.0窗口管理

EDIUS 8.0作为一款视频与音频处理软件，视频与音频处理是它的看家本领。在使用EDIUS 8.0开始编辑视频之前，需要先了解该软件的窗口显示操作，如管理窗口模式，掌握窗口叠加显示，掌握视频编辑模式以及管理素材文件等内容。熟练掌握各种窗口的基本操作，可以更好、更快地编辑视频与音频文件。本章主要介绍管理EDIUS 8.0窗口的方法。

2.1 窗口模式的管理

EDIUS 8.0工作界面提供了3种窗口模式：单窗口模式、双窗口模式和全屏预览窗口等。

实例 012 通过单窗口模式编辑"城市的脚步"文件

- **素材文件** | 光盘\素材\第2章\城市的脚步.ezp
- **效果文件** | 光盘\效果\第2章\城市的脚步.ezp
- **视频文件** | 光盘\视频\第2章\012通过单窗口模式编辑"城市的脚步"文件.mp4
- **实例要点** | 通过"单窗口模式"命令进入单窗口模式编辑素材。
- **思路分析** | 单窗口模式是指在播放/录制窗口中只显示一个窗口，在单窗口中可以更好地预览视频效果。下面介绍应用单窗口模式的操作方法。

操作步骤

01 单击"文件"|"打开工程"命令，打开一个工程文件，如图2-1所示。

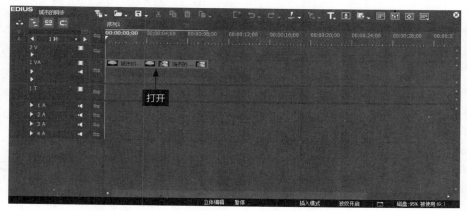

图2-1　打开一个工程文件

02 在录制窗口中预览视频画面效果，如图2-2所示。

03 单击"视图"菜单，在弹出的菜单列表中单击"单窗口模式"命令，如图2-3所示。

图2-2　预览视频画面效果

图2-3　单击"单窗口模式"命令

04 执行操作后，即可以单窗口模式显示视频素材，如图 2-4 所示。

图2-4 以单窗口模式显示视频素材

实例 013 通过双窗口模式编辑"沱江风光"文件

- **素材文件** | 光盘\素材\第2章\沱江风光.ezp
- **效果文件** | 光盘\效果\第2章\沱江风光.ezp
- **视频文件** | 光盘\视频\第2章\013通过双窗口模式编辑"沱江风光"文件.mp4
- **实例要点** | 通过"双窗口模式"命令进入双窗口模式编辑素材。
- **思路分析** | 双窗口模式是指在播放/录制窗口中显示两个窗口，一个窗口用来播放视频的当前画面，另一个窗口用来查看需要录制的窗口画面。下面介绍应用双窗口模式的操作方法。

｜ 操作步骤 ｜

01 单击"文件" | "打开工程"命令，打开一个工程文件，如图2-5所示。
02 在录制窗口中预览视频画面效果，如图2-6所示。

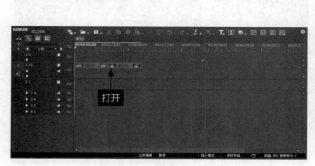

图2-5 打开一个工程文件

图2-6 预览视频画面效果

提示

双窗口模式比较适合一些双显示器的用户使用，用户可以将播放窗口或者录制窗口拖放到另一显示器的显示区域中，使空间比较宽敞，方便对大型的影视文件进行编辑操作。

03 单击"视图"菜单，在弹出的菜单列表中单击"双窗口模式"命令，如图2-7所示。

04 执行操作后，即可以双窗口模式显示视频素材，如图2-8所示。

图2-7 单击"双窗口模式"命令

图2-8 以双窗口模式显示视频素材

实例 014 通过全屏窗口预览"庆典活动"文件

● **素材文件** | 光盘\素材\第2章\庆典活动.ezp

● **效果文件** | 光盘\效果\第2章\庆典活动.ezp

● **视频文件** | 光盘\视频\第2章\014通过全屏窗口预览"庆典活动"文件.mp4

● **实例要点** | 通过"全屏预览"命令全屏预览视频素材。

● **思路分析** | 在EDIUS 8.0中，使用全屏预览窗口模式，可以更加清晰地预览视频的画面效果。下面介绍全屏预览窗口的操作方法。

操作步骤

01 单击"文件"|"打开工程"命令，打开一个工程文件，如图2-9所示。

02 单击"视图"菜单，在弹出的菜单列表中单击"全屏预览"|"所有"命令，如图2-10所示。

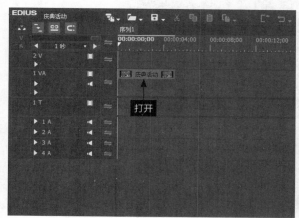

图2-9 打开一个工程文件

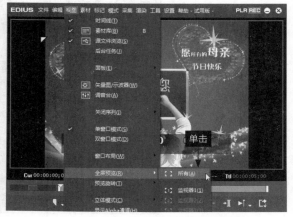

图2-10 单击"所有"命令

03 执行操作后，即可以全屏的方式预览整个窗口，如图2-11所示。

图2-11　以全屏的方式预览整个窗口

2.2　窗口叠加显示的掌握

在EDIUS 8.0中，窗口叠加显示是指在预览窗口中叠加显示画面中的内容，如素材/设备、安全区域、中央十字线以及屏幕状态等内容。本节主要介绍窗口叠加显示的操作方法。

实例 015　通过显示素材/设备编辑"钻戒广告"文件

- **素材文件** | 光盘\素材\第2章\钻戒广告.ezp
- **效果文件** | 光盘\效果\第2章\钻戒广告.ezp
- **视频文件** | 光盘\视频\第2章\015通过显示素材/设备编辑"钻戒广告"文件.mp4
- **实例要点** | 通过"素材/设备"命令显示素材名称信息。
- **思路分析** | 显示素材/设备是指在播放窗口的上方，显示素材的名称信息。下面介绍显示素材/设备的操作方法。

操作步骤

01 单击"文件"|"打开工程"命令，打开一个工程文件，如图2-12所示。

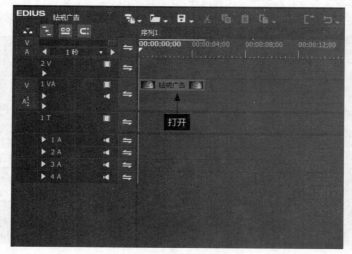

图2-12　打开一个工程文件

02 在视频轨1中双击视频素材，打开播放窗口，如图2-13所示。

03 单击"视图"|"叠加显示"|"素材/设备"命令，如图2-14所示。

图2-13　打开播放窗口

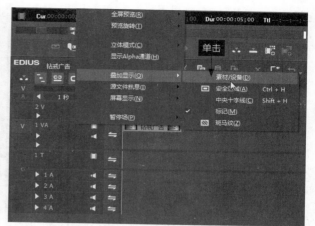

图2-14　单击"素材/设备"命令

04 执行操作后，在播放窗口的左上方显示素材/设备信息，如素材的名称，如图2-15所示。

05 单击"播放"按钮，预览视频画面，效果如图2-16所示。

图2-15　显示素材名称

图2-16　预览视频画面

提示

在 EDIUS 工作界面中，单击"视图"菜单，在弹出的菜单列表中依次按【O】、【D】键，也可以显示或隐藏素材/设备信息。

实例 016　通过显示安全区域编辑"浪漫牵手"文件

● **素材文件** ┃ 光盘\素材\第2章\浪漫牵手.ezp

● **效果文件** ┃ 光盘\效果\第2章\浪漫牵手.ezp

● **视频文件** ┃ 光盘\视频\第2章\016通过显示安全区域编辑"浪漫牵手"文件.mp4

● **实例要点** ┃ 通过"安全区域"命令显示素材的安全区域。

● **思路分析** ┃ 安全区域是指字幕活动的区域，超出安全区域的标题字幕在输出的视频中显示不出来。下面介绍显示安全区域的操作方法。

┨ 操作步骤 ┠

01 单击"文件"|"打开工程"命令，打开一个工程文件，如图2-17所示。

02 在视频轨1中双击视频素材，打开播放窗口，如图2-18所示。

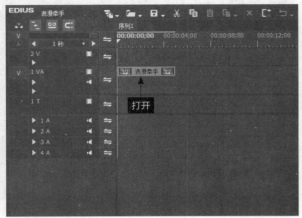

图2-17　打开一个工程文件　　　　　　　　　　图2-18　打开播放窗口

03 单击"视图"|"叠加显示"|"安全区域"命令，如图2-19所示。

04 执行操作后，在播放窗口中显示白色方框的安全区域，如图2-20所示。

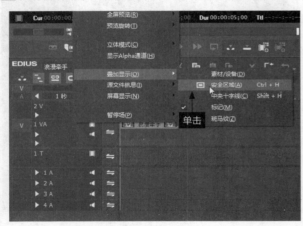

图2-19　单击"安全区域"命令　　　　　　　　图2-20　显示安全区域

> **提示**
>
> 在 EDIUS 工作界面中，按【Ctrl + H】组合键，也可以显示或隐藏安全区域。安全区域显示为一个白色的方框，当用户进行全屏预览时，安全区域不会显示出来；当用户输出视频文件时，安全区域也不会被输出。

05 单击"播放"按钮，预览视频画面，效果如图2-21所示。

图2-21　预览视频画面

实例 017　通过显示中央十字线编辑"冰水特效"文件

- **素材文件** | 光盘\素材\第2章\冰水特效.ezp
- **效果文件** | 光盘\效果\第2章\冰水特效.ezp
- **视频文件** | 光盘\视频\第2章\017通过显示中央十字线编辑"冰水特效"文件.mp4
- **实例要点** | 通过"中央十字线"命令显示中央十字线效果。
- **思路分析** | 在制作画中画视频效果时，中央十字线能很好地分布视频画面效果。下面介绍显示中央十字线的操作方法。

操作步骤

01 单击"文件" | "打开工程"命令，打开一个工程文件，如图2-22所示。

02 在视频轨1中双击视频素材，打开播放窗口，如图2-23所示。

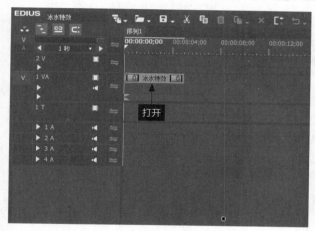

图2-22　打开一个工程文件

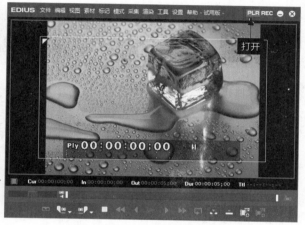

图2-23　打开播放窗口

> **提示**
>
> 在 EDIUS 工作界面中按【Shift + H】组合键，也可以显示或隐藏中央十字线。当全屏预览视频时，中央十字线会自动隐藏，不会显示出来。

03 单击"视图" | "叠加显示" | "中央十字线"命令，如图2-24所示。

04 执行操作后，在播放窗口中显示白色的中央十字线，如图2-25所示。

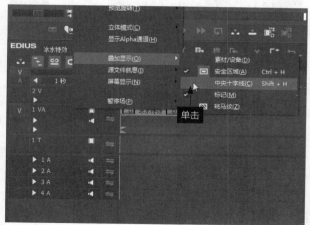

图2-24　单击"中央十字线"命令

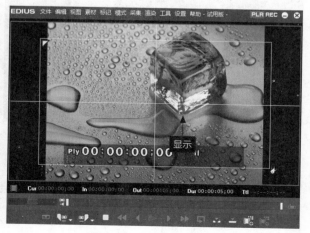

图2-25　显示中央十字线

05 单击"播放"按钮，预览视频画面，效果如图2-26
所示。

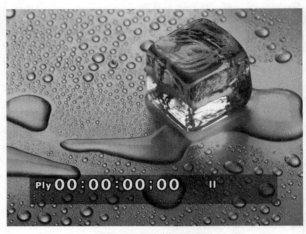

图2-26　预览视频画面

实例 **018**	通过显示屏幕状态编辑"我心飞翔"文件

- **素材文件 |** 光盘\素材\第2章\我心飞翔.ezp
- **效果文件 |** 光盘\效果\第2章\我心飞翔.ezp
- **视频文件 |** 光盘\视频\第2章\018通过显示屏幕状态编辑"我心飞翔"文件.mp4
- **实例要点 |** 通过"屏幕显示"命令显示屏幕状态信息。
- **思路分析 |** 在EDIUS 8.0工作界面中，屏幕状态是指播放、录制以及编辑视频时的时间状态。下面介绍显示屏幕状态的操作方法。

操作步骤

01 单击"文件"|"打开工程"命令，打开一个工程文件，如图2-27所示。
02 在视频轨1中双击视频素材，打开播放窗口，如图2-28所示。

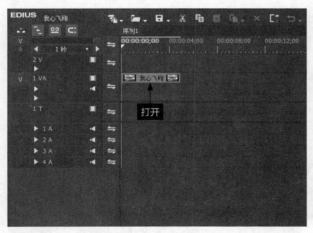

图2-27　打开一个工程文件

图2-28　打开播放窗口

提示

除了运用上述方法显示屏幕状态信息外，还有以下两种方法。
➤ 快捷键1：按【Ctrl + G】组合键，显示屏幕状态信息。
➤ 快捷键2：单击"视图"菜单，在弹出的菜单列表中依次按【N】、【S】键，也可以快速显示屏幕状态信息。

03 单击"视图"|"屏幕显示"|"状态"命令，如图2-29所示。

04 执行操作后，在窗口下方即可显示屏幕状态信息，如图2-30所示。

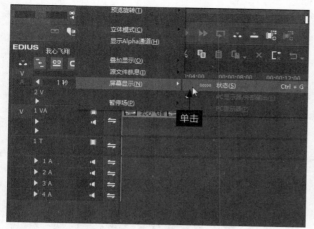

图2-29　单击"状态"命令

图2-30　显示屏幕状态信息

05 单击"播放"按钮，预览视频画面，效果如图2-31所示。

图2-31　预览视频画面

2.3　视频编辑模式的掌握

　　视频编辑模式是指编辑视频的方式。EDIUS 8.0提供了3种视频编辑模式：常规模式、剪辑模式以及多机位模式，在不同的模式下，编辑视频的功能各不相同。本节主要针对这3种视频模式进行详细介绍，希望读者可以熟练掌握。

实例 019　通过常规模式编辑"唇膏"文件

● **素材文件** ┃ 光盘\素材\第2章\唇膏.ezp

● **效果文件** ┃ 光盘\效果\第2章\唇膏.ezp

● **视频文件** ┃ 光盘\视频\第2章\019通过常规模式编辑"唇膏文件.mp4

● **实例要点** ┃ 通过"常规模式"命令进入常规模式。

● **思路分析** ┃ 在EDIUS 8.0工作界面中，常规模式是软件默认的视频编辑模式。在常规模式中，用户可以对视频进行一些常用的编辑操作。

▌操作步骤▐

01 单击"文件"|"打开工程"命令，打开一个工程文件，如图2-32所示。

02 单击"模式"|"常规模式"命令，如图2-33所示。

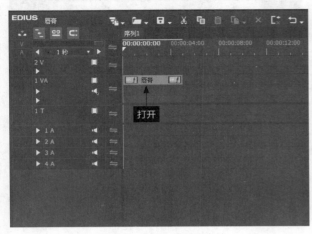

图2-32 打开一个工程文件

图2-33 单击"常规模式"命令

03 执行操作后，即可切换至常规模式状态，在录制窗口下方显示常规模式下的相应按钮，可供用户对素材进行编辑操作，如图2-34所示。

04 单击"播放"按钮，预览常规模式下的视频画面，效果如图2-35所示。

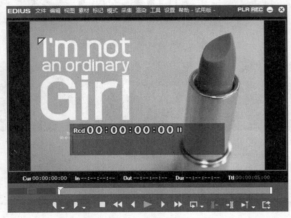

图2-34 切换至常规模式状态

图2-35 预览常规模式下的视频画面

> **提示**
>
> 在 EDIUS 工作界面中按【F5】键，也可以切换至常规模式。常规模式是 3 种视频编辑模式中最简单的一种，也是功能较少的一种视频编辑模式。

实例
020　通过裁剪（入点）编辑"电子广告"文件

- **素材文件** | 光盘\素材\第2章\电子广告.ezp
- **效果文件** | 光盘\效果\第2章\电子广告.ezp
- **视频文件** | 光盘\视频\第2章\020通过裁剪（入点）编辑"电子广告"文件.mp4
- **实例要点** | 通过"裁剪（入点）"按钮裁剪视频素材。
- **思路分析** | 运用裁剪（入点）剪辑模式，可以裁剪、改变放置在时间线上的素材入点，是最常用的一种裁剪方式。

操作步骤

01 单击"文件"|"打开工程"命令，打开一个工程文件，如图2-36所示。

02 单击"模式"|"剪辑模式"命令，如图2-37所示。

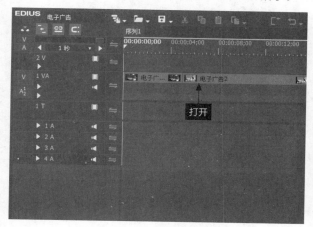

图2-36　打开一个工程文件

图2-37　单击"剪辑模式"命令

03 执行操作后，即可进入剪辑模式，如图2-38所示。

04 在剪辑模式中，单击下方的"裁剪（入点）"按钮 ，如图2-39所示。

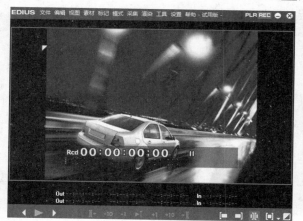

图2-38　进入剪辑模式

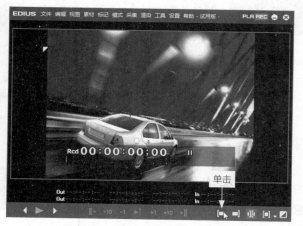

图2-39　单击"裁剪（入点）"按钮

05 选择第2段视频素材，将鼠标指针移至视频的入点位置，如图2-40所示。

06 单击鼠标左键并向左拖曳，调整视频的入点，如图2-41所示。

图2-40　移至视频的入点位置

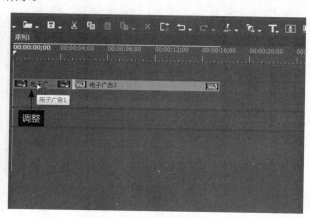

图2-41　调整视频的入点

07 将时间线移至素材的开始位置，单击录制窗口中的"播放"按钮，预览调整视频入点后的画面效果，如图2-42所示。

图2-42 预览调整视频入点后的画面效果

提示

在 EDIUS 工作界面中拖曳裁剪视频的方式，适合于对视频裁剪要求不高的影片，如果要进行精确裁剪，则建议通过"持续时间"功能来裁剪视频素材。

实例 021 通过裁剪（出点）编辑"旅途记忆"文件

- **素材文件** | 光盘\素材\第2章\旅途记忆.ezp
- **效果文件** | 光盘\效果\第2章\旅途记忆.ezp
- **视频文件** | 光盘\视频\第2章\021通过裁剪（出点）编辑"旅途记忆"文件.mp4
- **实例要点** | 通过"裁剪（出点）"按钮裁剪视频素材。
- **思路分析** | 裁剪（出点）剪辑模式与裁剪（入点）剪辑模式的操作类似，只是裁剪（出点）剪辑模式主要针对视频素材的出点进行调整，也是常用的一种裁剪方式。

▌操作步骤▌

01 单击"文件"|"打开工程"命令，打开一个工程文件，如图2-43所示。
02 单击"模式"|"剪辑模式"命令，如图2-44所示。

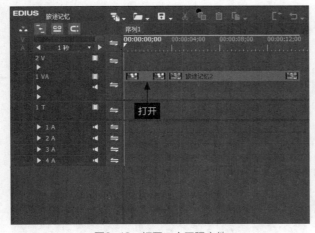

图2-43 打开一个工程文件　　　　　　图2-44 单击"剪辑模式"命令

03 执行操作后，即可进入剪辑模式，如图2-45所示。

04 在剪辑模式中，单击下方的"裁剪（出点）"按钮■，如图2-46所示。

图2-45　进入剪辑模式

图2-46　单击"裁剪（出点）"按钮

05 选择第2段视频素材，将鼠标指针移至视频的出点位置，如图2-47所示。

06 单击鼠标左键并向左拖曳，调整视频的出点，如图2-48所示。

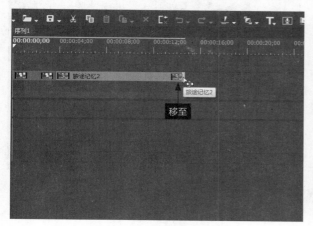

图2-47　移至视频的出点位置

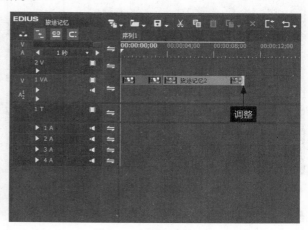

图2-48　调整视频的出点

07 将时间线移至素材的开始位置，单击录制窗口中的"播放"按钮，预览调整视频出点后的画面效果，如图2-49所示。

图2-49　预览调整视频出点后的画面效果

实例 022 通过裁剪-滚动编辑"情深似海"文件

- **素材文件** | 光盘\素材\第2章\情深似海.ezp
- **效果文件** | 光盘\效果\第2章\情深似海.ezp
- **视频文件** | 光盘\视频\第2章\022通过裁剪-滚动编辑"情深似海"文件.mp4
- **实例要点** | 通过"裁剪-滚动"按钮裁剪视频素材。
- **思路分析** | 使用裁剪-滚动剪辑模式，可以改变相邻素材间的边缘，而不改变两段素材的总长度。下面向介绍通过裁剪-滚动模式裁剪视频素材的方法。

▌操作步骤▐

01 单击"文件"|"打开工程"命令，打开一个工程文件，如图2-50所示。

02 单击"模式"|"剪辑模式"命令，进入剪辑模式，单击下方的"裁剪-滚动"按钮，如图2-51所示。

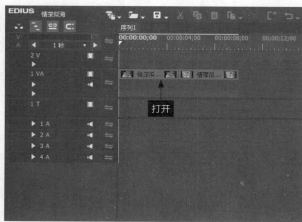

图2-50 打开一个工程文件

图2-51 单击"裁剪-滚动"按钮

03 选择第1段视频素材，将鼠标指针移至视频的出点位置，如图2-52所示。

04 单击鼠标左键并向右拖曳，即可通过裁剪-滚动模式编辑视频素材，如图2-53所示。

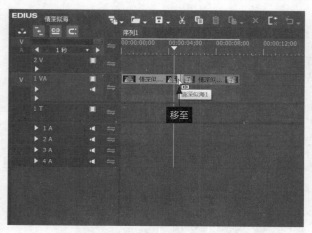

图2-52 将鼠标指针移至视频的出点位置

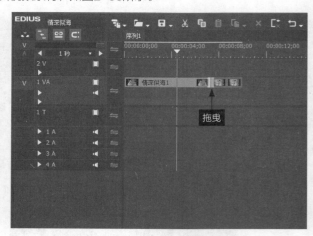

图2-53 通过裁剪-滚动模式编辑视频

05 将时间线移至素材的开始位置，单击录制窗口中的"播放"按钮，预览裁剪后的视频画面效果，如图2-54所示。

图2-54　预览裁剪后的视频画面效果

实 例 023　通过裁剪-滑动编辑"古镇欣赏"文件

- **素材文件** | 光盘\素材\第2章\古镇欣赏.ezp
- **效果文件** | 光盘\效果\第2章\古镇欣赏.ezp
- **视频文件** | 光盘\视频\第2章\023通过裁剪-滑动编辑"古镇欣赏"文件.mp4
- **实例要点** | 通过"裁剪-滑动"按钮裁剪视频素材。
- **思路分析** | 使用裁剪-滑动剪辑模式，仅改变选中素材中要使用的部分，不影响素材当前的位置和长度。下面介绍通过裁剪-滑动模式裁剪视频素材的方法。

操作步骤

01 单击"文件"|"打开工程"命令，打开一个工程文件，如图2-55所示。

02 单击"模式"|"剪辑模式"命令，进入剪辑模式，单击下方的"裁剪-滑动"按钮，如图2-56所示。

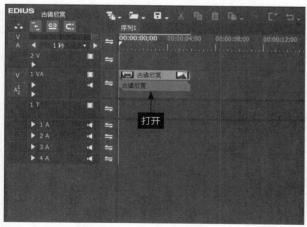 

图2-55　打开一个工程文件　　　　图2-56　单击"裁剪-滑动"按钮

03 将鼠标指针移至视频轨中的素材上方，按住鼠标左键并向左拖曳，如图2-57所示，即可通过裁剪-滑动模式编辑视频素材。

04 此时界面中自动切换到2个镜头画面，如图2-58所示，方便用户查看视频片段。

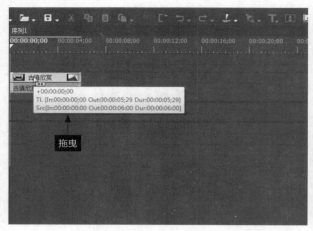

图2-57　按住鼠标左键并向左拖曳

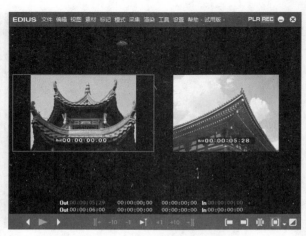

图2-58　界面自动切换到2个镜头

05 将时间线移至素材的开始位置，单击录制窗口中的"播放"按钮，预览裁剪后的视频画面效果，如图2-59所示。

图2-59　预览裁剪后的视频画面效果

> **提示**
>
> 在 EDIUS 工作界面中，裁剪-滑动模式只在编辑视频素材时有用，对于静态的图像素材是没有任何作用的。

实例 024　通过多机位模式编辑"婚纱摄影"文件

● **素材文件**┃光盘\素材\第2章\婚纱摄影.ezp

● **效果文件**┃光盘\效果\第2章\婚纱摄影.ezp

● **视频文件**┃光盘\视频\第2章\024通过多机位模式编辑"婚纱摄影"文件.mp4

● **实例要点**┃通过"多机位模式"命令编辑视频素材。

● **思路分析**┃某些大型活动的节目剪辑往往需要多角度切换，因此在活动现场一般有数台摄像机同时拍摄，以便为后期编辑人员提供多机位素材。

┃操作步骤┃

01 单击"文件"｜"打开工程"命令，打开一个工程文件，如图2-60所示。

02 在录制窗口中，可以查看常规模式下视频的画面效果，如图2-61所示。

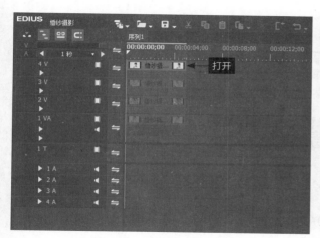

图2-60 打开一个工程文件

图2-61 查看视频画面效果

03 单击"模式"|"多机位模式"命令,如图2-62所示。

04 执行操作后,即可进入多机位模式界面,此时录制窗口中显示4个机位画面窗口,如图2-63所示。

图2-62 单击"多机位模式"命令

图2-63 显示4个机位画面窗口

05 在多机位模式中,用户可根据需要对多个画面进行同时编辑和预览操作,编辑完成后,视频画面效果如图2-64所示。

图2-64 预览视频画面效果

提示

在 EDIUS 工作界面中按【F8】键,可以快速进入多机位编辑模式。EDIUS 提供多机位模式来支持同时编辑最多16台摄像机素材。

2.4 素材文件的管理

　　将视频素材添加至视频轨后，可以再次将视频轨中的视频素材添加至"素材库"窗口中，方便以后对素材进行重复调用。本节主要介绍通过"素材库"面板管理视频素材的操作方法。

实 例 025 将"水中划船"素材添加到素材库

- **素材文件** | 光盘\素材\第2章\水中划船.ezp
- **效果文件** | 光盘\效果\第2章\水中划船.ezp
- **视频文件** | 光盘\视频\第2章\025将"水中划船"素材添加到素材库.mp4
- **实例要点** | 通过鼠标拖曳的方式将素材拖曳至"素材库"面板中。
- **思路分析** | "素材库"面板是专门用来管理视频素材的，各种类型的素材都可以放进"素材库"面板中。下面介绍将素材添加到"素材库"面板的方法。

┃操作步骤┃

01 单击"文件"|"打开工程"命令，打开一个工程文件，如图2-65所示。

> **提示**
>
> 在 EDIUS 8.0 中，用户还可以通过以下 3 种方法将视频素材添加到"素材库"面板中。
> ➤ 快捷键：按【Shift + B】组合键，即可将视频添加至"素材库"面板中。
> ➤ 命令：单击"素材"|"添加到素材库"命令，即可将视频添加至"素材库"面板中。
> ➤ 选项：在视频轨中的视频素材上，单击鼠标右键，在弹出的快捷菜单中选择"添加到素材库"选项，即可将视频添加至"素材库"面板中。

图2-65　打开一个工程文件

02 在视频轨中选择相应的视频素材，如图2-66所示。

03 单击鼠标左键，将视频素材拖曳至"素材库"面板中的适当位置，释放鼠标左键，即可将视频素材添加到"素材库"面板中，如图2-67所示。

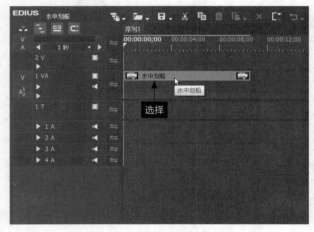

图2-66　选择相应的视频素材

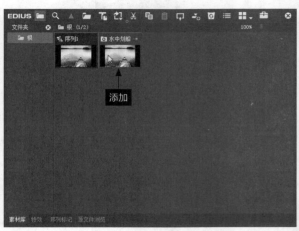

图2-67　添加到"素材库"面板中

实例 026　通过创建静帧编辑"汽车广告"文件

- **素材文件** | 光盘\素材\第2章\汽车广告.ezp
- **效果文件** | 光盘\效果\第2章汽车广告.ezp
- **视频文件** | 光盘\视频\第2章\026通过创建静帧编辑"汽车广告"文件.mp4
- **实例要点** | 通过"创建静帧"命令在"素材库"面板中创建静帧图像。
- **思路分析** | 在EDIUS 8.0中，用户可以将视频素材中单独的静帧画面捕获出来，保存至"素材库"面板中。下面介绍在素材库中创建静帧的操作方法。

▌操作步骤▐

01 单击"文件"|"打开工程"命令，打开一个工程文件，如图2-68所示。

02 在"轨道"面板中将时间线移至00:00:03:24位置处，该处是捕获视频静帧的位置，如图2-69所示。

图2-68　打开一个工程文件

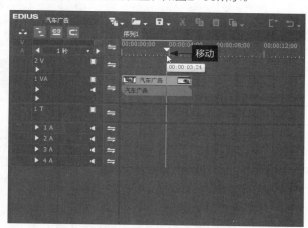

图2-69　移动时间线的位置

03 单击"素材"菜单，在弹出的菜单列表中单击"创建静帧"命令，如图2-70所示。

04 执行操作后，即可在素材库中创建视频的静帧画面，如图2-71所示。

图2-70　单击"创建静帧"命令

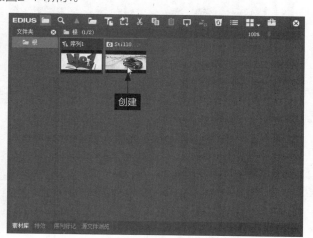

图2-71　在素材库中创建视频的静帧

提示

在EDIUS工作界面中按【Ctrl + T】组合键，也可以在视频素材中创建静帧图像，创建的静帧图像会自动添加到"素材库"面板中。

实例 027 通过作为序列添加到素材库编辑"成长记录"文件

- **素材文件** | 光盘\素材\第2章\成长记录.ezp
- **效果文件** | 光盘\效果\第2章\成长记录.ezp
- **视频文件** | 光盘\视频\第2章\027通过作为序列添加到素材库编辑"成长记录"文件.mp4
- **实例要点** | 通过"作为序列添加到素材库"命令将素材作为序列添加到"素材库"面板中。
- **思路分析** | 在EDIUS 8.0中，用户可以将视频轨中的素材作为序列添加到素材库中。下面介绍作为序列添加到素材库的操作方法。

▎操作步骤 ▎

01 单击"文件"|"打开工程"命令，打开一个工程文件，如图2-72所示。

图2-72　打开一个工程文件

02 在视频轨中，选择需要作为序列添加到素材库的视频文件，如图2-73所示。

03 单击"编辑"|"作为序列添加到素材库"|"选定素材"命令，如图2-74所示。

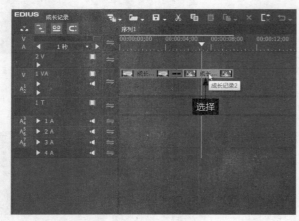

图2-73　选择视频素材

图2-74　单击"选定素材"命令

04 执行操作后，即可将视频文件作为序列添加到"素材库"面板中，添加的序列文件如图2-75所示。

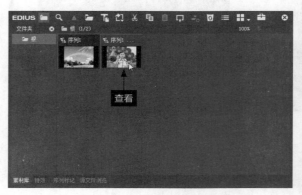

图2-75　查看添加的序列文件

第 **03** 章

视频素材的添加与编辑

本章重点

通过导入静态图像导入"路牌广告"文件

通过导入视频素材导入"清凉菜系"文件

通过导入PSD素材导入"舞动全城"文件

通过复制粘贴素材制作"书"文件

通过剪切素材文件制作"真爱一生"文件

通过波纹剪切素材制作"新品汉堡"文件

导入素材是进行视频编辑的首要环节，好的视频作品离不开高质量的素材。在EDIUS 8.0中，用户不仅可以导入素材，还可以对素材进行编辑和管理操作，使制作的视频更为生动、美观，更具吸引力。本章主要介绍导入与编辑视频素材的操作方法，包括导入素材文件、编辑素材文件以及添加与去除剪切点等内容。

3.1 素材文件的导入

用户可以在"轨道"面板中添加各种类型的素材文件，并对单独的素材文件进行整合，制作成一个内容丰富的影视作品。本节主要介绍导入各种素材文件的操作方法。

实例 028 通过导入静态图像导入"路牌广告"文件

- **素材文件** | 光盘\素材\第3章\路牌广告.jpg
- **效果文件** | 光盘\效果\第3章\路牌广告.ezp
- **视频文件** | 光盘\视频\第3章\028通过导入静态图像导入"路牌广告"文件.mp4
- **实例要点** | 通过"添加素材"命令导入静态图像。
- **思路分析** | 在EDIUS 8.0中，导入静态图像素材的方式有很多种，用户可以根据自己的使用习惯选择导入素材的方式。下面介绍导入静态图像的操作方法。

操作步骤

01 单击"文件"菜单，在弹出的菜单列表中单击"添加素材"命令，如图3-1所示。

02 弹出"打开"对话框，在中间的列表框中选择需要导入的静态图像，如图3-2所示。

图3-1 单击"添加素材"命令

图3-2 选择需要导入的图像

03 单击"打开"按钮，将选择的静态图像导入播放窗口中，如图3-3所示。

04 将鼠标指针移至播放窗口中的静态图像上，按住鼠标左键并拖曳至视频轨中的适当位置，此时显示虚线框，表示素材将要放置的位置，如图3-4所示。

图3-3 导入静态图像至播放窗口

图3-4 拖曳至视频轨中

05 释放鼠标左键，将静态图像添加至视频轨中的开始位置，如图3-5所示。

06 单击"播放"按钮，预览静态图像画面效果，如图3-6所示。

图3-5　将素材添加至轨道中

图3-6　预览静态图像画面效果

提示

在 EDIUS 8.0 工作界面中，按【Shift + Ctrl + O】组合键，也可以弹出"打开"对话框，在其中选择相应的素材文件，单击"打开"按钮，即可导入素材文件。

实例 029　通过导入视频素材导入"清凉菜系"文件

- **素材文件｜**光盘\素材\第3章\清凉菜系.mpg
- **效果文件｜**光盘\效果\第3章\清凉菜系.ezp
- **视频文件｜**光盘\视频\第3章\029通过导入视频素材导入"清凉菜系"文件.mp4
- **实例要点｜**通过"添加文件"选项导入视频素材。
- **思路分析｜**在EDIUS 8.0中，用户可以直接将视频素材导入视频轨中，也可以将视频素材先导入素材库中，再将素材库中的视频文件添加至视频轨中。

▌操作步骤▐

01 在"素材库"面板中的空白位置上单击鼠标右键，在弹出的快捷菜单中选择"添加文件"选项，如图3-7所示。

02 弹出"打开"对话框，选择需要导入的视频文件，如图3-8所示。

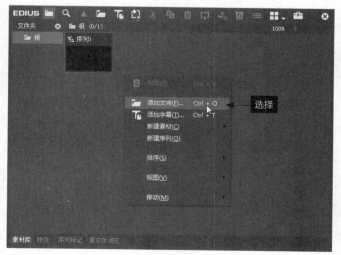

图3-7　选择"添加文件"选项

图3-8　选择需要导入的视频文件

03 单击"打开"按钮，即可将视频文件导入"素材库"面板中，如图3-9所示。

04 选择导入的视频文件，按住鼠标左键并拖曳至视频轨中的开始位置，释放鼠标左键，即可将视频文件添加至视频轨中，如图3-10所示。

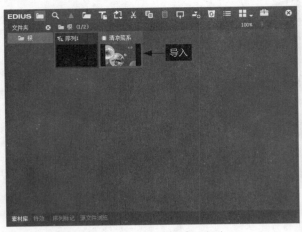

图3-9　导入"素材库"面板中

图3-10　将视频添加至视频轨

05 单击录制窗口下方"播放"按钮，预览视频画面效果，如图3-11所示。

图3-11　预览视频画面效果

> **提示**
>
> 在 EDIUS 8.0 工作界面中，将鼠标定位至"素材库"窗口中，然后按【Ctrl + O】组合键，也可以弹出"打开"对话框。

实例 030　通过导入PSD素材导入"舞动全城"文件

- **素材文件** | 光盘\素材\第3章\舞动全城.psd
- **效果文件** | 光盘\效果\第3章\舞动全城.ezp
- **视频文件** | 光盘\视频\第3章\通过导入PSD素材导入"舞动全城"文件.mp4
- **实例要点** | 通过"添加素材"命令添加PSD素材。
- **思路分析** | PSD格式是Photoshop软件的默认格式，也是唯一支持所有图像模式的文件格式。PSD格式文件属于大型文件，除了具有PSD格式文件的所有属性外，最大的特点就是支持宽度和高度最大为30万像素的文件，且可以保存图像中的图层、通道和路径等所有信息。

操作步骤

01 单击"文件"菜单，在弹出的菜单列表中单击"添加素材"命令，如图3-12所示。

02 弹出"添加素材"对话框，选择PSD格式的图像文件，如图3-13所示。

图3-12　单击"添加素材"命令

图3-13　选择PSD格式的图像

03 单击"打开"按钮，在播放窗口中显示添加的图像，如图3-14所示。

04 将鼠标指针移至图像上并按住鼠标左键将其拖曳至视频轨中的开始位置，将PSD格式的图像添加至视频轨中，如图3-15所示。

图3-14　在播放窗口中显示添加的图像

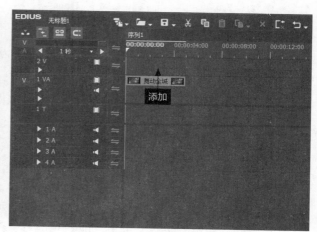

图3-15　将图像添加至视频轨

05 单击录制窗口下方的"播放"按钮，预览图像画面效果，如图3-16所示。

图3-16　预览图像画面效果

实例 031 通过创建彩条与色块素材制作视频画面

在视频中适当添加一些彩条或者色块素材，可以让视频的过渡更加流畅、自然。下面介绍创建彩条与色块的操作方法。

1. 通过创建彩条素材制作"天天向上"文件

- **素材文件**｜光盘\素材\第3章\天天向上.ezp
- **效果文件**｜光盘\效果\第3章\天天向上.ezp
- **视频文件**｜光盘\视频\第3章\031通过创建彩条素材制作"天天向上"文件.mp4
- **实例要点**｜通过"彩条"选项创建彩条素材。
- **思路分析**｜在EDIUS 8.0中，用户可以通过多种方式创建彩条素材。下面介绍创建彩条的方法。

┃操作步骤┃

01 单击"文件"｜"打开工程"命令，打开一个工程文件，如图3-17所示。

02 在视频轨中的空白位置上单击鼠标右键，在弹出的快捷菜单中选择"新建素材"｜"彩条"选项，如图3-18所示。

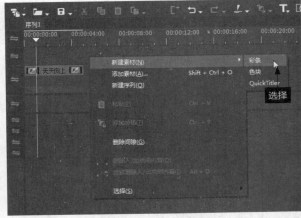

图3-17　打开一个工程文件　　　　图3-18　选择"彩条"选项

03 执行操作后，弹出"彩条"对话框，在"彩条类型"列表框中选择合适的彩条类型，如图3-19所示。

04 单击"确定"按钮，即可在"轨道"面板中创建彩条素材，如图3-20所示。

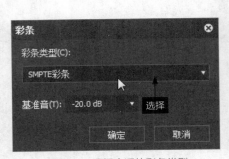

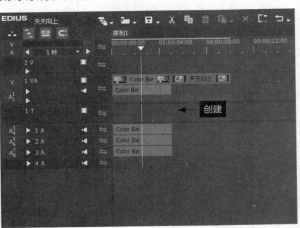

图3-19　选择合适的彩条类型　　　　图3-20　在轨道中创建彩条素材

05 在录制窗口中查看创建的彩条素材，如图3-21
所示。

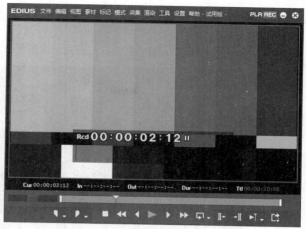

图3-21　查看创建的彩条素材

2. 通过选项创建色块素材

- **效果文件** | 光盘\效果\第3章\色块素材.ezp
- **视频文件** | 光盘\视频\第3章\031通过选项创建色块素材.mp4
- **实例要点** | 通过"色块"选项创建色块素材。
- **思路分析** | 在EDIUS 8.0中，用户可以根据需要创建色块素材。下面介绍创建色块素材的方法。

| 操作步骤 |

01 在视频轨中的空白位置上单击鼠标右键，在弹出的快捷菜单中选择"新建素材"|"色块"选项，如图3-22
所示。

02 执行操作后，弹出"色块"对话框，如图3-23所示。

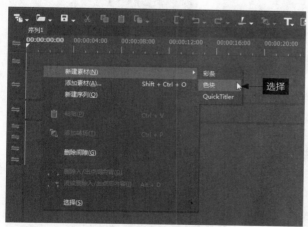

图3-22　选择"色块"选项

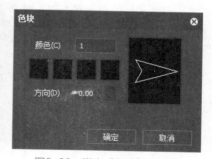

图3-23　弹出"色块"对话框

03 在其中设置"颜色"为3，然后单击第1个色块，如
图3-24所示。

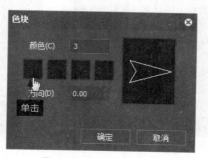

图3-24　单击第1个色块

04 执行操作后，弹出"色彩选择-709"对话框，在右侧设置"红"为138，"绿"为12，"蓝"为-2，如图3-25所示。

05 单击"确定"按钮，返回"色块"对话框，设置第1个色块的颜色为深红色，如图3-26所示。

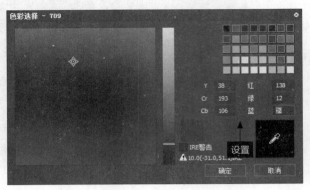

图3-25 设置各参数

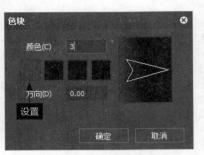

图3-26 设置第1个色块的颜色

06 单击第2个色块，弹出"色彩选择-709"对话框，在右侧设置"红"为-10，"绿"为108，"蓝"为-3，如图3-27所示。

07 单击"确定"按钮，返回"色块"对话框，设置第2个色块的颜色为绿色，如图3-28所示。

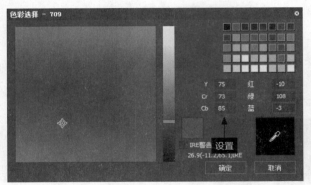

图3-27 设置颜色属性

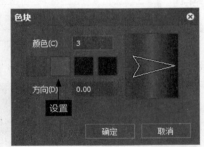

图3-28 设置第2个色块的颜色

08 用与上述相同的方法，设置第3个色块的颜色为蓝色（"红"为-181，"绿"为51，"蓝"为246），并设置"方向"为45，如图3-29所示。

09 单击"确定"按钮，即可在视频轨中创建色块素材，如图3-30所示。

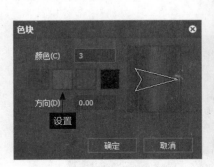

图3-29 设置第2个色块的颜色

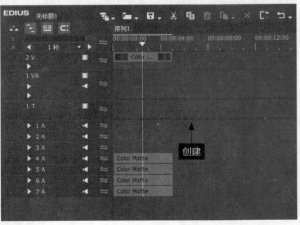

图3-30 创建色块素材

10 在"素材库"窗口中，自动生成一个色块序列1的文件，如图3-31所示。

11 单击窗口中的"播放"按钮，预览创建的色块素材，如图3-32所示。

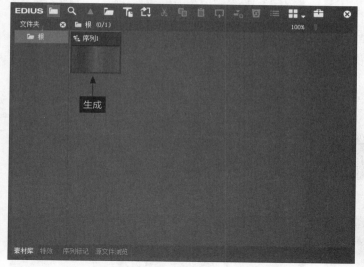

图3-31 生成一个色块序列1的文件

图3-32 预览创建的色块素材

提示

在 EDIUS 8.0 中，用户还可以通过以下两种方法创建色块素材。

➢ 命令：单击"素材"|"创建素材"|"色块"命令，即可创建色块素材。

➢ 选项：在"素材库"窗口中的空白位置上单击鼠标右键，在弹出的快捷菜单中选择"新建素材"|"色块"选项，即可创建色块素材。

3.2 素材文件的编辑

修剪视频素材之前，用户首先需要掌握有关视频的基础操作，这样有利于更加精准地剪辑视频素材。本节主要介绍复制粘贴素材、剪切素材文件、波纹剪切素材以及替换素材文件的操作方法，希望读者可以熟练掌握。

实 例 032 通过复制粘贴素材编辑"书"文件

● **素材文件** ┃ 光盘\素材\第3章\书.jpg

● **效果文件** ┃ 光盘\效果\第3章\书.ezp

● **视频文件** ┃ 光盘\视频\第3章\032通过复制粘贴素材编辑"书"文件.mp4

● **实例要点** ┃ 通过"复制"与"粘贴"命令复制粘贴素材。

● **思路分析** ┃ 在EDIUS 8.0中编辑视频效果时，如果一个素材需要使用多次，就可以使用"复制"和"粘贴"命令来实现。

┃ 操作步骤 ┃

01 在视频轨1中导入一张静态图像素材，如图3-33所示。

02 单击"编辑"|"复制"命令，如图3-34所示。

03 在"轨道"面板中选择视频轨2，单击鼠标右键，在弹出的快捷菜单中单击"粘贴"命令，如图3-35所示。

04 执行操作后，即可复制粘贴素材文件至视频轨2中，如图3-36所示。

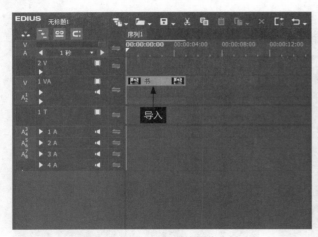

图3-33 导入一张静态图像素材

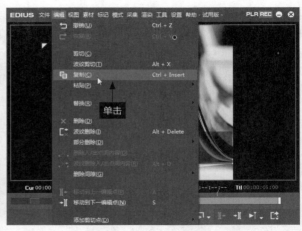

图3-34 单击"复制"命令

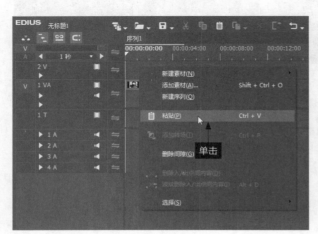

图3-35 单击"粘贴"命令

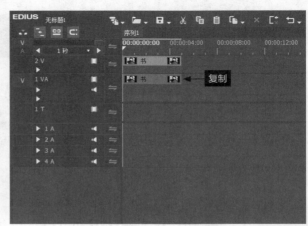

图3-36 复制粘贴素材文件

05 单击录制窗口下方的"播放"按钮，预览复制的素材画面，如图3-37所示。

> **提示**
>
> 在 EDIUS 8.0 中，用户还可以通过以下 3 种方法复制粘贴素材文件。
> ➤ 快捷键：按【Ctrl + Insert】组合键，复制素材；按【Ctrl + V】组合键，粘贴素材。
> ➤ 按钮：在轨道面板的上方，单击"复制"按钮，复制素材；单击"粘贴至指针位置"按钮，粘贴素材。
> ➤ 选项：在视频轨中的素材文件上，单击鼠标右键，在弹出的快捷菜单中选择"复制"选项，可以复制素材；选择"粘贴"选项，可以粘贴素材。

图3-37 预览复制的素材画面

实例 033 通过剪切素材文件编辑"真爱一生"文件

- **素材文件** | 光盘\素材\第3章\真爱一生.ezp
- **效果文件** | 光盘\效果\第3章\真爱一生.ezp
- **视频文件** | 光盘\视频\第3章\033通过剪切素材文件编辑"真爱一生"文件.mp4

● **实例要点** | 通过"剪切"命令剪切素材文件。

● **思路分析** | 在"轨道"面板中，用户可以根据需要对素材文件进行剪切操作。下面介绍剪切素材文件的操作方法。

┃ 操作步骤 ┃

01 单击"文件" | "打开工程"命令，打开一个工程文件，如图3-38所示。

图3-38　打开一个工程文件

02 在视频轨中选择需要剪切的素材文件，如图3-39所示。

03 单击"编辑"菜单，在弹出的菜单列表中单击"剪切"命令，如图3-40所示。

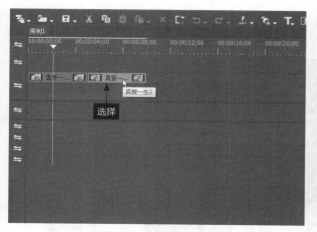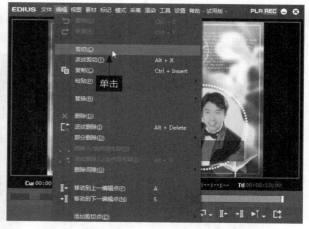

图3-39　选择素材文件　　　　　　　图3-40　单击"剪切"命令

04 执行操作后，即可剪切视频轨中的素材文件，如图3-41所示。

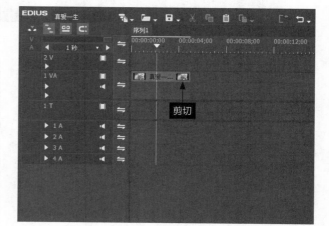

提示

在视频轨中的素材文件上单击鼠标右键，在弹出的快捷菜单中选择"剪切"选项，也可以剪切素材。

图3-41　剪切视频轨中的素材文件

实例 034　通过波纹剪切素材编辑"新品汉堡"文件

- **素材文件**｜光盘\素材\第3章\新品汉堡.ezp
- **效果文件**｜光盘\效果\第3章\新品汉堡.ezp
- **视频文件**｜光盘\视频\第3章\034通过波纹剪切素材编辑"新品汉堡"文件.mp4
- **实例要点**｜通过"波纹剪切"命令波纹剪切素材文件。
- **思路分析**｜在EDIUS 8.0中，使用"剪切"命令一般只剪切所选的素材部分，而"波纹剪切"命令可以让被剪切部分后面的素材跟进紧贴前段素材，使剪切过后的视频画面更加流畅、自然，不留空隙。

┨ 操作步骤 ┠

01 单击"文件"|"打开工程"命令，打开一个工程文件，如图3-42所示。

图3-42　打开一个工程文件

02 在视频轨中选择需要进行波纹剪切的素材文件，如图3-43所示。
03 单击"编辑"菜单，在弹出的菜单列表中单击"纹波剪切"命令，如图3-44所示。

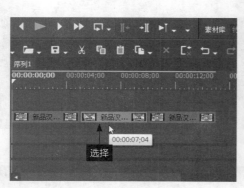

图3-43　选择素材文件

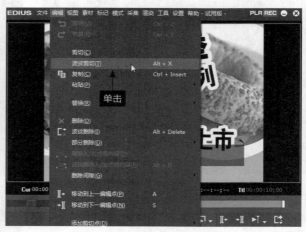

图3-44　单击"纹波剪切"命令

04 执行操作后，即可对视频轨中的素材文件进行波纹剪切操作，此时后段素材会贴紧前段素材文件，如图3-45所示。

> **提示**
>
> 在EDIUS 8.0中，用户还可以通过以下3种方法波纹剪切素材文件。
> ➢ 快捷键1：按【Ctrl + X】组合键，剪切素材。
> ➢ 快捷键2：按【Alt + X】组合键，剪切素材。
> ➢ 按钮：在"轨道"面板的上方，单击"剪切（波纹）"按钮，剪切素材。

图3-45　对素材文件进行波纹剪切

通过替换素材文件编辑"元旦快乐"文件

- **素材文件** ┃ 光盘\素材\第3章\元旦快乐.ezp
- **效果文件** ┃ 光盘\效果\第3章\元旦快乐.ezp
- **视频文件** ┃ 光盘\视频\第3章\035通过替换素材文件编辑"元旦快乐"文件.mp4
- **实例要点** ┃ 通过"替换"命令替换素材文件。
- **思路分析** ┃ 在EDIUS 8.0中编辑视频时，用户可以根据需要对素材文件进行替换操作，使制作的视频更加符合用户的需求。

┃ 操作步骤 ┃

01 单击"文件"|"打开工程"命令，打开一个工程文件，如图3-46所示。

02 在视频轨中，选择需要替换的素材文件，如图3-47所示。

图3-46　打开一个工程文件　　　　　　　　　　图3-47　选择素材文件

提示

在 EDIUS 8.0 中，用户还可以通过以下 3 种方法替换素材文件。

➢ 快捷键：按【Shift + R】组合键，替换素材。

➢ 选项 1：在"轨道"面板上方单击"替换素材"按钮，弹出列表框，选择"素材"选项，替换素材。

➢ 选项 2：在视频轨中选择需要替换的素材文件，单击鼠标右键，在弹出的快捷菜单中选择"替换"|"素材"选项，替换素材。

03 单击"编辑"菜单，在弹出的菜单列表中单击"替换"|"素材"命令，如图3-48所示。

04 执行操作后，即可替换视频轨中的素材文件，将"元旦快乐1"素材替换为"元旦快乐2"素材文件，如图3-49所示。

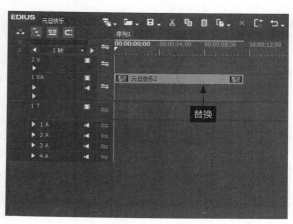

图3-48　单击"素材"命令　　　　　　　　　　图3-49　替换素材文件

05 单击录制窗口下方的"播放"按钮，预览素材画面
效果，如图3-50所示。

图3-50　预览素材画面效果

实例 036　通过精确删除功能删除视频素材

　　EDIUS 8.0提供了精确删除视频素材的方法，包括直接删除视频素材、波纹删除视频素材、删除视频部分内
容以及删除入/出点间内容等，方便用户对视频素材进行更精确的剪辑操作。下面介绍精确删除视频素材的操作
方法。

1. 直接删除"室内广告"视频素材

- **素材文件** | 光盘\素材\第3章\室内广告.ezp
- **效果文件** | 光盘\效果\第3章\室内广告.ezp
- **视频文件** | 光盘\视频\第3章\036直接删除"室内广告"视频素材.mp4
- **实例要点** | 通过"删除"选项删除素材文件。
- **思路分析** | 在编辑多段视频的过程中，如果中间某段视频无法达到用户的要求，则可以删除该段视频。

┨操作步骤┠

01 单击"文件"|"打开工程"命令，打开一个工程文件，如图3-51所示。

图3-51　打开一个工程文件

02 在视频轨中选择需要删除的视频片段，如图3-52所示。

03 单击鼠标右键，在弹出的快捷菜单中选择"删除"选项，如图3-53所示。

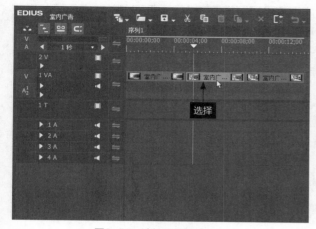

图3-52　选择要删除的视频

图3-53　选择"删除"选项

04 执行操作后，即可删除视频轨中的视频素材，被删除的视频位置显示空白，如图3-54所示。

> **提示**
>
> 在 EDIUS 8.0 中，用户还可以通过以下 3 种方法删除视频素材。
> ➢ 快捷键：选择需要删除的视频文件，按【Delete】键即可删除视频。
> ➢ 按钮：选择需要删除的视频文件，在"轨道"面板的上方单击"删除"按钮，删除视频素材。
> ➢ 命令：选择需要删除的视频文件，单击"编辑"|"删除"命令，删除视频素材。

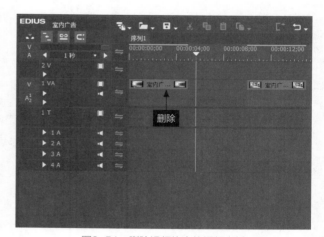

图3-54　删除视频轨中的视频素材

2. 波纹删除"专题摄影"视频素材

● **素材文件** | 光盘\素材\第3章\专题摄影.ezp

● **效果文件** | 光盘\效果\第3章\专题摄影.ezp

● **视频文件** | 光盘\视频\第3章\036波纹删除"专题摄影"视频素材.mp4

● **实例要点** | 通过"波纹删除"选项波纹删除素材文件。

● **思路分析** | 在EDIUS中波纹删除视频素材时，删除的后段视频将会贴紧前一段视频，使视频画面保持流畅。

┃ 操作步骤 ┃

01 单击"文件"|"打开工程"命令，打开一个工程文件，如图3-55所示。

图3-55　打开一个工程文件

02 在视频轨中选择需要波纹删除的视频片段，如图3-56所示。

03 单击鼠标右键，弹出快捷菜单，选择"波纹删除"选项，如图3-57所示。

图3-56 选择要删除的视频

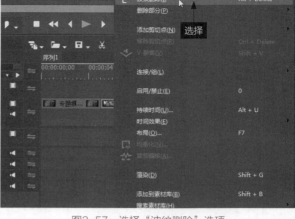

图3-57 选择"波纹删除"选项

04 执行操作后，即可删除视频素材，被删除的后一段视频将会贴紧前一段视频文件，如图3-58所示。

> **提示**
>
> 在EDIUS 8.0中，用户还可以通过以下3种方法波纹删除视频素材。
> ➤ 快捷键：选择需要删除的视频文件，按【Alt + Delete】组合键，即可删除视频。
> ➤ 按钮：选择需要删除的视频文件，在"轨道"面板的上方，单击"波纹删除"按钮，删除视频素材。
> ➤ 命令：选择需要删除的视频文件，单击"编辑"|"波纹删除"命令，删除视频素材。

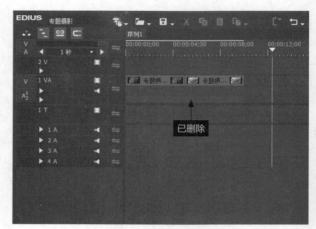

图3-58 波纹删除视频素材

3. 删除"酸奶冰淇淋"视频部分内容

- **素材文件** ┃ 光盘\素材\第3章\酸奶冰淇淋.ezp
- **效果文件** ┃ 光盘\效果\第3章\酸奶冰淇淋.ezp
- **视频文件** ┃ 光盘\视频\第3章\036删除"酸奶冰淇淋"视频部分内容.mp4
- **实例要点** ┃ 通过"部分删除"选项删除视频部分内容。
- **思路分析** ┃ 在EDIUS 8.0中，用户可以对视频中的部分内容单独进行删除操作，如删除视频中的音频文件、转场效果、混合效果以及各种滤镜特效等属性。

┃ 操作步骤 ┃

01 单击"文件"|"打开工程"命令，打开一个工程文件，如图3-59所示。

02 在视频轨中，选择需要删除部分内容的视频文件，如图3-60所示。

03 在选择的视频文件上单击鼠标右键，在弹出的快捷菜单中选择"部分删除"|"波纹删除音频素材"选项，如图3-61所示。

图3-59　打开一个工程文件

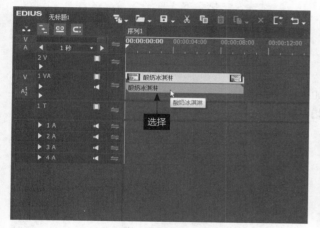

图3-60　选择视频文件

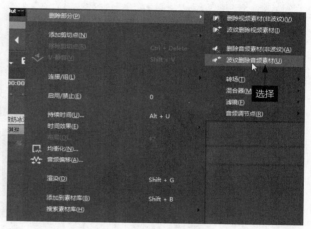

图3-61　选择相应的选项

04 执行操作后，即可删除视频中的音频部分，使视频静音，如图3-62所示。

图3-62　删除视频中的音频部分

> **提示**
>
> 在 EDIUS 8.0 中，单击"编辑"|"部分删除"命令，在弹出的子菜单中选择相应的选项，也可以删除视频中的部分内容。

4. 删除"药品广告"视频入/出点间内容

● **素材文件**┃光盘\素材\第3章\药品广告.ezp

● **效果文件**┃光盘\效果\第3章\药品广告.ezp

● **视频文件**┃光盘\视频\第3章\036删除"药品广告"视频入/出点间内容.mp4

● **实例要点**┃通过"删除入/出点间内容"命令删除视频入/出点间内容。

● **思路分析**┃在视频中标记了入点和出点时间后，就可以对入点和出点间的视频内容进行删除操作，使制作的视频更符合用户的需求。

┨ 操作步骤 ┠

01 单击"文件"｜"打开工程"命令，打开一个工程文件，如图3-63所示。

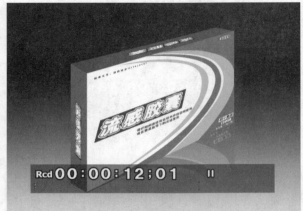

图3-63　打开一个工程文件

02 在视频轨中选择已经设置好入点和出点的视频文件，如图3-64所示。

03 单击"编辑"｜"删除入/出点间内容"命令，如图3-65所示。

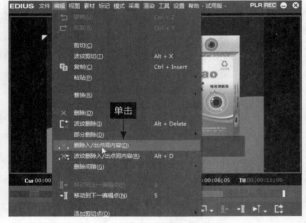

图3-64　选择视频文件　　　　　　　　　　图3-65　单击相应命令

04 执行操作后，即可删除入点与出点之间的视频文件，如图3-66所示。

> **提示**
>
> 在 EDIUS 8.0 中，用户还可以通过单击"编辑"｜"波纹删除入 / 出点间内容"命令来删除视频中入点和出点间的内容。在"轨道"面板中，按【Alt + D】组合键，也可以删除视频中入点和出点间的内容。

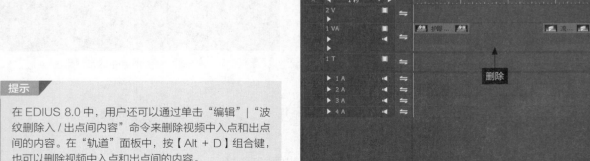

图3-66　删除入点与出点之间的视频文件

5. 删除"潮女潮男"素材间的间隙

- **素材文件** | 光盘\素材\第3章\潮女潮男.ezp
- **效果文件** | 光盘\效果\第3章\潮女潮男.ezp
- **视频文件** | 光盘\视频\第3章\036删除"潮女潮男"素材间的间隙.mp4
- **实例要点** | 通过"删除间隙"命令删除视频素材间的间隙。
- **思路分析** | 在EDIUS 8.0中，用户可以删除视频轨中视频素材间的间隙，使制作的视频更加流畅。

┃ 操作步骤 ┃

01 单击"文件"|"打开工程"命令，打开一个工程文件，如图3-67所示。

图3-67　打开一个工程文件

02 在视频轨中，选择需要删除间隙的素材文件，如图3-68所示。

03 单击"编辑"|"删除间隙"|"选定素材"命令，如图3-69所示。

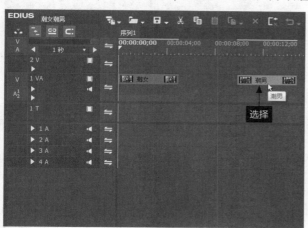

图3-68　选择素材文件

图3-69　单击"选定素材"命令

04 执行操作后，即可删除选定素材之间的间隙，如图3-70所示。

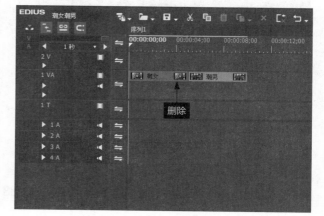

图3-70　删除选定素材之间的间隙

提示

在 EDIUS 8.0"轨道"面板中选择需要删除间隙的素材后，按【Backspace】键，也可以删除素材文件之间的间隙。

实例 037 通过撤销与恢复编辑"紫色浪漫"视频

- **素材文件** | 光盘\素材\第3章\紫色浪漫.ezp
- **效果文件** | 光盘\效果\第3章\紫色浪漫.ezp
- **视频文件** | 光盘\视频\第3章\037通过撤销与恢复编辑"紫色浪漫"视频.mp4
- **实例要点** | 通过"撤销"与"恢复"命令执行撤销与恢复操作。
- **思路分析** | 在编辑视频的过程中，用户可以对已完成的操作进行撤销和恢复操作，熟练地运用撤销和恢复功能将会给工作带来极大的方便。

▌ 操作步骤 ▌

01 单击"文件"|"打开工程"命令，打开一个工程文件，如图3-71所示。

02 将时间线移至合适位置，按【Shift+C】组合键，对视频素材进行剪切操作，如图3-72所示。

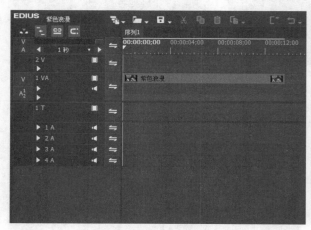

图3-71　打开一个工程文件

图3-72　对视频素材进行剪切

03 单击"编辑"|"撤销"命令，如图3-73所示。

04 执行操作后，即可对视频轨中的剪切操作进行撤销，还原至之前未进行剪切时的状态，如图3-74所示。

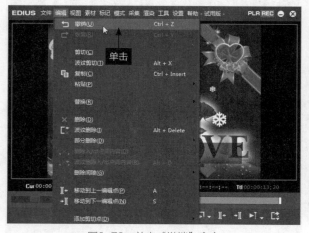

图3-73　单击"撤销"命令

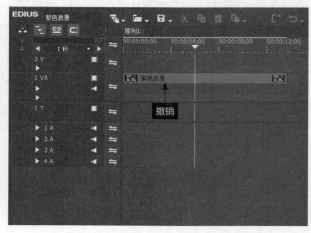

图3-74　还原至之前未进行剪切的状态

05 单击"编辑"|"恢复"命令，如图3-75所示。

06 执行操作后，即可恢复对视频文件的剪切操作，如图3-76所示。

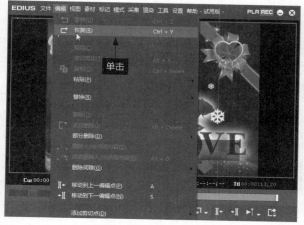

图3-75　单击"恢复"命令

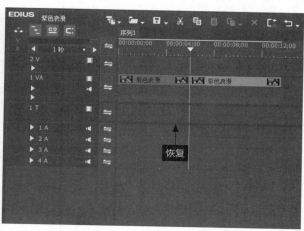

图3-76　恢复对视频文件的剪切操作

07 在录制窗口下方，单击"播放"按钮，预览进行撤销与恢复操作后的视频画面效果，如图3-77所示。

> **提示**
>
> 除了运用上述方法进行撤销与恢复操作外，还有以下两种方法。
> ➢ 快捷键：在 EDIUS 工作界面中，按【Ctrl + Z】组合键与【Ctrl + Y】组合键，也可以对视频素材进行撤销与恢复操作。
> ➢ 按钮：在轨道面板上方，单击"撤销"按钮和"恢复"按钮，也可以对视频素材进行撤销与恢复操作。

图3-77　预览进行撤销与恢复操作后的视频画面

3.3　添加与去除剪切点

在EDIUS 8.0中，用户可以将视频剪切成多个不同的片段，使制作的视频更加完美。本节主要介绍在视频文件中添加与去除剪切点的操作方法。

实例 038　通过添加视频剪切点剪辑"玫瑰绽放"文件

- **素材文件** | 光盘\素材\第3章\玫瑰绽放.ezp
- **效果文件** | 光盘\效果\第3章\玫瑰绽放.ezp
- **视频文件** | 光盘\视频\第3章\038通过添加视频剪切点剪辑"玫瑰绽放"文件.mp4
- **实例要点** | 通过"添加剪切点"命令添加视频剪切点。
- **思路分析** | 当用户在视频文件中添加剪切点后，可以对剪切后的多段视频分别进行编辑和删除操作。下面介绍添加视频剪切点的操作方法。

❙ 操作步骤 ❙

01 单击"文件"|"打开工程"命令，打开一个工程文件，如图3-78所示。

02 在"轨道"面板中将时间线移至00:00:04:00位置处，如图3-79所示。

图3-78　打开一个工程文件

图3-79　移动时间线的位置

提示

在 EDIUS 的"轨道"面板中，按【Shift + C】组合键，可以对所有轨道中时间线位置的视频文件进行剪切操作。

03 单击"编辑"菜单，在弹出的菜单列表中单击"添加剪切点"|"选定轨道"命令，如图3-80所示。

04 执行操作后，即可在视频轨中的时间线位置添加剪切点，将视频文件剪切成两段，如图3-81所示。

图3-80　单击"选定轨道"命令

图3-81　将视频文件剪切成两段

提示

在"添加剪切点"子菜单中，如果单击"所有轨道"命令，则在所有轨道的时间线位置添加视频剪切点，对所有轨道中的视频进行剪切操作。

05 用与上述同样的方法，在视频轨中的00:00:08:00
位置处，添加第2个剪切点，再次剪切视频，如图3-82
所示。

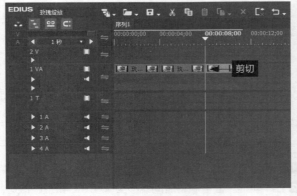

图3-82　再次剪切视频

06 剪切完成后，单击录制窗口下方的"播放"按钮，预览剪切后的视频画面效果，如图3-83所示。

图3-83　预览剪切后的视频画面效果

实 例 039	通过去除视频剪切点编辑"树林"文件

● **素材文件**｜光盘\素材\第3章\树林.ezp

● **效果文件**｜光盘\效果\第3章\树林.ezp

● **视频文件**｜光盘\视频\第3章\039通过去除视频剪切点编辑"树林"文件.mp4

● **实例要点**｜通过"去除剪切点"命令去除视频中的剪切点。

● **思路分析**｜在EDIUS 8.0中，如果用户希望去除视频中的剪切点，将多段视频合并成一段视频，则可以运用"去除剪切点"命令进行操作。

┃操作步骤┃

01 单击"文件"｜"打开工程"命令，打开一个工程文件，在视频轨中选择第1段与第2段需要合并的视频，如图3-84所示。

02 单击"编辑"菜单，在弹出的菜单列表中单击"去除剪切点"命令，如图3-85所示。

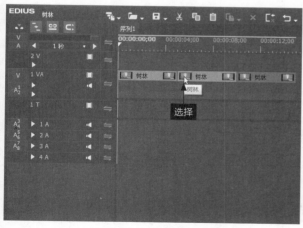

图3-84　选择视频文件

图3-85　单击"去除剪切点"命令

03 去除视频文件中的剪切点，将两段视频合为一段，如图3-86所示。

04 用与上述同样的方法，去除视频文件中的其他剪切点，将所有视频合并成一段视频，如图3-87所示。

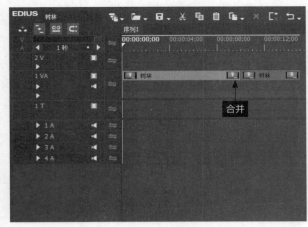

图3-86 将两段视频合为一段

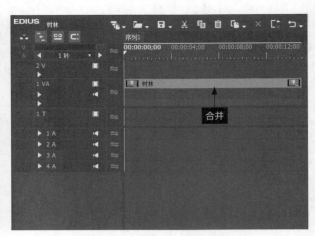

图3-87 将所有视频合并成一段视频

05 单击录制窗口下方的"播放"按钮，预览去除剪切点后的视频画面效果，如图3-88所示。

图3-88 预览去除剪切点后的视频画面效果

第

04 章

视频素材的标记与精修

在EDIUS 8.0中，用户可以在视频素材之间添加入点与出点，以便更精确地剪辑视频素材，使剪辑后的视频素材更符合用户的需求，让制作的视频画面更加具有吸引力。在进行视频剪辑时，用户只要掌握好本章介绍的方法，便可以制作出完美、流畅的视频画面效果。

4.1 添加入点与出点剪辑素材

在EDIUS 8.0中，设置素材的入点与出点是为了更精确地剪辑视频素材。本节主要介绍添加与清除素材入点与出点的操作方法，希望读者熟练掌握本节内容。

实例 040 通过设置素材入点编辑"日落夕阳"文件

- **素材文件** | 光盘\素材\第4章\日落夕阳.mpg
- **效果文件** | 光盘\效果\第4章\日落夕阳.ezp
- **视频文件** | 光盘\视频\第4章\040通过设置素材入点编辑"日落夕阳"文件.mp4
- **实例要点** | 通过"设置入点"命令标记素材入点。
- **思路分析** | 在EDIUS 8.0中，设置入点是指标记视频素材的开始位置。下面介绍设置素材入点的操作方法。

操作步骤

01 单击"文件"|"打开工程"命令，打开一个工程文件，如图4-1所示。

02 在视频轨中将时间线移至00:00:03:00位置处，如图4-2所示。

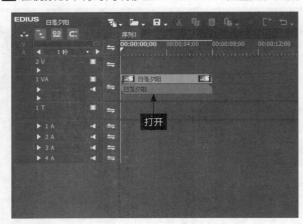

图4-1 打开一个工程文件　　　　图4-2 移动时间线的位置

03 单击"标记"|"设置入点"命令，如图4-3所示。

04 执行操作后，即可设置视频素材的入点，被标记的入点后部分呈亮色显示，前部分呈灰色显示，如图4-4所示。

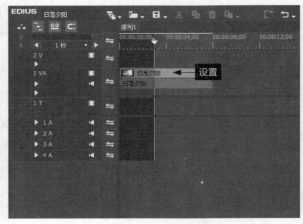

图4-3 单击"设置入点"命令　　　　图4-4 设置素材的入点

05 单击录制窗口下方的"播放"按钮，预览设置入点后的视频画面效果，如图4-5所示。

图4-5　预览设置入点后的视频画面效果

> **提示**
>
> 在视频轨道中将时间线移至需要设置入点的位置，按【 I 】键，也可以在时间线位置设置素材入点。

实例 041　通过设置素材出点编辑"节日模版"文件

- **素材文件**｜光盘\素材\第4章\节日模版.ezp
- **效果文件**｜光盘\效果\第4章\节日模版.ezp
- **视频文件**｜光盘\视频\第4章\041通过设置素材出点编辑"节日模版"文件.mp4
- **实例要点**｜通过"设置出点"命令标记素材出点。
- **思路分析**｜在EDIUS 8.0中，设置出点是指标记视频素材的结束位置。下面介绍设置素材出点的操作方法。

┃ 操作步骤 ┃

01 单击"文件"｜"打开工程"命令，打开一个工程文件，如图4-6所示。

02 在视频轨中将时间线移至00:00:07:00位置处，如图4-7所示。

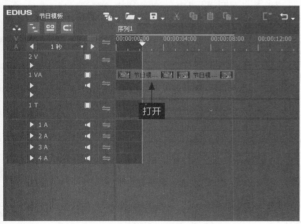

图4-6　打开一个工程文件　　　　　　　　　　图4-7　移动时间线的位置

03 单击"标记"｜"设置出点"命令，如图4-8所示。

04 执行操作后，即可设置视频素材的出点，此时被标记入点与出点部分的视频呈亮色显示，其他没有被标记的视频呈灰色显示，如图4-9所示。

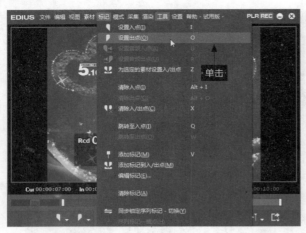

图4-8　单击"设置出点"命令

图4-9　设置素材的出点

05 单击录制窗口下方的"播放"按钮，预览设置出点后的视频画面效果，如图4-10所示。

图4-10　预览设置出点后的视频画面效果

> **提示**
>
> 在视频轨道中，将时间线移至需要设置出点的位置，按【O】键，也可以在时间线位置设置素材出点。

实例 042 通过为选定的素材设置入/出点编辑"快乐童年"文件

- **素材文件** | 光盘\素材\第4章\快乐童年.ezp
- **效果文件** | 光盘\效果\第4章\快乐童年.ezp
- **视频文件** | 光盘\视频\第4章\042通过为选定的素材设置入/出点编辑"快乐童年"文件.mp4
- **实例要点** | 通过"为选定的素材设置入/出点"命令设置素材入/出点。
- **思路分析** | 在EDIUS工作界面中，用户还可以为选定的素材设置入点与出点。下面介绍为选定的素材设置入点与出点的操作方法。

━━┃ 操作步骤 ┃━━

01 单击"文件"|"打开工程"命令，打开一个工程文件，如图4-11所示。

02 在视频轨中，选择需要设置入点与出点的素材文件，如图4-12所示。

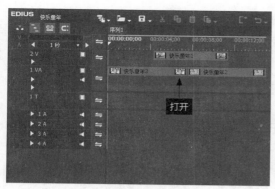

图4-11　打开一个工程文件

图4-12　选择素材文件

03 单击"标记"|"为选定的素材设置入/出点"命令，如图4-13所示。

04 执行操作后，即可为视频轨中选定的素材文件设置入点与出点，如图4-14所示。

图4-13　单击相应命令

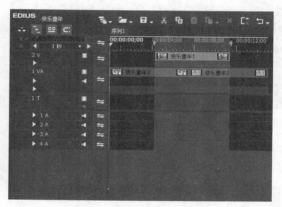

图4-14　设置入点与出点

05 单击录制窗口下方的"播放"按钮，预览设置入点与出点后的视频画面，如图4-15所示。

图4-15　预览素材画面

实例 043　通过清除素材的入点与出点编辑视频画面

前面介绍了设置素材入点与出点的操作方法。在本例中主要介绍清除素材入点与出点的操作方法，希望读者可以熟练掌握本节内容，能灵活运用素材的入点与出点。

1. 分别清除"城市的夜"素材的入点与出点

● **素材文件**｜光盘\素材\第4章\城市的夜.ezp

● **效果文件**｜光盘\效果\第4章\城市的夜.ezp

● **视频文件**｜光盘\视频\第4章\043分别清除"城市的夜"素材的入点与出点.mp4

- **实例要点** | 通过"清除入点"与"清除出点"命令清除素材的入点与出点。
- **思路分析** | 在EDIUS中编辑视频时，如果用户不再需要设置素材的入点与出点，就可以清除它们，使制作的视频更符合用户的需求。

操作步骤

01 单击"文件"|"打开工程"命令，打开一个工程文件，如图4-16所示。

02 在视频轨中选择需要清除入点的素材文件，单击"标记"菜单，在弹出的菜单列表中单击"清除入点"命令，如图4-17所示。

图4-16　打开一个工程文件

图4-17　单击"清除入点"命令

03 执行操作后，即可清除视频素材的入点，被清除的入点部分的视频呈亮色显示，如图4-18所示。

04 单击"标记"菜单，在弹出的菜单列表中单击"清除出点"命令，如图4-19所示。

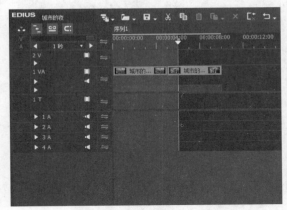

图4-18　清除视频素材的入点

图4-19　单击"清除出点"命令

05 执行操作后，即可清除视频素材的出点，如图4-20所示。

图4-20　清除视频素材的出点

06 单击录制窗口下方的"播放"按钮，预览清除入点与出点后的视频画面效果，如图4-21所示。

图4-21　预览视频画面效果

提示

在 EDIUS 8.0 中，用户还可以通过以下两种方法清除视频中的入点。

➤ 选项 1：单击录制窗口下方的"设置入点"按钮右侧的下三角按钮，在弹出的列表框中选择"清除入点"选项，即可清除视频中的入点。

➤ 选项 2：在视频轨中的入点标记上单击鼠标右键，在弹出的快捷菜单中选择"清除入点"选项，即可清除视频中的入点。

在 EDIUS 8.0 中，用户还可以通过以下两种方法清除视频中的出点。

➤ 选项 1：单击录制窗口下方的"设置出点"按钮右侧的下三角按钮，在弹出的列表框中选择"清除出点"选项，即可清除视频中的出点。

➤ 选项 2：在视频轨中的出点标记上单击鼠标右键，在弹出的快捷菜单中选择"清除出点"选项，即可清除视频中的出点。

2. 同时清除"玫瑰"素材的入点与出点

● **素材文件┃**光盘\素材\第4章\玫瑰.ezp

● **效果文件┃**光盘\效果\第4章\玫瑰.ezp

● **视频文件┃**光盘\视频\第4章\043同时清除"玫瑰"素材的入点与出点.mp4

● **实例要点┃**通过"清除入/出点"选项同时清除素材的入点与出点。

● **思路分析┃**EDIUS 8.0还提供了同时清除素材的入点与出点的功能，使用该功能可以提高编辑视频的效率。

┃操作步骤┃

01 单击"文件"｜"打开工程"命令，打开一个工程文件，如图4-22所示。

02 在视频轨中，将鼠标指针移至入点标记上，显示入点信息，如图4-23所示。

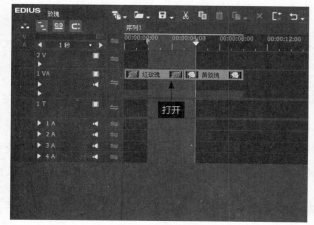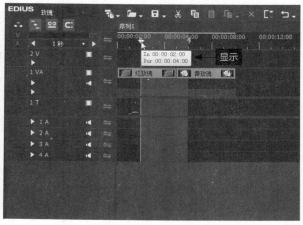

图4-22　打开一个工程文件　　　　图4-23　将鼠标指针移至入点标记上

03 在入点标记上，单击鼠标右键，在弹出的快捷菜单中选择"清除入/出点"选项，如图4-24所示。

04 执行操作后，即可同时清除视频中的入点与出点信息，如图4-25所示。

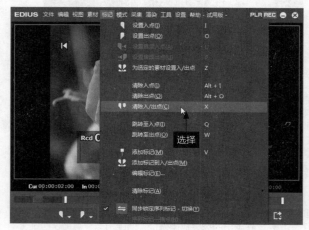
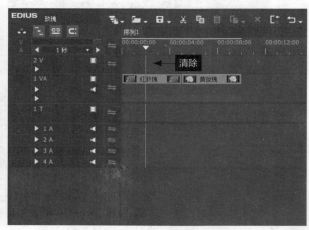

图4-24　选择"清除入/出点"选项　　　　　图4-25　同时清除入点与出点

05 单击录制窗口下方的"播放"按钮，预览清除入点与出点后的视频画面效果，如图4-26所示。

图4-26　预览视频画面效果

3. 快速跳转至"可爱宝贝"素材的入点与出点

● **素材文件** | 光盘\素材\第4章\可爱宝贝.ezp
● **效果文件** | 光盘\效果\第4章\可爱宝贝.ezp
● **视频文件** | 光盘\视频\第4章\043快速跳转至"可爱宝贝"素材的入点与出点.mp4
● **实例要点** | 通过"跳转至入点"与"跳转至出点"命令在入点与出点之间进行转换操作。
● **思路分析** | 在EDIUS 8.0中，用户可以使用"跳转至入点"与"跳转至出点"功能，快速跳转至视频中的入点与出点部分，然后对入点与出点进行编辑操作。

┃ 操作步骤 ┃

01 单击"文件"|"打开工程"命令，打开一个工程文件，视频轨中的素材文件被设置了入点与出点部分，如图4-27所示。

02 单击"标记"菜单，在弹出的菜单列表中单击"跳转至入点"命令，如图4-28所示。

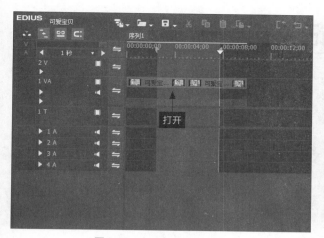

图4-27　打开一个工程文件

图4-28　单击"跳转至入点"命令

03 执行操作后，即可跳转至视频中的入点位置，如图4-29所示。

04 单击"标记"|"跳转至出点"命令，即可跳转至视频中的出点位置，如图4-30所示。

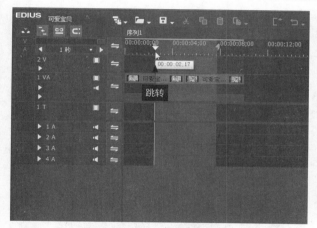

图4-29　跳转至视频中的入点位置

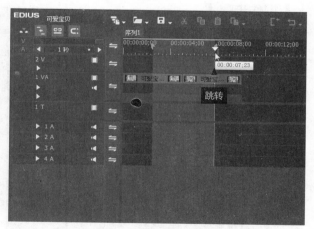

图4-30　跳转至视频中的出点位置

05 单击"播放"按钮，预览入点与出点部分的视频画面，如图4-31所示。

图4-31　预览入点与出点部分的视频画面

> **提示**
>
> 在 EDIUS 8.0 中，按【Q】键，可以快速跳转至视频的入点位置；按【W】键，可以快速跳转至视频的出点位置。

4.2 为视频素材添加标记

在EDIUS 8.0中，用户可以为时间线上的视频素材添加标记点。在编辑视频的过程中，用户可以快速跳到上一个或下一个标记点来查看所标记的视频画面内容，并在视频标记点上添加注释信息，对当前的视频画面进行说明。本节主要介绍为素材添加标记的操作方法。

实例 044 通过添加标记编辑"果脯"文件

- **素材文件** | 光盘\素材\第4章\果脯.ezp
- **效果文件** | 光盘\效果\第4章\果脯.ezp
- **视频文件** | 光盘\视频\第4章\044通过添加标记编辑"果脯"文件.mp4
- **实例要点** | 通过"添加标记"命令添加素材标记。
- **思路分析** | 在EDIUS工作界面中，标记主要用来记录视频中的某个画面，以便对视频进行编辑。

┨ 操作步骤 ┠

01 单击"文件"|"打开工程"命令，打开一个工程文件，如图4-32所示。

02 在视频轨中将时间线移至00:00:05:00位置处，如图4-33所示，该处准备添加标记。

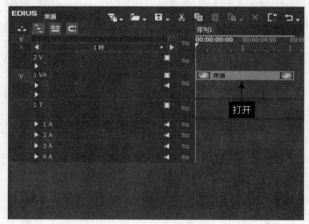

图4-32　打开一个工程文件

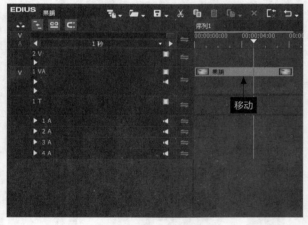

图4-33　移动时间线位置

03 单击"标记"菜单，在弹出的菜单列表中单击"添加标记"命令，如图4-34所示。

> **提示**
>
> 在EDIUS 8.0中，按【V】键，也可以在时间线位置添加一个素材标记。
> 在视频轨中编辑素材时，按【Shift + PageUp】组合键，可以跳转至上一个标记点；按【Shift + PageDown】组合键，可以跳转至下一个标记点。
> 在添加素材标记的时间线位置单击鼠标右键，在弹出的快捷菜单中选择"设置 / 清除序列标记"选项，也可以添加或清除一个素材标记。

04 执行操作后，即可在00:00:05:00位置处添加素材标记，此时素材标记呈绿色显示，将鼠标指针移至素材标记上时，素材标记呈黄色显示，如图4-35所示。

图4-34 单击"添加标记"命令

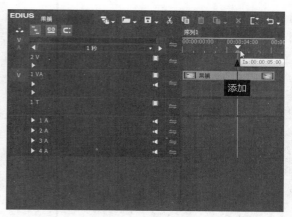

图4-35 添加素材标记

05 将时间线移至素材的开始位置,单击录制窗口下方的"播放"按钮,预览添加标记后的视频画面效果,如图4-36所示。

图4-36 预览视频画面效果

实例 045 通过添加标记到入/出点编辑"春色满园"文件

- **素材文件** | 光盘\素材\第4章\春色满园.ezp
- **效果文件** | 光盘\效果\第4章\春色满园ezp
- **视频文件** | 光盘\视频\第4章\045通过添加标记到入/出点编辑"春色满园"文件.mp4
- **实例要点** | 通过"添加标记到入/出点"命令添加标记到入/出点位置。
- **思路分析** | 在EDIUS 8.0中,用户可以在视频素材的入点与出点位置添加标记。下面介绍添加标记到入/出点的操作方法。

操作步骤

01 单击"文件"|"打开工程"命令,打开一个工程文件,如图4-37所示。
02 单击"标记"|"添加标记到入/出点"命令,如图4-38所示。

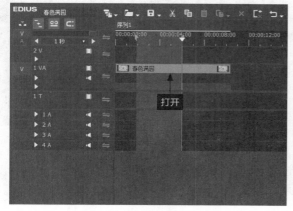

图4-37 打开一个工程文件

图4-38 单击"添加标记到入/出点"命令

03 执行操作后，在入点与出点之间添加素材标记，被标记的部分呈绿色显示，如图4-39所示。

04 单击录制窗口下方的"播放"按钮，预览视频画面效果，如图4-40所示。

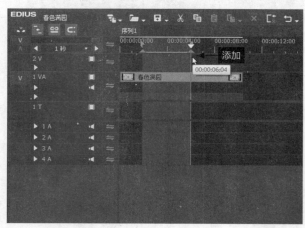

图4-39　在入点与出点之间添加素材标记　　　　　　　　　图4-40　预览视频画面效果

实例 046	通过添加注释内容编辑"快乐共享"文件

● **素材文件**｜光盘\素材\第4章\快乐共享.ezp

● **效果文件**｜光盘\效果\第4章\快乐共享.ezp

● **视频文件**｜光盘\视频\第4章\046通过添加注释内容编辑"快乐共享"文件.mp4

● **实例要点**｜通过"编辑标记"命令添加注释内容。

● **思路分析**｜在EDIUS 8.0中，用户可以为素材标记添加注释内容，以对视频画面进行说明。下面介绍添加注释内容的操作方法。

┃操作步骤┃

01 单击"文件"｜"打开工程"命令，打开一个工程文件，如图4-41所示。

02 在视频轨中将时间线移至00:00:05:10位置处，如图4-42所示。

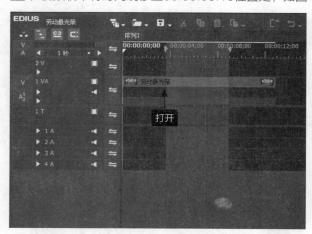

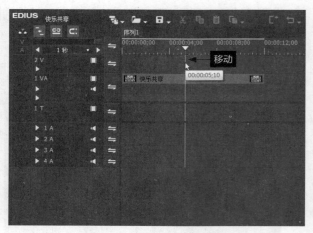

图4-41　打开一个工程文件　　　　　　　　　　　　　图4-42　移动时间线的位置

03 按【V】键，在该时间线位置添加一个素材标记，如图4-43所示。

04 单击"标记"菜单，在弹出的菜单列表中单击"编辑标记"命令，如图4-44所示。

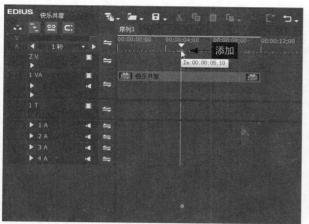

图4-43　添加一个素材标记

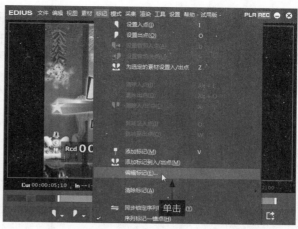

图4-44　单击"编辑标记"命令

05 执行操作后，弹出"标记注释"对话框，在"注释"文本框中输入注释内容，如图4-45所示。

06 单击"确定"按钮，即可添加标记注释内容。将时间线移至素材的开始位置，单击录制窗口下方的"播放"按钮，预览视频画面效果，如图4-46所示。

> **提示**
>
> 为视频素材添加注释内容后，在录制窗口下方会显示注释的文本内容。

图4-45　输入相应注释内容

图4-46　预览视频画面效果

> **提示**
>
> 在"标记注释"对话框中，如果用户对当前标记的注释内容不满意，则可以单击对话框左下方的"删除"按钮，删除当前标记注释。

实例 047　通过清除素材标记编辑"魅力春天"文件

- **素材文件** ┃ 光盘\素材\第4章\魅力春天.ezp
- **效果文件** ┃ 光盘\效果\第4章\魅力春天.ezp
- **视频文件** ┃ 光盘\视频\第4章\047通过清除素材标记编辑"魅力春天"文件.mp4
- **实例要点** ┃ 通过"清除标记"命令清除素材标记。
- **思路分析** ┃ 在EDIUS 8.0中，如果用户不再需要素材标记，则可以清除视频轨中添加的素材标记，保持视频轨的整洁。

┃ 操作步骤 ┃

01 单击"文件"|"打开工程"命令，打开一个工程文件，如图4-47所示。

02 在视频轨中选择需要删除的素材标记，如图4-48所示。

图4-47 打开一个工程文件

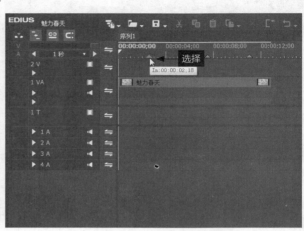

图4-48 选择需要删除的素材标记

03 单击"标记"|"清除标记"|"所有"命令，如图4-49所示。

04 执行操作后，即可清除视频轨中的所有标记，如图4-50所示。

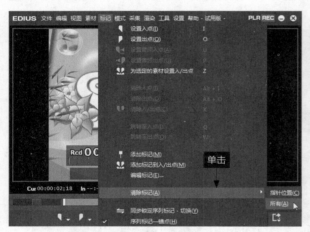

图4-49 单击"所有"命令

图4-50 清除视频轨中的所有标记

05 单击录制窗口下方的"播放"按钮，预览清除素材标记后的视频画面效果，如图4-51所示。

提示

在 EDIUS 8.0 的视频轨中，选择需要删除的素材标记，按【Delete】键，也可以删除素材标记。

图4-51 预览视频画面效果

实例 048 通过导入与导出标记编辑视频画面

在EDIUS工作界面中，用户可以对视频轨中的素材标记进行导入与导出操作。本节主要介绍导入与导出素材标记的操作方法。

1. 通过导入标记列表编辑"战争画面"文件

- **素材文件** | 光盘\素材\第4章\战争画面.ezp、标记模版.csv
- **效果文件** | 光盘\效果\第4章\战争画面.ezp
- **视频文件** | 光盘\视频\第4章\048通过导入标记列表编辑"战争画面"文件.mp4
- **实例要点** | 通过"导入标记列表"按钮导入序列标记。
- **思路分析** | 在EDIUS 8.0中，用户可以将计算机中已经存在的标记列表导入"序列标记"面板中，被导入的标记也会附于当前编辑的视频文件中。

▌操作步骤 ▌

01 单击"文件"|"打开工程"命令，打开一个工程文件，如图4-52所示。

02 在"序列标记"面板中单击"导入标记列表"按钮，如图4-53所示。

图4-52　打开一个工程文件

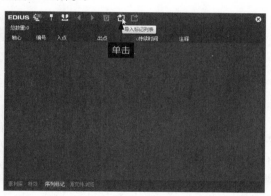

图4-53　单击"导入标记列表"按钮

> **提示**
>
> 在 EDIUS 8.0 中，用户还可以通过以下两种方法导入标记列表。
> ➤ 命令：单击"标记"菜单，在弹出的菜单列表中单击"导入标记列表"命令，即可导入标记列表。
> ➤ 选项：在视频轨中的时间线上，单击鼠标右键，在弹出的快捷菜单中选择"导入标记列表"选项，即可导入标记列表。

03 执行操作后，弹出"打开"对话框，在其中根据需要选择硬盘中已存储的标记列表文件，如图4-54所示。

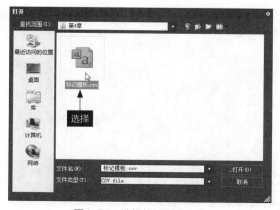

图4-54　选择标记列表文件

04 单击"打开"按钮，即可导入"序列标记"面板中，如图4-55所示。

05 导入的标记列表直接应用于当前视频轨中的视频文件上，时间线上显示了多处素材标记，如图4-56所示。

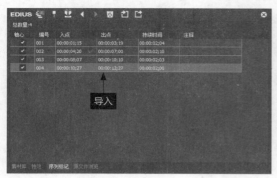

图4-55　导入"序列标记"面板中

图4-56　时间线上显示多处素材标记

06 单击录制窗口下方的"播放"按钮，预览添加标记后的视频画面效果，如图4-57所示。

图4-57　预览添加标记后的视频画面效果

2. 通过导出标记列表编辑"神枪手"文件

● **素材文件**｜光盘\素材\第4章\神枪手.ezp

● **效果文件**｜光盘\效果\第4章\神枪手.ezp、神枪手标记列表.csv

● **视频文件**｜光盘\视频\第4章\048通过导出标记列表编辑"神枪手"文件.mp4

● **实例要点**｜通过"导出标记列表"按钮导出序列标记。

● **思路分析**｜在EDIUS工作界面中，用户可以导出视频中的标记列表，将标记列表存储于计算机中，方便日后对相同的素材进行相同标记操作。

┃ 操作步骤 ┃

01 单击"文件"｜"打开工程"命令，打开一个工程文件，如图4-58所示。

02 运用前面所学的知识点，在视频轨中的视频文件上创建多处入点与出点标记，如图4-59所示。

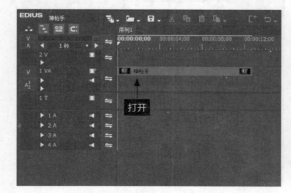

图4-58　打开一个工程文件

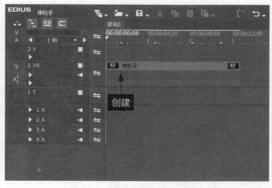

图4-59　创建多处素材标记

03 "序列标记"面板中显示了多条创建的标记具体时间码，可以查看入点与出点的具体时间，如图4-60所示。

04 在"序列标记"面板的右上角单击"导出标记列表"按钮，如图4-61所示。

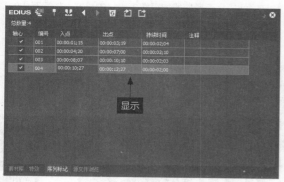

图4-60　显示多条标记信息

图4-61　单击"导出标记列表"按钮

05 弹出"另存为"对话框，在其中设置文件的保存位置与文件名称，如图4-62所示。

06 单击"保存"按钮，即可保存标记列表文件。单击录制窗口下方的"播放"按钮，预览视频画面效果，如图4-63所示。

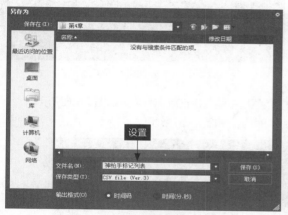

图4-62　设置文件保存选项

图4-63　预览视频画面效果

> **提示**
>
> 在 EDIUS 8.0 中，用户还可以通过以下两种方法导出标记列表。
> ➢ 命令：单击"标记"菜单，在弹出的菜单列表中单击"导出标记列表"命令，即可导出标记列表。
> ➢ 选项：在视频轨中的时间线上单击鼠标右键，在弹出的快捷菜单中选择"导出标记列表"选项，即可导出标记列表。

4.3　视频素材的精确剪辑

在EDIUS 8.0中，用户可以对视频素材进行相应的剪辑操作，使制作的视频画面更加完美。本节介绍精确剪辑视频素材的操作方法，主要包括设置素材"持续时间"、视频素材速度、时间重映射以及将视频解锁分解等内容，希望读者可以熟练掌握本节内容。

实例 049　通过设置素材持续时间剪辑"璀璨宝石"文件

- **素材文件** | 光盘\素材\第4章\璀璨宝石.ezp
- **效果文件** | 光盘\效果\第4章\璀璨宝石.ezp

● **视频文件** | 光盘\视频\第4章\049通过设置素材的持续时间剪辑"璀璨宝石"文件.mp4

● **实例要点** | 通过"持续时间"命令调整素材持续时间。

● **思路分析** | 在EDIUS 8.0中，用户可根据需要设置视频素材的持续时间，从而增加或缩短视频素材的长度，使视频中的某画面实现快动作或者慢动作的效果。

┃ 操作步骤 ┃

01 在视频轨中选择需要设置持续时间的素材文件，如图4-64所示。

02 单击"素材"菜单，在弹出的菜单列表中单击"持续时间"命令，如图4-65所示。

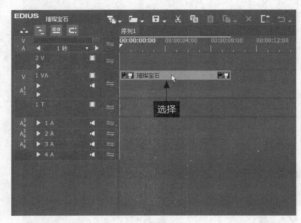
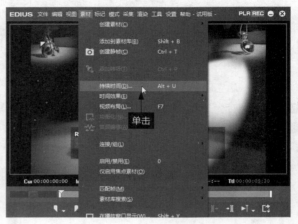

图4-64　选择素材文件　　　　　　　　　　　　图4-65　单击"持续时间"命令

03 执行操作后，弹出"持续时间"对话框，在"持续时间"数值框中输入00:00:10:00，如图4-66所示。

04 设置完成后，单击"确定"按钮，调整素材文件的"持续时间"，如图4-67所示。

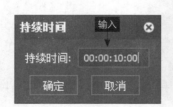

图4-66　输入"持续时间"数值　　　　　　　　图4-67　调整素材"持续时间"

05 单击录制窗口下方的"播放"按钮，预览调整"持续时间"后的素材画面，如图4-68所示。

> **提示**
>
> 在 EDIUS 8.0 中，用户还可以通过以下两种方法调整素材的"持续时间"。
> ➤ 快捷键：按【Alt + U】组合键，调整素材"持续时间"。
> ➤ 选项：在视频轨中的素材文件上，单击鼠标右键，在弹出的快捷菜单中选择"持续时间"选项，也可以调整素材"持续时间"。

图4-68　预览调整"持续时间"后的素材画面

实例 050　通过设置视频素材速度剪辑"电影片段"文件

- **素材文件** | 光盘\素材\第4章\电影片段.ezp
- **效果文件** | 光盘\效果\第4章\电影片段.ezp
- **视频文件** | 光盘\视频\第4章\050通过设置视频素材速度剪辑"电影片段"文件.mp4
- **实例要点** | 通过"速度"命令，设置素材速度。
- **思路分析** | 在EDIUS 8.0中，用户不仅可以通过"持续时间"对话框调整视频的播放速度，还可以通过"素材速度"对话框来调整视频素材的播放速度。

┃ 操作步骤 ┃

01 在视频轨中选择需要设置速度的素材文件，如图4-69所示。

02 单击"素材"菜单，在弹出的菜单列表中单击"时间效果"|"速度"命令，如图4-70所示。

图4-69　选择素材文件　　　　　　　　　　图4-70　单击"速度"命令

03 执行操作后，弹出"素材速度"对话框，在"比率"数值框中输入45，设置素材的速度比率，如图4-71所示。

04 单击"确定"按钮，返回EDIUS工作界面，在视频轨中查看调整速度后的素材文件区间变化，如图4-72所示。

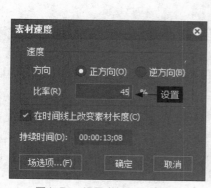

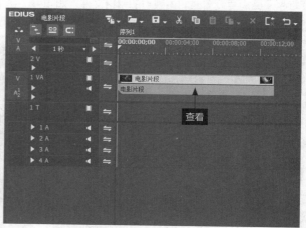

图4-71　设置素材的速度比率　　　　　　　图4-72　查看调整速度后的素材

05 单击录制窗口下方的"播放"按钮，预览调整速度后的视频画面效果，如图4-73所示。

图4-73　预览调整速度后的视频画面效果

> **提示**
>
> 在 EDIUS 8.0 中，用户还可以通过以下两种方法调整素材的速度。
> ➤ 快捷键：按【Alt + E】组合键，调整素材的速度。
> ➤ 选项：在视频轨中的素材文件上，单击鼠标右键，在弹出的快捷菜单中选择"时间效果"|"速度"选项，也可以调整素材的速度。

实例 051　通过设置时间重映射剪辑"老有所乐"文件

● **素材文件** | 光盘\素材\第4章\老有所乐.ezp

● **效果文件** | 光盘\效果\第4章\老有所乐.ezp

● **视频文件** | 光盘\视频\第4章\051通过设置时间重映射剪辑"老有所乐"文件.mp4

● **实例要点** | 通过"时间重映射"命令，设置素材时间重映射。

● **思路分析** | 在EDIUS 8.0中，时间重映射的实质就是用关键帧来控制素材的速度。下面介绍运用时间重映射调整素材速度的操作方法。

操作步骤

01 在视频轨中选择需要设置时间重映射的素材文件，如图4-74所示。

02 单击"素材"|"时间效果"|"时间重映射"命令，如图4-75所示。

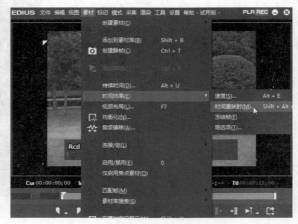

图4-74　选择素材文件　　　　　　　　　　图4-75　单击"时间重映射"命令

03 执行操作后，弹出"时间重映射"对话框，在中间的时间轨中将时间线移至00:00:01:22位置处，单击上方的"添加/删除关键帧"按钮，如图4-76所示。

04 执行操作后，在时间线位置添加一个关键帧，如图4-77所示。

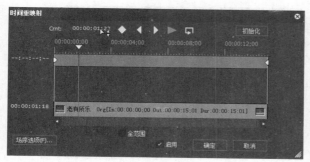

图4-76　单击"添加/删除关键帧"按钮

图4-77　添加一个关键帧

05 选择刚才添加的关键帧，按住鼠标左键并向右拖曳关键帧的位置，设置第一部分的播放时间长于素材原速度，使第一部分的视频播放时间减速，如图4-78所示。

06 继续将时间线移至00:00:07:24位置处，单击"添加关键帧"按钮，再次添加一个关键帧，如图4-79所示。

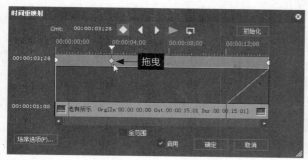

图4-78　向右拖动关键帧的位置

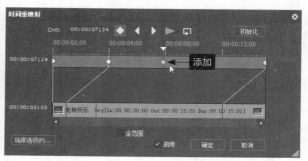

图4-79　再次添加一个关键帧

07 选择刚才添加的关键帧，按住鼠标左键并向左拖曳关键帧的位置，设置第二部分的播放时间短于素材原速度，使第二部分的视频播放时间加速，如图4-80所示。

08 用与上述同样的方法，在00:00:10:23位置处，再次添加一个关键帧，并设置播放时间长于素材原速度，如图4-81所示。

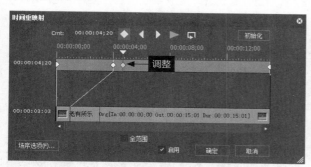

图4-80　调整第二部分的视频速度

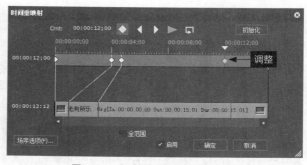

图4-81　调整第三部分的视频速度

09 设置完成后，单击"确定"按钮，返回EDIUS工作界面，完成视频素材时间重映射的操作。单击录制窗口下方的"播放"按钮，预览调整视频时间后的画面效果，如图4-82所示。

图4-82　预览调整视频后的画面效果

图4-82　预览调整视频时间后的画面效果（续）

提示

在 EDIUS 8.0 中，用户还可以通过以下两种方法设置视频时间重映射。

➤ 快捷键：按【Shift + Alt + E】组合键，设置素材的时间重映射。

➤ 选项：在视频轨中的素材文件上单击鼠标右键，在弹出的快捷菜单中选择"时间效果"|"时间重映射"选项，也可以调整素材的时间重映射。

实例 052　通过连接/组编辑视频画面

在EDIUS 8.0中，用户可以通过"连接/组"子菜单中的相应选项，对视频进行组合或解组操作。

1. 将"蜘蛛侠"视频解锁分解

- **素材文件** | 光盘\素材\第4章\蜘蛛侠.ezp
- **效果文件** | 光盘\效果\第4章\蜘蛛侠.ezp
- **视频文件** | 光盘\视频\第4章\052将"蜘蛛侠"视频解锁分解.mp4
- **实例要点** | 通过"解除连接"命令对视频进行解锁分解。
- **思路分析** | 在EDIUS 8.0中，用户可以对视频轨中的视频和音频文件进行解锁操作，以便单独对视频或者音频进行剪辑修改。

操作步骤

01 在视频轨中选择需要分解的素材文件，如图4-83所示。

02 单击"素材"|"连接/组"|"解除连接"命令，如图4-84所示。

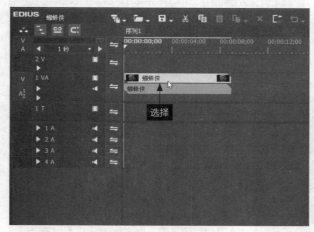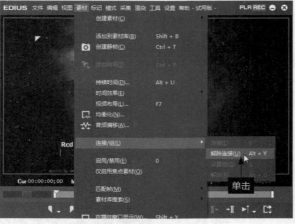

图4-83　选择素材文件　　　　　　　　　　图4-84　单击"解除连接"命令

03 执行操作后，即可对视频轨中的视频文件进行解锁操作，选择视频轨中被分解出来的音频文件，如图4-85所示。
04 按住鼠标左键并向右拖曳，调整音频文件的位置，如图4-86所示。

图4-85 选择分解出来的音频文件 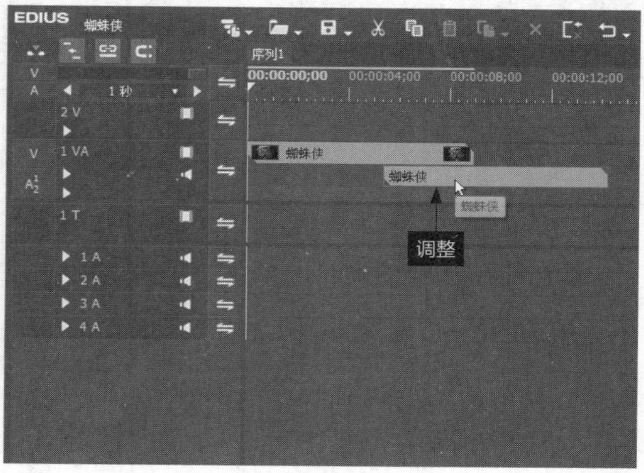   图4-86 调整音频文件的位置

05 单击录制窗口下方的"播放"按钮，预览分解后的视频画面效果，如图4-87所示。

> **提示**
>
> 在 EDIUS 8.0 中，用户还可以通过以下两种方法分解视频文件。
> ➢ 快捷键：按【Alt + Y】组合键，分解视频文件。
> ➢ 选项：在视频轨中的素材文件上单击鼠标右键，在弹出的快捷菜单中选择"连接 / 组"|"解锁"选项，也可以分解视频文件。

图4-87 预览分解后的视频画面效果

2. 将"生活留影"素材进行组合

● **素材文件** | 光盘\素材\第4章\生活留影.ezp
● **效果文件** | 光盘\效果\第4章\生活留影.ezp
● **视频文件** | 光盘\视频\第4章\052将"生活留影"素材进行组合.mp4
● **实例要点** | 通过"设置组"选项对素材进行组合。
● **思路分析** | 在EDIUS 8.0中，用户不仅可以对视频轨中的文件进行解锁分解，还可以对分解后的视频或者多段不同的素材文件进行组合，以便对素材文件进行统一修改。

│ 操作步骤 │

01 单击"文件"|"打开工程"命令，打开一个工程文件，如图4-88所示。
02 按住【Ctrl】键的同时，分别选择两段素材文件，在选择的素材文件上单击鼠标右键，在弹出的快捷菜单中选择"连接/组"|"设置组"选项，如图4-89所示。

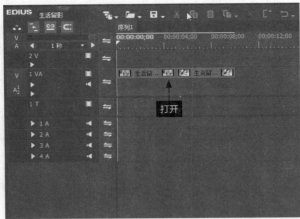

图4-88　打开一个工程文件

图4-89　选择"设置组"选项

03 执行操作后，即可对两段素材文件进行组合操作。在组合的素材文件上，按住鼠标左键并向右拖曳，组合的素材将被同时移动，如图4-90所示。

04 移动至合适位置后，释放鼠标左键，即可同时移动被组合的素材文件，如图4-91所示。

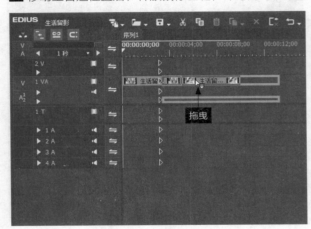

图4-90　对素材进行组合

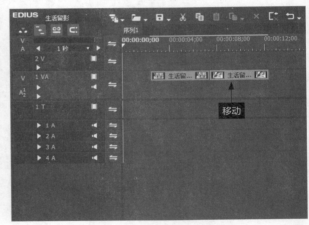

图4-91　同时移动组合的素材文件

提示

在 EDIUS 8.0 中，用户还可以通过以下两种方法组合视频文件。
➢ 快捷键：按【G】键，组合视频文件。
➢ 命令：单击"素材"|"连接/组"|"设置组"命令，也可以组合素材文件。

---

05 单击录制窗口下方的"播放"按钮，预览组合、移动后的素材画面效果，如图4-92所示。

图4-92　预览素材画面效果

3. 将"春"素材进行解组

- **素材文件**｜光盘\素材\第4章\春.ezp
- **效果文件**｜光盘\效果\第4章\春.ezp
- **视频文件**｜光盘\视频\第4章\052将"春"素材进行解组.mp4
- **实例要点**｜通过"解组"选项对素材进行解组。
- **思路分析**｜对素材文件统一剪辑、修改后，可以对组合的素材文件进行解组操作。下面介绍将素材进行解组的操作方法。

┃ 操作步骤 ┃

01 单击"文件"｜"打开工程"命令，打开一个工程文件，如图4-93所示。

02 在视频轨中，选择需要进行解组的素材文件，在选择的素材文件上单击鼠标右键，在弹出的快捷菜单中选择"连接/组"｜"解组"选项，如图4-94所示。

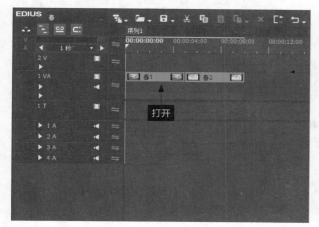

图4-93　打开一个工程文件

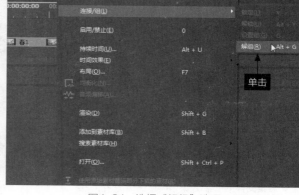

图4-94　选择"解组"选项

在 EDIUS 8.0 中，用户还可以通过以下两种方法解组视频文件。
➢ 快捷键：按【Alt + G】组合键，解组视频文件。
➢ 命令：选择视频轨中的素材文件，单击"素材"菜单，在弹出的菜单列表中单击"连接 / 组"｜"解组"命令，解组视频文件。

03 执行操作后，即可对两段素材文件进行解组操作。在解组的素材文件上按住鼠标左键并向右拖曳，此时视频轨中的两段素材文件不会被同时移动，只有选择的当前素材才会被移动，如图4-95所示。

04 在视频轨中将素材拖至合适位置后，释放鼠标左键，即可单独移动被解组后的素材文件，如图4-96所示。

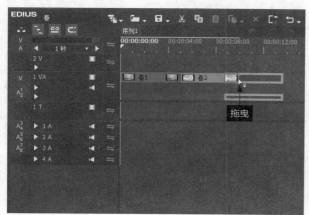

图4-95　对两段素材进行解组操作

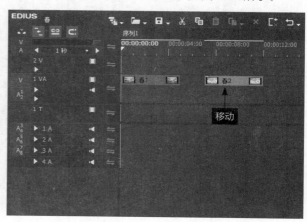

图4-96　移动解组后的素材文件

05 单击录制窗口下方的"播放"按钮，预览被解组、移动后的素材画面效果，如图4-97所示。

图4-97　预览素材画面效果

实例 053　**通过调整视频中的音频剪辑**

在EDIUS 8.0中，用户可以单独编辑视频中的背景音乐，如调整音频的均衡化和音频偏移属性等，使制作的背景音乐更符合视频的需要。

1. 调整"彩蝶恋"花视频中的音频均衡化

- **素材文件** | 光盘\素材\第4章\彩蝶恋花.ezp
- **效果文件** | 光盘\效果\第4章\彩蝶恋花.ezp
- **视频文件** | 光盘\视频\第4章\053调整"彩蝶恋花"视频中的音频均衡.mp4
- **实例要点** | 通过"均衡化"选项调整音频均衡化。
- **思路分析** | 用户可以根据需要调整视频中的音频均衡化，轻松完成音量的均衡操作。

┃ 操作步骤 ┃

01 在视频轨中选择需要调整的视频素材，如图4-98所示。

02 在选择的素材文件上单击鼠标右键，在弹出的快捷菜单中选择"均衡化"选项，如图4-99所示。

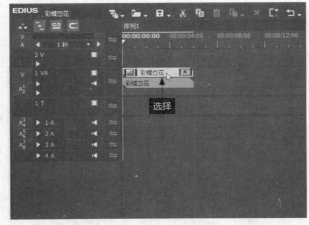

图4-98　选择需要调整的视频素材　　　　　图4-99　选择"均衡化"选项

03 执行操作后，弹出"均衡化"对话框，如图4-100所示。

04 在该对话框中，更改"音量"的数值为-10，如图4-101所示。

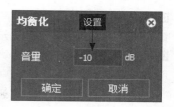

图4-100 弹出"均衡化"对话框　　图4-101 更改"音量"右侧的数值

05 设置完成后，单击"确定"按钮，即可调整视频中的音频均衡化效果。单击录制窗口下方的"播放"按钮，预览视频画面效果，聆听音频的声音，如图4-102所示。

图4-102 预览视频画面效果

提示

在 EDIUS 8.0 中，单击"素材"菜单，在弹出的菜单列表中单击"均衡化"命令，也可以弹出"均衡化"对话框。

2. 调整"电影片头"视频中的音频偏移

- **素材文件** | 光盘\素材\第4章\电影片头.ezp
- **效果文件** | 光盘\效果\第4章\电影片头.ezp
- **视频文件** | 光盘\视频\第4章\053调整"电影片头"视频中的音频偏移.mp4
- **实例要点** | 通过"音频偏移"选项调整音频偏移属性。
- **思路分析** | 在EDIUS 8.0中，用户可以根据需要调整视频中的音频偏移，轻松完成音量的均衡操作。下面介绍调整视频中音频偏移的操作方法。

操作步骤

01 在视频轨中选择需要调整音频的视频素材，如图4-103所示。

02 在素材文件上单击鼠标右键，在弹出的快捷菜单中选择"音频偏移"选项，如图4-104所示。

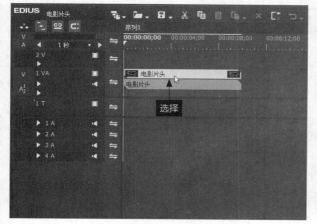

图4-103 选择视频素材　　　　　　图4-104 选择"音频偏移"选项

03 执行操作后，弹出"音频偏移"对话框，在"方向"选项区中选中"向后"单选按钮，在"偏移"选项区中设置各时间参数，如图4-105所示。

04 设置完成后，单击"确认"按钮，返回EDIUS工作界面，此时视频轨中的素材文件发生变化，如图4-106所示。

图4-105　设置各参数　　　　　　　　　　　　　图4-106　视频素材发生变化

05 单击"播放"按钮，预览调整后的视频画面效果，聆听音频的声音，如图4-107所示。

> **提示**
>
> 在 EDIUS 8.0 中，单击"素材"菜单，在弹出的菜单列表中单击"音频偏移"命令，也可以弹出"音频偏移"对话框。

图4-107　预览调整后的视频画面效果

实例 054　**通过命令查看剪辑的"户外广告"视频**

- **素材文件** ┃ 光盘\素材\第4章\户外广告.ezp
- **效果文件** ┃ 光盘\效果\第4章\户外广告.ezp
- **视频文件** ┃ 光盘\视频\第4章\054通过命令查看剪辑的"户外广告"视频.mp4
- **实例要点** ┃ 通过"在播放窗口显示"命令查看剪辑后的素材。
- **思路分析** ┃ 对视频素材进行精确剪辑后，可以查看剪辑后的视频素材是否符合用户的需求。

▌操作步骤▐

01 单击"文件" | "打开工程"命令，打开一个工程文件，如图4-108所示。

02 此时，录制窗口中的视频画面效果如图4-109所示。

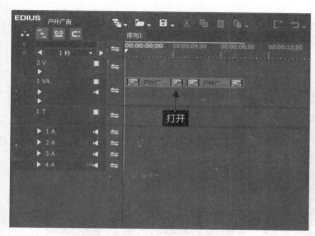

图4-108　打开一个工程文件

图4-109　录制窗口中的视频画面

03 在视频轨中选择剪辑后的第1段素材文件，如图4-110所示。

04 单击"素材"菜单，在弹出的菜单列表中单击"在播放窗口显示"命令，如图4-111所示。

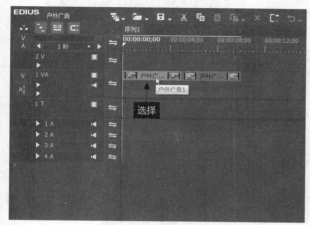

图4-110　选择素材文件

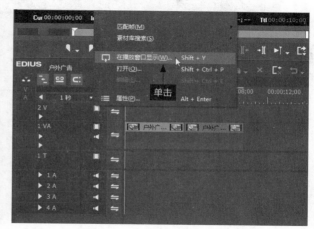

图4-111　单击"在播放窗口显示"命令

05 执行操作后，即可在播放窗口中显示素材文件，如图4-112所示。

06 在视频轨中选择剪辑后的第2段素材文件，如图4-113所示。

图4-112　在播放窗口中显示素材文件

图4-113　选择视频文件

07 单击"素材"菜单，弹出菜单列表，单击"属性"命令，如图4-114所示。

08 弹出"素材属性"对话框，在"文件信息"选项卡中，查看素材文件的名称、路径、类型、大小以及创建时间等信息，如图4-115所示。

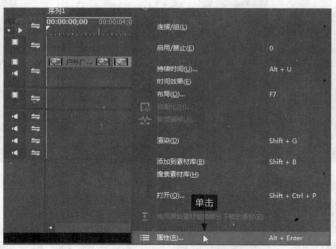

图4-114　单击"属性"命令

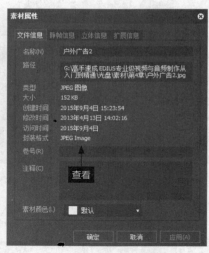

图4-115　查看文件信息

09 切换至"静帧信息"选项卡，在其中查看素材文件的格式、帧尺寸以及宽高比等信息，如图4-116所示。查看完成后，单击"确定"按钮，退出"素材属性"对话框。

> **提示**
>
> 在 EDIUS 8.0 中，选择相应的素材文件后，按【Alt + Enter】组合键，也可以弹出"素材属性"对话框。

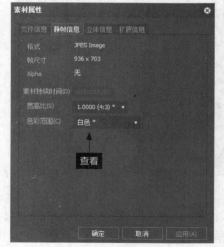

图4-116　查看视频信息

第 05 章

色彩校正影视画面

本章重点

通过 "YUV曲线" 滤镜校正 "清明时节" 文件

通过 "三路色彩校正" 滤镜校正 "城市夜景" 文件

通过 "单色" 滤镜校正 "花儿绽放" 文件

通过 "色彩平衡" 滤镜校正 "日出美景" 文件

通过 "颜色轮" 滤镜校正 "广告动画" 文件

通过 "反转" 滤镜校正 "青柠檬" 文件

颜色可以产生修饰效果,使图像更加绚丽,同时激发人的情感和想象。正确运用颜色能使黯淡的图像明亮绚丽,使毫无生气的图像充满活力。EDIUS 8.0拥有多种强大的颜色调整功能,可以轻松调整图像的色相、饱和度、对比度和亮度,修正有色彩失衡、曝光不足或过度等问题的素材文件,还能为黑白素材上色,制作出更多特殊的画面效果。本章主要介绍校正影视画面色彩的方法,希望读者可以熟练掌握本章内容。

5.1 控制视频画面的色彩

在视频制作过程中，由于电视系统能显示的亮度范围要小于计算机显示器的显示范围，一些在计算机屏幕上鲜亮的画面也许在电视机上会出现细节缺失等影响画质的问题，因此，专业的制作人员必须能根据播出要求来控制画面的色彩。本节主要介绍控制视频画面色彩的方法。

实例 055 通过命令启动矢量图与示波器检测"夜景"文件

● **素材文件** | 光盘\素材\第5章\夜景.ezp

● **视频文件** | 光盘\视频\第5章\055通过命令启动矢量图与示波器检测"夜景"文件.mp4

● **实例要点** | 通过"矢量图/示波器"命令检测视频素材色彩

● **思路分析** | 矢量图是一种检测色相与饱和度的工具，而示波器主要用于检测视频信号的幅度和单位时间内所有脉冲扫描图形，让用户看到当前画面亮度信号的分布情况。

｜操作步骤｜

01 单击"文件"|"打开工程"命令，打开一个工程文件，如图5-1所示。

02 单击"视图"菜单，在弹出的菜单列表中单击"矢量图/示波器"命令，如图5-2所示。

图5-1 打开一个工程文件

图5-2 单击"矢量图/示波器"命令

03 执行操作后，弹出"矢量图/示波器"对话框。对话框的左侧是信息区，中间是矢量图，右侧是示波器，在其中可以查看和检测视频画面的颜色分布情况，如图5-3所示。

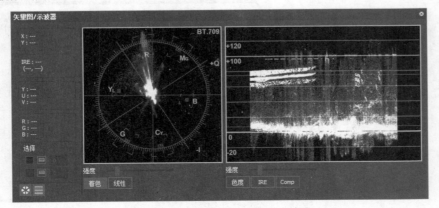

图5-3 查看视频画面的颜色分布情况

04 在矢量图下方，单击"线性"按钮，将以线性的方式检测视频颜色；在示波器下方，单击Comp按钮，将以白色波形显示颜色分布情况，如图5-4所示。

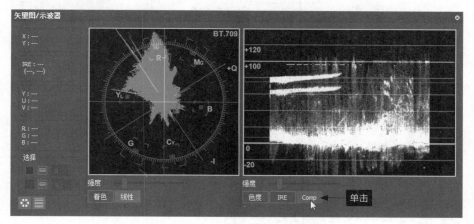

图5-4　以白色波形显示颜色分布情况

实例 056　通过按钮启动矢量图与示波器检测"长廊风光"文件

- **素材文件** | 光盘\素材\第5章\长廊风光.ezp
- **效果文件** | 光盘\素材\第5章\长廊风光ezp
- **视频文件** | 光盘\视频\第5章\056通过按钮启动矢量图与示波器检测"长廊风光"文件.mp4
- **实例要点** | 通过"切换矢量图/示波器显示"按钮检测视频素材色彩。
- **思路分析** | 在EDIUS工作界面中，不仅可以通过"切换矢量图/示波器"命令，启动"矢量图/示波器"对话框，还可以通过"切换矢量图/示波器显示"按钮来启动该对话框。

▌操作步骤▐

01 单击"文件"|"打开工程"命令，打开一个工程文件，如图5-5所示。

02 在"轨道"面板上方，单击"切换矢量图/示波器显示"按钮 ，如图5-6所示。

图5-5　打开一个工程文件

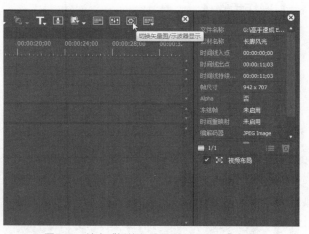

图5-6　单击"切换矢量图/示波器显示"按钮

03 执行操作后，弹出"矢量图/示波器"对话框，在其中可以查看和检测视频画面颜色的分布情况，如图5-7所示。

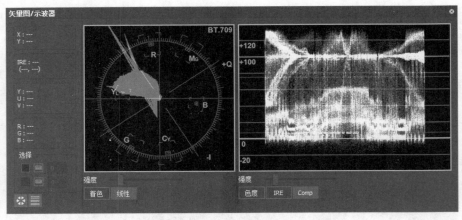

图5-7　查看与检测视频画面颜色分布情况

5.2 色彩校正滤镜的运用

　　在视频后期制作过程中，制作人员常常需要对视频画面进行校色和调色，使制作的视频颜色更加符合电视播放的要求。本节主要介绍使用滤镜校正画面颜色的方法和技巧，希望读者熟练掌握。

实例 057 通过"YUV曲线"滤镜校正"清明时节"文件

- **素材文件** | 光盘\素材\第5章\清明时节.jpg
- **效果文件** | 光盘\效果\第5章\清明时节.ezp
- **视频文件** | 光盘\视频\第5章\057通过"YUV曲线"滤镜校正"清明时节"文件.mp4
- **实例要点** | 通过"YUV曲线"滤镜校正素材颜色。
- **思路分析** | 在"YUV曲线"滤镜中，亮度信号被称作Y，色度信号由两个互相独立的信号组成。根据颜色系统和格式的不同，两种色度信号经常被称作U和V、Pb和Pr，或Cb和Cr。

▌ 操作步骤 ▌

01 在视频轨中导入一张静态图像，如图5-8所示。

02 在录制窗口中查看导入的素材画面效果，如图5-9所示。

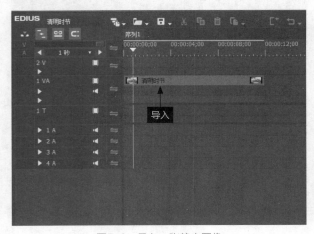

图5-8　导入一张静态图像

图5-9　查看导入的素材画面

03 展开"特效"面板,在"视频滤镜"下方的"色彩校正"滤镜组中,选择"YUV曲线"滤镜效果,如图5-10 所示。

04 在选择的滤镜效果上,按住鼠标左键并拖至视频轨中的图像素材上方,如图5-11所示,释放鼠标左键,即可添 加"YUV曲线"滤镜效果。

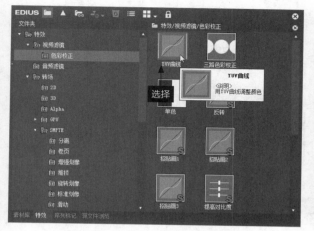

图5-10 选择"YUV曲线"滤镜效果

图5-11 添加"YUV曲线"滤镜效果

05 在"信息"面板中,选择刚才添加的"YUV曲线"滤镜效果,单击鼠标右键,在弹出的快捷菜单中选择"打开 设置对话框"选项,如图5-12所示。

06 执行操作后,弹出"YUV曲线"对话框,在上方第1个预览窗口中的斜线上,添加一个关键帧,并通过调整关 键帧的位置来调整图像的颜色,如图5-13所示。

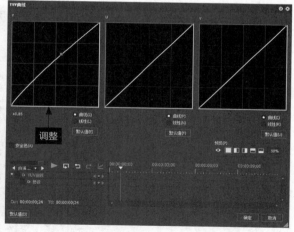

图5-12 选择相应选项

图5-13 调整关键帧的位置

> **提示**
>
> 在"信息"面板中,选择相应的滤镜效果后,单击鼠标右键,在弹出的快捷菜单中,若选择"启用/禁用"选项,则可以启 用或者禁用选择的滤镜效果;若选择"复制"选项,则可以复制选择的滤镜效果。

07 用与上述同样的方法,在第2个与第3个预览窗口中,分别添加关键帧,并调整关键帧的位置,如图5-14 所示。

08 设置完成后,单击"确定"按钮,返回EDIUS工作界面。在录制窗口中查看添加"YUV曲线"后的视频画面 效果,如图5-15所示。

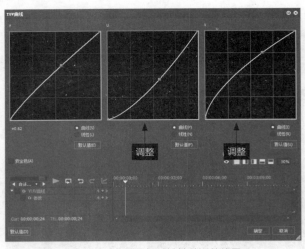

图5-14　分别添加关键帧并调整位置　　　　　　　　图5-15　查看添加"YUV曲线"滤镜后的视频画面

实 例 058　通过"三路色彩校正"滤镜校正"城市夜景"文件

- **素材文件** | 光盘\素材\第5章\城市夜景.jpg
- **效果文件** | 光盘\效果\第5章\城市夜景.ezp
- **视频文件** | 光盘\视频\第5章\058通过"三路色彩校正"滤镜校正"城市夜景"文件.mp4
- **实例要点** | 通过"三路色彩校正"滤镜校正素材颜色。
- **思路分析** | 在"三路色彩校正"滤镜中，可以分别控制画面的高光、中间调和暗调区域的色彩，它可以提供一次二级校色（多次运用该滤镜以实现多次二级校色），是EDIUS中使用最频繁的校色滤镜之一。

│ 操作步骤 │

01 在视频轨中导入一张静态图像，如图5-16所示。

02 在录制窗口中查看导入的素材画面效果，如图5-17所示。

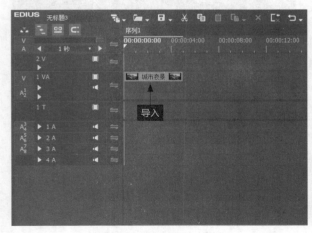

图5-16　导入一张静态图像　　　　　　　　　　图5-17　查看导入的素材画面

03 展开"特效"面板，在"视频滤镜"下方的"色彩校正"滤镜组中，选择"三路色彩校正"滤镜效果，如图5-18所示。

04 在选择的滤镜效果上，按住鼠标左键并拖至视频轨中的图像素材上方，如图5-19所示，释放鼠标左键，即可添加"三路色彩校正"滤镜效果。

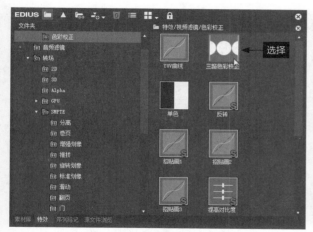

图5-18 选择滤镜效果

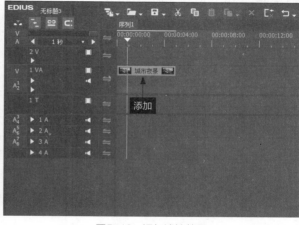

图5-19 添加滤镜效果

05 在"信息"面板中选择刚才添加的"三路色彩校正"滤镜效果，单击鼠标右键，在弹出的快捷菜单中选择"打开设置对话框"选项，如图5-20所示。

06 执行操作后，弹出"三路色彩校正"对话框，如图5-21所示。

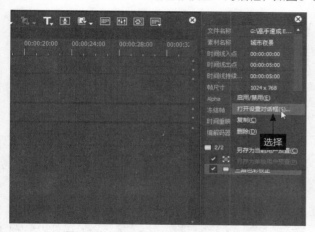

图5-20 选择"打开设置对话框"选项

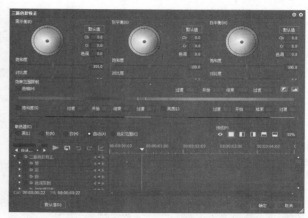

图5-21 弹出"三路色彩校正"对话框

07 在"黑平衡"选项区中，设置"Cb"为-46.8，"Cr"为-16.1，如图5-22所示。

08 在"灰平衡"选项区中，设置"Cb"为52.5，"Cr"为-29.0，"色调"为-61.2，如图5-23所示。

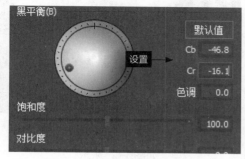

图5-22 设置图像的黑平衡参数

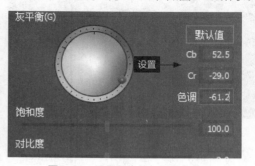

图5-23 设置图像的灰平衡参数

09 设置完成后，单击"确定"按钮，运用"三路色彩校正"滤镜调整图像色彩。在录制窗口中查看图像的画面效果，如图5-24所示。

图5-24　查看图像的画面效果

实例 059　通过"单色"滤镜校正"花儿绽放"文件

● **素材文件 |** 光盘\素材\第5章\花儿绽放.jpg

● **效果文件 |** 光盘\效果\第5章\花儿绽放.ezp

● **视频文件 |** 光盘\视频\第5章\059通过"单色"滤镜校正"花儿绽放"文件.mp4

● **实例要点 |** 通过"单色"滤镜校正素材颜色。

● **思路分析 |** 在EDIUS 8.0中，"单色"滤镜效果可以将视频画面调成某种单色效果。下面介绍应用"单色"滤镜调整素材色彩的操作方法。

┨ 操作步骤 ┠

01 在视频轨中导入一张静态图像，如图5-25所示。

02 在录制窗口中查看导入的素材画面效果，如图5-26所示。

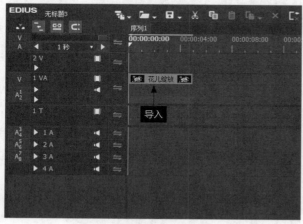

图5-25　导入一张静态图像

图5-26　查看导入的素材画面

03 展开"特效"面板，在"色彩校正"滤镜组中选择"单色"滤镜效果，如图5-27所示。

04 在选择的滤镜效果上，按住鼠标左键并拖至视频轨中的图像素材上方，释放鼠标左键，即可添加"单色"滤镜效果，此时素材画面如图5-28所示。

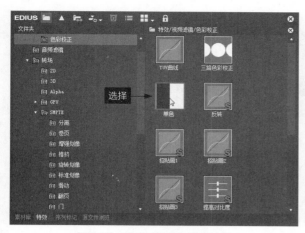

图5-27　选择"单色"滤镜效果

图5-28　添加滤镜后的素材画面

05 在"信息"面板中选择刚才添加的"单色"滤镜效果，单击鼠标右键，在弹出的快捷菜单中选择"打开设置对话框"选项，如图5-29所示。

06 执行操作后，弹出"单色"对话框，如图5-30所示。

图5-29　选择"打开设置对话框"选项

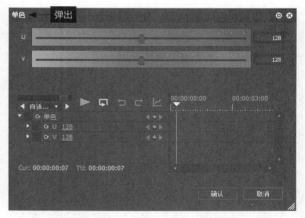

图5-30　弹出"单色"对话框

07 在对话框的上方，拖动"U"右侧的滑块至116的位置处，拖动"V"右侧的滑块至188的位置处，调整图像色调，如图5-31所示。

08 设置完成后，单击"确认"按钮，即可运用"单色"滤镜调整图像的色彩，在录制窗口中查看图像的画面效果，如图5-32所示。

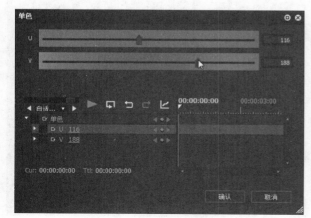

图5-31　调整图像色调的参数

图5-32　查看图像的画面效果

在 EDIUS 工作界面的"信息"面板中，双击添加的"单色"滤镜特效，也可以弹出"单色"对话框。

实例 060 通过"色彩平衡"滤镜校正"日出美景"文件

- **素材文件** | 光盘\素材\第5章\日出美景.jpg
- **效果文件** | 光盘\效果\第5章\日出美景.ezp
- **视频文件** | 光盘\视频\第5章\060通过"色彩平衡"滤镜校正"日出美景"文件.mp4
- **实例要点** | 通过"色彩平衡"滤镜校正素材颜色。
- **思路分析** | 在"色彩平衡"滤镜中，除了可以调整画面的色彩倾向以外，还可以调节色度、亮度和对比度参数，它也是 EDIUS 软件中使用最频繁的校色滤镜之一。

操作步骤

01 在视频轨中导入一张静态图像，如图5-33所示。

02 在录制窗口中查看导入的素材画面效果，如图5-34所示。

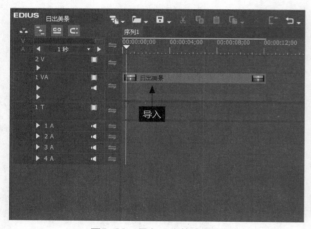

图5-33 导入一张静态图像

图5-34 查看导入的素材画面

03 展开"特效"面板，在"色彩校正"滤镜组中选择"色彩平衡"滤镜效果，如图5-35所示。

04 在选择的滤镜效果上，按住鼠标左键并拖曳至视频轨中的图像素材上方，释放鼠标左键，即可添加"色彩平衡"滤镜。在"信息"面板中，选择"色彩平衡"滤镜效果，如图5-36所示。

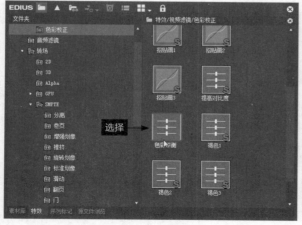

图5-35 选择滤镜效果

图5-36 选择"色彩平衡"滤镜

为素材文件添加"色彩平衡"滤镜效果后,在"信息"面板中选择"色彩平衡"滤镜效果,单击面板上方的"打开设置对话框"按钮,也可以弹出"色彩平衡"对话框。

05 双击选择的滤镜效果,弹出"色彩平衡"对话框,在其中设置"色度"为33,"亮度"为23,"对比度"为15,"青"为-33,"品红"为6,"黄"为-18,调整色彩平衡参数值,如图5-37所示。

06 设置完成后,单击"确定"按钮,运用"色彩平衡"滤镜调整图像的色彩,在录制窗口中查看图像的画面效果,如图5-38所示。

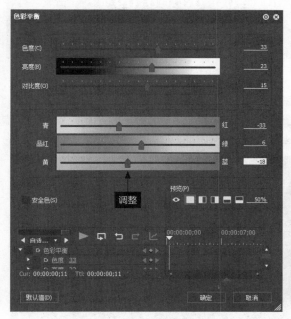

图5-37 调整色彩平衡参数值

图5-38 查看图像的画面效果

在"色彩平衡"对话框中,不仅可以通过拖动滑块的方式来调整各参数值,还可以输入数值的方式来调整相应的参数值。

实例 061 **通过"颜色轮"滤镜校正"广告动画"文件**

● **素材文件** | 光盘\素材\第5章\广告动画.jpg

● **效果文件** | 光盘\效果\第5章\广告动画.ezp

● **视频文件** | 光盘\视频\第5章\061通过"颜色轮"滤镜校正"广告动画"文件.mp4

● **实例要点** | 通过"颜色轮"滤镜校正素材颜色。

● **思路分析** | "颜色轮"滤镜提供了色轮的功能,这对于颜色转换比较有用。下面介绍运用"颜色轮"滤镜调整素材色彩的操作方法。

操作步骤

01 在视频轨中导入一张静态图像,如图5-39所示。

02 在录制窗口中查看导入的素材画面效果,如图5-40所示。

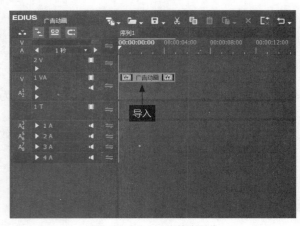

图5-39　导入一张静态图像

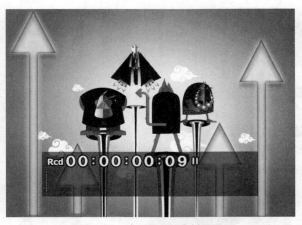

图5-40　查看导入的素材画面

03 展开"特效"面板，在"色彩校正"滤镜组中选择"颜色轮"滤镜效果，如图5-41所示。

04 在选择的滤镜效果上，按住鼠标左键并拖至视频轨中的图像素材上方，释放鼠标左键，即可添加"颜色轮"滤镜效果。在"信息"面板中，选择"颜色轮"滤镜效果，如图5-42所示。

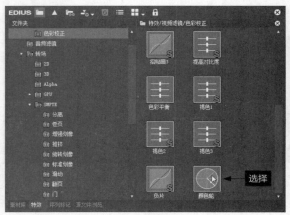

图5-41　选择滤镜效果

图5-42　选择"颜色轮"滤镜

05 双击选择的滤镜效果，弹出"颜色轮"对话框，在其中设置"色调"为150.99，"饱和度"为39，如图5-43所示。

06 设置完成后，单击"确定"按钮，运用"颜色轮"滤镜调整图像的色彩。在录制窗口中查看图像的画面效果，如图5-44所示。

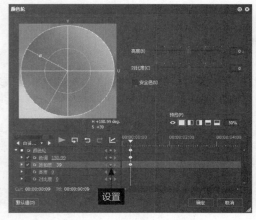

图5-43　设置"色调"参数

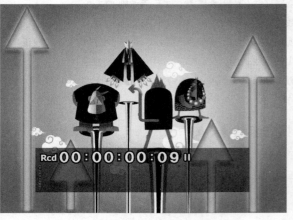

图5-44　查看图像的画面效果

在"颜色轮"对话框中,各主要选项含义如下。

➤ 色调:该参数主要用来调整图像素材不同的颜色值。
➤ 饱和度:该参数主要用来调整图像的饱和度,数值为正时,增加图像饱和度。
➤ 亮度:该参数主要用来调整图像的明暗度,数值为正时,增加图像的亮度。
➤ 对比度:该参数主要用来调整图像中色彩的对比度,数值为正时,增加图像的对比度。

实例 062 通过"反转"滤镜校正"青柠檬"文件

- **素材文件** | 光盘\素材\第5章\青柠檬.jpg
- **效果文件** | 光盘\效果\第5章\青柠檬.ezp
- **视频文件** | 光盘\视频\第5章\062通过"反转"滤镜校正"青柠檬"文件.mp4
- **实例要点** | 通过"反转"滤镜,校正素材颜色。
- **思路分析** | 在EDIUS 8.0中,"反转"颜色滤镜主要用于制作类似照片底片的效果,也就是将黑色变成白色,或者从扫描的黑白阴片中得到一个阳片。

▌操作步骤▐

01 在视频轨中导入一张静态图像,如图5-45所示。

02 在录制窗口中查看导入的素材画面效果,如图5-46所示。

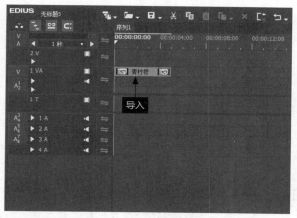

图5-45 导入一张静态图像

图5-46 查看导入的素材画面

03 展开"特效"面板,在"色彩校正"滤镜组中选择"反转"滤镜效果,如图5-47所示。

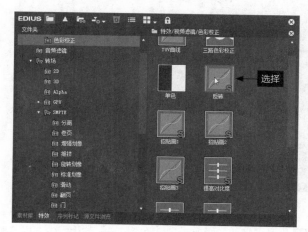

图5-47 选择滤镜效果

04 在选择的滤镜效果上，按住鼠标左键并拖曳至视频轨中的图像素材上方，释放鼠标左键，即可添加"反转"滤镜效果。在"信息"面板中，查看添加的滤镜效果，如图5-48所示，由此可见，"反转"滤镜效果是由"YUV曲线"色彩滤镜设置转变而成的。

05 为图像素材添加"反转"滤镜后，在录制窗口中查看图像的画面效果，如图5-49所示。

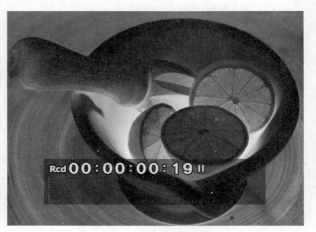

图5-48　查看添加的滤镜效果　　　　图5-49　查看图像的画面效果

实例 063　通过"提高对比度"滤镜校正"冰山时钟"文件

● **素材文件** | 光盘\素材\第5章\冰山时钟.jpg

● **效果文件** | 光盘\效果\第5章\冰山时钟.ezp

● **视频文件** | 光盘\视频\第5章\063通过"提高对比度"滤镜校正"冰山时钟"文件.mp4

● **实例要点** | 通过"提高对比度"滤镜校正素材颜色。

● **思路分析** | 使用"提高对比度"滤镜可以简单调整图像素材的对比度，该滤镜是由"色彩平衡"滤镜的参数设置转变而来的。

操作步骤

01 在视频轨中导入一张静态图像，如图5-50所示。

02 在录制窗口中查看导入的素材画面效果，如图5-51所示。

图5-50　导入一张静态图像　　　　图5-51　查看导入的素材画面

03 展开"特效"面板，在"色彩校正"滤镜组中选择"提高对比度"滤镜效果，如图5-52所示。

04 在选择的滤镜效果上，按住鼠标左键并拖曳至视频轨中的图像素材上方，释放鼠标左键，即可添加"提高对比度"滤镜效果。在"信息"面板中，查看添加的滤镜效果，如图5-53所示。由此可见，"提高对比度"滤镜效果是由"色彩平衡"滤镜设置转变而成的。

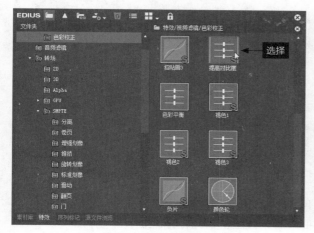

图5-52　选择滤镜效果

图5-53　查看添加的滤镜效果

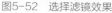

提示

双击"信息"面板的"色彩平衡"滤镜效果，在弹出的"色彩平衡"对话框中，还可以手动调整"对比度"的参数值，使图像画面更符合用户的要求。

05 为图像添加"提高对比度"滤镜后，在录制窗口中查看图像的画面效果，如图5-54所示。

图5-54　查看图像的画面效果

实例 064　**通过"负片"滤镜校正"怀旧建筑"文件**

● **素材文件** | 光盘\素材\第5章\怀旧建筑.jpg

● **效果文件** | 光盘\效果\第5章\怀旧建筑.ezp

● **视频文件** | 光盘\视频\第5章\064通过"负片"滤镜校正"怀旧建筑"文件.mp4

● **实例要点** | 通过"负片"滤镜校正素材颜色。

● **思路分析** | 在EDIUS 8.0中，"负片"滤镜与"反转"滤镜的作用类似。下面介绍运用"负片"滤镜调整图像色彩的操作方法。

| 操作步骤 |

01 在视频轨中导入一张静态图像，如图5-55所示。

02 在录制窗口中查看导入的素材画面效果，如图5-56所示。

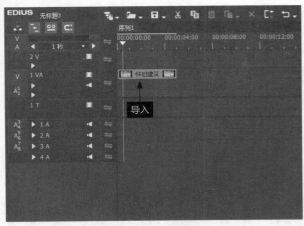

图5-55　导入一张静态图像

图5-56　查看导入的素材画面

03 展开"特效"面板，在"色彩校正"滤镜组中选择"负片"滤镜效果，如图5-57所示。

04 在选择的滤镜效果上，按住鼠标左键并拖曳至视频轨中的图像素材上方，释放鼠标左键，即可添加"负片"滤镜效果。在"信息"面板中，查看添加的滤镜效果，如图5-58所示。由此可见，"负片"滤镜效果是由"YUV曲线"滤镜设置转变而成的。

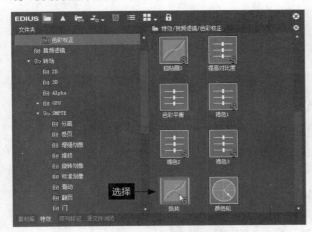

图5-57　选择滤镜效果

图5-58　查看添加的滤镜效果

05 为图像添加"负片"滤镜后，在录制窗口中查看图像的画面效果，如图5-59所示。

图5-59　查看图像的画面效果

第 **06** 章

制作神奇滤镜效果

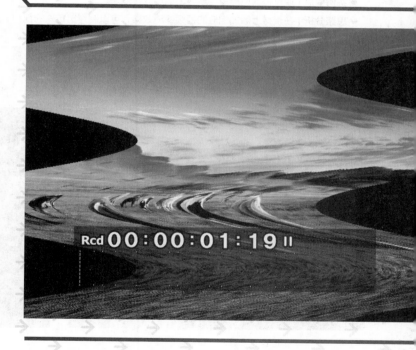

Rcd 00：00：01：19 ‖

滤镜是一种插件模块，能够对图像中的像素进行操作，也可以模拟一些特殊的光照效果或带有装饰性的纹理效果。EDIUS 8.0提供了各种各样的滤镜特效，使用这些滤镜特效，用户无须耗费大量的时间和精力就可以快速制作出如滚动、模糊、马赛克、手绘、浮雕以及各种混合滤镜效果等。本章主要介绍应用各种滤镜效果制作神奇特效的方法。

6.1 滤镜的添加与删除

视频滤镜是指可以应用到视频素材上的效果，它可以改变视频文件的外观和样式。本节主要介绍添加与删除滤镜效果的操作方法，主要包括添加视频滤镜、添加多个视频滤镜以及删除视频滤镜等内容，希望读者可以熟练掌握。

实例 065 通过添加视频滤镜制作视频特效

视频滤镜可以说是EDIUS 8.0软件的一大亮点，越来越多的滤镜特效出现在各种电视节目中，它可以使画面更加生动、绚丽多彩，从而创作出神奇的、变幻莫测的、媲美好莱坞大片的视觉效果。下面主要介绍为素材添加单个滤镜和多个滤镜的操作方法。

1. 通过添加视频滤镜制作"幸福恋人"文件

- **素材文件 |** 光盘\素材\第6章\幸福恋人.jpg
- **效果文件 |** 光盘\效果\第6章\幸福恋人.ezp
- **视频文件 |** 光盘\视频\第6章\065通过添加视频滤镜制作"幸福恋人"文件.mp4
- **实例要点 |** 通过将滤镜拖曳至素材上应用滤镜效果。
- **思路分析 |** 在素材上添加相应的视频滤镜效果，可以制作出特殊的视频画面。下面介绍添加视频滤镜的操作方法。

▌操作步骤 ▌

01 在视频轨中导入一张静态图像，如图6-1所示。

02 展开"特效"面板，在滤镜组中选择"水平线"滤镜，如图6-2所示。

图6-1 导入一张静态图像

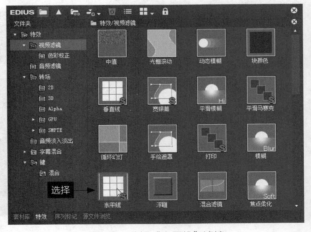

图6-2 选择"水平线"滤镜

> **提示**
>
> EDIUS 8.0 提供了多种视频滤镜特效，它们都存放在"特效"面板中。在视频中合理地运用这些滤镜特效，可以制作出各种艺术效果，对素材进行美化操作。对素材添加视频滤镜后，滤镜效果会应用到视频素材的每一幅画面上，通过调整滤镜的属性，可以控制起始帧到结束帧之间的滤镜强度、效果及速度等。

03 按住鼠标左键并拖曳鼠标至视频轨中的静态图像上，如图6-3所示。

04 释放鼠标左键，即可在素材上添加"水平线"滤镜效果。在"信息"面板中的滤镜效果上，单击鼠标右键，在弹出的快捷菜单中选择"打开设置对话框"选项，如图6-4所示。

图6-3　拖曳至静态图像上　　　　　图6-4　选择"打开设置对话框"选项

05 弹出"矩阵"对话框，在其中设置各参数值，如图6-5所示。

06 单击"确认"按钮设置滤镜属性。在录制窗口中查看添加滤镜后的画面，如图6-6所示。

图6-5　设置各参数值　　　　　　　图6-6　查看添加滤镜后的画面

2. 通过添加多个视频滤镜制作"音乐频道"文件

● **素材文件** | 光盘\素材\第6章\音乐频道.jpg

● **效果文件** | 光盘\效果\第6章\音乐频道.ezp

● **视频文件** | 光盘\视频\第6章\065通过添加多个视频滤镜制作"音乐频道"文件.mp4

● **实例要点** | 通过将不同的滤镜多次拖至素材上来应用多个滤镜效果。

● **思路分析** | 在EDIUS 8.0中，用户可以根据需要为素材图像添加多个滤镜效果，使素材效果更加丰富。下面介绍添加多个视频滤镜的操作方法。

▍操作步骤▍

01 在视频轨中导入一张静态图像，如图6-7所示。

02 展开"特效"面板，在"视频滤镜"滤镜组中选择"铅笔画"滤镜，如图6-8所示。

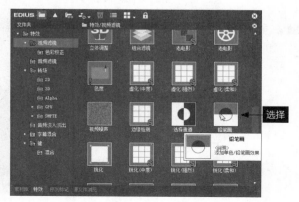

图6-7　导入一张静态图像　　　　　图6-8　选择"铅笔画"滤镜

03 按住鼠标左键并拖曳至视频轨中的图像上，释放鼠标左键，即可添加"铅笔画"滤镜。在"信息"面板中的"铅笔画"滤镜上，单击鼠标右键，在弹出的快捷菜单中选择"打开设置对话框"选项，如图6-9所示。

04 执行操作后，弹出"铅笔画"对话框，在其中拖动"密度"右侧的滑块，设置"密度"为5.00，如图6-10所示。

图6-9　选择"打开设置对话框"选项

图6-10　设置"密度"为5.00

05 单击"确定"按钮，设置"铅笔画"滤镜属性，在"视频滤镜"滤镜组中再次选择"锐化"滤镜，如图6-11所示。

06 按住鼠标左键并拖曳至视频轨中的图像上，释放鼠标左键，即可添加"锐化"滤镜。在"信息"面板中显示了添加的两个视频滤镜特效，如图6-12所示。

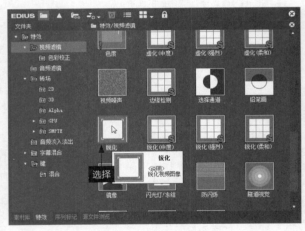

图6-11　选择"锐化"滤镜

图6-12　显示添加的两个视频滤镜

07 在录制窗口中查看添加多个滤镜后的视频画面特效，如图6-13所示。

图6-13　查看添加多个滤镜后的视频画面特效

实例 066 通过删除视频滤镜制作"向往"文件

- **素材文件**┃光盘\素材\第6章\向往.ezp
- **效果文件**┃光盘\效果\第6章\向往.ezp
- **视频文件**┃光盘\视频\第6章\066通过删除视频滤镜制作"向往"文件.mp4
- **实例要点**┃通过"删除"按钮删除视频滤镜。
- **思路分析**┃如果用户发现所添加的滤镜效果不是自己需要的效果时，可以将该滤镜效果删除。

┃操作步骤┃

01　单击"文件"|"打开工程"命令，打开一个工程文件，如图6-14所示。

02　在录制窗口中单击"播放"按钮，预览现有的视频滤镜画面特效，如图6-15所示。

图6-14　打开一个工程文件

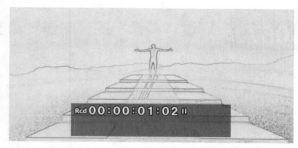

图6-15　预览视频滤镜画面特效

03　在"信息"面板中选择需要删除的视频滤镜，这里选择"铅笔画"选项，然后单击右侧的"删除"按钮，如图6-16所示。

04　执行操作后，即可删除选择的视频滤镜特效，此时的"信息"面板如图6-17所示。

图6-16　单击右侧的"删除"按钮

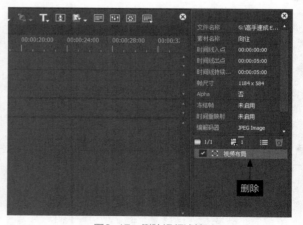

图6-17　删除视频滤镜

提示

除了可以运用上述方法删除视频滤镜外，还有以下两种方法。

➤ 快捷键：在"信息"面板中选择需要删除的滤镜效果，按【Delete】键删除滤镜。

➤ 选项：在"信息"面板中选择需要删除的滤镜效果，单击鼠标右键，在弹出的快捷菜单中选择"删除"选项，删除滤镜效果。

05 在录制窗口中查看删除视频滤镜后的视频效果，如图6-18所示。

图6-18　查看删除视频滤镜后的视频画面

6.2　视频滤镜特效的精彩应用

　　EDIUS 8.0为用户提供了大量的滤镜效果，主要包括"镜像"滤镜、"浮雕"滤镜、"老电影"滤镜、"铅笔画"滤镜以及"光栅流动"滤镜等，用户可以根据需要应用这些滤镜效果，制作出精美的视频画面。本节主要介绍制作精彩视频滤镜特效的操作方法。

实例 067　通过"镜像"滤镜制作"动漫特效"文件

- **素材文件** | 光盘\素材\第6章\动漫特效.jpg
- **效果文件** | 光盘\效果\第6章\动漫特效.ezp
- **视频文件** | 光盘\视频\第6章\067通过"镜像"滤镜制作"动漫特效"文件.mp4
- **实例要点** | 通过"镜像"滤镜制作视频特效。
- **思路分析** | 使用"镜像"滤镜，可以对视频画面进行垂直和水平镜像操作。

操作步骤

01 在视频轨中导入一张静态图像，如图6-19所示。

02 在录制窗口中查看导入的素材画面效果，如图6-20所示。

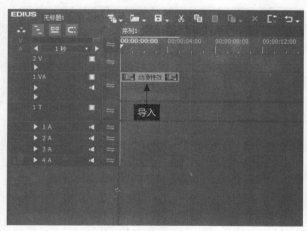

图6-19　导入一张静态图像

图6-20　查看导入的素材画面

03 展开"特效"面板，在"视频滤镜"滤镜组中选择"镜像"滤镜效果，如图6-21所示。

04 在选择的滤镜效果上，按住鼠标左键并拖曳至"信息"面板下方，如图6-22所示。

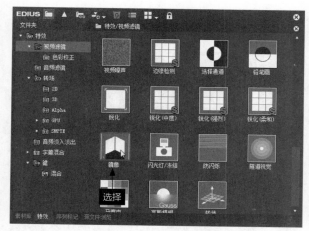

图6-21　选择"镜像"滤镜效果

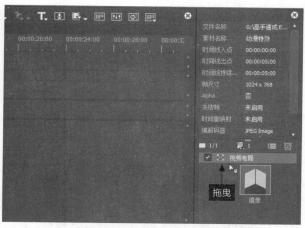

图6-22　拖曳至"信息"面板下方

05 执行操作后，即可在视频中应用"镜像"滤镜效果。在录制窗口中，预览添加"镜像"滤镜后的视频画面效果，如图6-23所示。

> **提示**
>
> 为素材添加滤镜效果后，将滤镜直接拖曳至"轨道"面板的素材上方与将滤镜直接拖曳至"信息"面板中的作用是一样的，都可以为素材添加滤镜效果。

图6-23　预览添加"镜像"滤镜后的视频画面效果

实例 068　通过"浮雕"滤镜制作"自然气息"文件

- **素材文件** ▏光盘\素材\第6章\自然气息.jpg
- **效果文件** ▏光盘\效果\第6章\自然气息.ezp
- **视频文件** ▏光盘\视频\第6章\068通过"浮雕"滤镜制作"自然气息"文件.mp4
- **实例要点** ▏通过"浮雕"滤镜制作视频特效。
- **思路分析** ▏使用"浮雕"滤镜可以使图像具有石版画效果。下面介绍制作"浮雕"视频滤镜的操作方法。

｜操作步骤｜

01 在视频轨中导入一张静态图像，如图6-24所示。

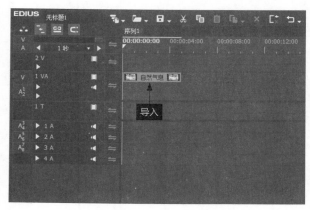

图6-24　导入一张静态图像

02 在录制窗口中查看导入的素材画面效果，如图6-25所示。

03 展开"特效"面板，在"视频滤镜"滤镜组中选择"浮雕"滤镜效果，如图6-26所示。

图6-25　查看导入的素材画面

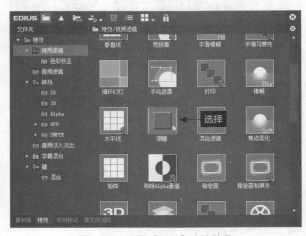

图6-26　选择"浮雕"滤镜效果

04 在选择的滤镜效果上，按住鼠标左键并拖曳至"信息"面板下方，如图6-27所示。

05 释放鼠标左键，即可为素材添加"浮雕"滤镜效果，如图6-28所示。

图6-27　拖曳至"信息"面板下方

图6-28　添加"浮雕"滤镜效果

06 双击选择的滤镜效果，弹出"浮雕"对话框，在其中设置"深度"为2，如图6-29所示。

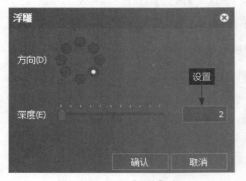

图6-29　设置"深度"为2

07 设置完成后，单击"确认"按钮，在录制窗口中预览添加"浮雕"滤镜后的视频画面效果，如图6-30所示。

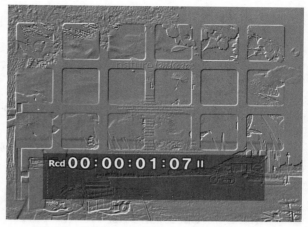

图6-30　预览添加"浮雕"滤镜后的视频画面效果

实例 069　通过"老电影"滤镜制作"富贵花开"文件

- **素材文件** | 光盘\素材\第6章\富贵花开.jpg
- **效果文件** | 光盘\效果\第6章\富贵花开.ezp
- **视频文件** | 光盘\视频\第6章\069通过"老电影"滤镜制作"富贵花开"文件.mp4
- **实例要点** | 通过"老电影"滤镜制作视频特效。
- **思路分析** | "老电影"滤镜惟妙惟肖地模拟了老电影中特有的帧跳动、落在胶片上的毛发杂物等效果，配合色彩校正使视频画面泛黄或者黑白化，这也是使用频率较高的一类特效。

▌操作步骤▐

01 在视频轨中导入一张静态图像，如图6-31所示。

02 在录制窗口中查看导入的素材画面效果，如图6-32所示。

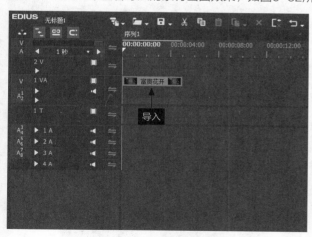

图6-31　导入一张静态图像

图6-32　查看导入的素材画面

03 展开"特效"面板，在"视频滤镜"滤镜组中选择"老电影"滤镜效果，如图6-33所示。

04 在选择的滤镜效果上，按住鼠标左键并拖曳至"信息"面板下方，如图6-34所示。

提示

在"信息"面板中，取消选中相应的滤镜复选框，即可取消该视频滤镜在素材中的应用。

图6-33　选择滤镜效果

图6-34　拖曳至"信息"面板下方

05 在"特效"面板中选择另一个"老电影"滤镜效果，如图6-35所示。

06 在选择的滤镜效果上，按住鼠标左键并拖曳至"信息"面板下方，再次添加一个"老电影"视频滤镜，如图6-36所示。

图6-35　选择滤镜效果

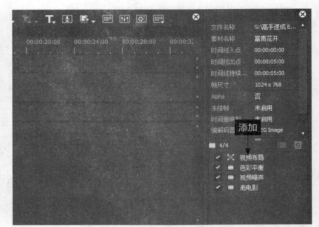

图6-36　再次添加视频滤镜

07 在"信息"面板的"色彩平衡"滤镜上单击鼠标右键，在弹出的快捷菜单中选择"打开设置对话框"选项，弹出"色彩平衡"对话框，在其中设置"色度"为-126，"亮度"为-6，"对比度"为12，如图6-37所示。

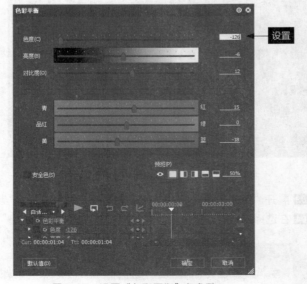

图6-37　设置"色彩平衡"各参数

08 设置完成后，单击对话框下方的"确定"按钮，完成"色彩平衡"滤镜的设置。双击"信息"面板的"老电影"滤镜，弹出"老电影"对话框，在"尘粒和毛发"选项区中，设置"毛发比率"为52，"大小"为52，"数量"为51，"亮度"为21，"持续时间"为8；在"刮痕和噪声"选项区中，设置"数量"为60，"亮度"为152，"移动性"为77，"持续时间"为74；在"帧跳动"选项区中，设置"偏移"为60，"概率"为10；在"闪烁"选项区中，设置"幅度"为16，如图6-38所示。

09 设置完成后，单击"确认"按钮，完成对"老电影"滤镜效果的设置。在录制窗口中单击"播放"按钮，预览添加"老电影"滤镜后的视频画面效果，如图6-39所示。

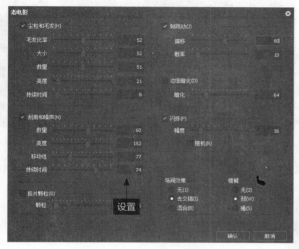

图6-38　设置"老电影"滤镜各参数

图6-39　预览添加"老电影"滤镜后的视频画面效果

实例 070　通过"铅笔画"滤镜制作"化妆品广告"文件

- **素材文件** ┃ 光盘\素材\第6章\化妆品广告.jpg
- **效果文件** ┃ 光盘\效果\第6章\化妆品广告.ezp
- **视频文件** ┃ 光盘\视频\第6章\070通过"铅笔画"滤镜制作"化妆品广告"文件.mp4
- **实例要点** ┃ 通过"铅笔画"滤镜制作视频特效。
- **思路分析** ┃ "铅笔画"滤镜可以使画面具有铅笔素描效果。下面介绍制作"铅笔画"视频滤镜的操作方法。

┃ 操作步骤 ┃

01 在视频轨中导入一张静态图像，如图6-40所示。

02 在录制窗口中查看导入的素材画面效果，如图6-41所示。

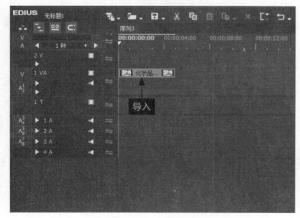

图6-40　导入一张静态图像

图6-41　查看导入的素材画面

03 展开"特效"面板，在"视频滤镜"滤镜组中选择"铅笔画"滤镜效果，如图6-42所示。

04 在选择的滤镜效果上，按住鼠标左键并拖曳至"信息"面板下方，如图6-43所示。

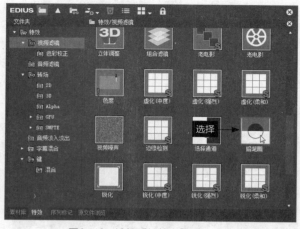

图6-42　选择"铅笔画"滤镜效果

图6-43　拖曳至"信息"面板下方

05 在"信息"面板中的"铅笔画"滤镜上单击鼠标右键，在弹出的快捷菜单中选择"打开设置对话框"选项，如图6-44所示。

06 执行操作后，弹出"铅笔画"对话框，在其中设置"密度"为3.00，如图6-45所示。

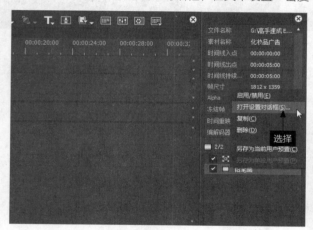

图6-44　选择"打开设置对话框"选项

图6-45　设置"密度"为3.00

07 设置完成后，单击"确认"按钮，完成"铅笔画"滤镜的设置。在录制窗口中，预览添加"铅笔画"滤镜后的视频画面效果，如图6-46所示。

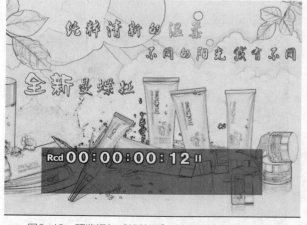

图6-46　预览添加"铅笔画"滤镜后的视频画面效果

实例
071　通过"光栅滚动"滤镜制作"草原"文件

- **素材文件|**光盘\素材\第6章\草原.jpg
- **效果文件|**光盘\效果\第6章\草原.ezp
- **视频文件|**光盘\视频\第6章\071通过"光栅滚动"滤镜制作"草原"文件.mp4
- **实例要点|**通过"光栅滚动"滤镜制作视频特效。
- **思路分析|**使用"光栅滚动"滤镜,可以创建视频画面的波浪扭动变形效果,还可以为变形程度设置关键帧。

┃ 操作步骤 ┃

01 在视频轨中导入一张静态图像,如图6-47所示。

02 在录制窗口中查看导入的素材画面效果,如图6-48所示。

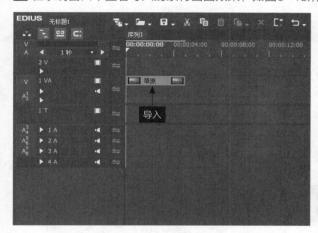
图6-47　导入一张静态图像

图6-48　查看导入的素材画面

03 展开"特效"面板,在"视频滤镜"滤镜组中选择"光栅滚动"滤镜效果,如图6-49所示。

04 在选择的滤镜效果上,按住鼠标左键并拖曳至视频轨中图像素材的上方,如图6-50所示,释放鼠标左键,即可添加"光栅滚动"滤镜效果。

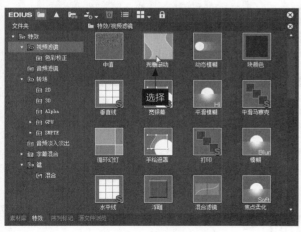
图6-49　选择"光栅滚动"滤镜

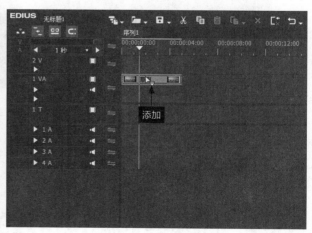
图6-50　添加滤镜效果

05 添加"光栅滚动"滤镜后的素材画面效果如图6-51所示。

06 在"信息"面板中选择添加的"光栅滚动"滤镜效果,如图6-52所示。

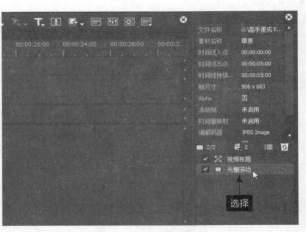

图6-51 添加滤镜后的素材画面   图6-52 选择滤镜效果

07 双击选择的滤镜效果，弹出"光栅滚动"对话框，在其中设置各参数，并在"波长"选项区中添加3个关键帧，用来控制波浪的变形效果，如图6-53所示。

08 设置完成后，单击"确认"按钮，单击录制窗口下方的"播放"按钮，预览添加"光栅滚动"滤镜后的视频画面效果，如图6-54所示。

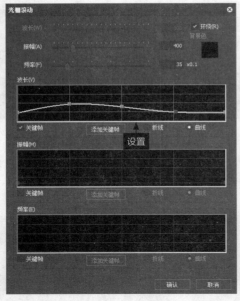

图6-53 设置各参数   图6-54 预览视频滤镜效果

提示

在"光栅滚动"对话框中，选中"关键帧"复选框后，可在"波长"选项区中通过单击的方式，添加相应关键帧，然后在上方设置关键帧的各项参数。

6.3 视频其他滤镜特效的制作

上一节介绍了常用的5种视频滤镜，本节介绍"焦点柔化""马赛克"以及"组合滤镜"的特效制作，希望读者熟练掌握本节内容。

实例 072 通过"焦点柔化"滤镜制作"真爱永恒"文件

- **素材文件** | 光盘\素材\第6章\真爱永恒.jpg
- **效果文件** | 光盘\效果\第6章\真爱永恒.ezp
- **视频文件** | 光盘\视频\第6章\072通过"焦点柔化"滤镜制作"真爱永恒"文件.mp4
- **实例要点** | 通过"焦点柔化"滤镜制作视频特效。
- **思路分析** | "焦点柔化"滤镜效果可以为视频画面添加一层梦幻般的唯美光晕，形成类似柔焦的效果。

操作步骤

01 在视频轨中导入一张静态图像，如图6-55所示。

02 在录制窗口中查看导入的素材画面效果，如图6-56所示。

图6-55 导入一张静态图像

图6-56 查看导入的素材画面效果

03 展开"特效"面板，在"视频滤镜"滤镜组中选择"焦点柔化"滤镜效果，如图6-57所示。

04 在选择的滤镜效果上，按住鼠标左键并拖曳至"信息"面板下方，为素材添加"焦点柔化"滤镜效果，如图6-58所示。

图6-57 选择"焦点柔化"滤镜效果

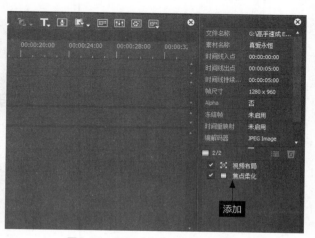

图6-58 添加"焦点柔化"滤镜效果

05 在"信息"面板中的滤镜效果上单击鼠标右键，在弹出的快捷菜单中选择"打开设置对话框"选项，如图6-59所示。

06 执行操作后，弹出"焦点柔化"对话框，在其中设置"半径"为25，"模糊"为59，"亮度"为12，如图6-60所示。

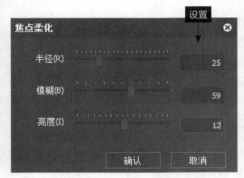

图6-59 选择"打开设置对话框"选项　　　　图6-60 设置"焦点柔化"滤镜各参数

提示

在"焦点柔化"对话框中，各选项含义如下。
➢ 半径：该滑块主要用于设置焦点柔化的半径，数值越大，光晕柔化程度越强烈；反之数值越小，光晕柔化的程度越小。
➢ 模糊：该滑块主要用于设置焦点柔化特效的画面模糊程度。
➢ 亮度：该滑块主要用于调整焦点柔化中滤镜色彩的明暗程度。

07 设置完成后，单击"确认"按钮。单击录制窗口下方的"播放"按钮，预览添加"焦点柔化"滤镜后的视频画面效果，如图6-61所示。

图6-61 预览视频画面效果

实例 073 通过"马赛克"滤镜制作"美丽容颜"文件

● **素材文件** | 光盘\素材\第6章\美丽容颜.jpg
● **效果文件** | 光盘\效果\第6章\美丽容颜.ezp
● **视频文件** | 光盘\视频\第6章\073通过"马赛克"滤镜制作"美丽容颜"文件.mp4
● **实例要点** | 通过"马赛克"滤镜制作视频特效。
● **思路分析** | 在EDIUS 8.0中，"马赛克"滤镜也是常用的一种视频滤镜特效，该滤镜可以为画面应用马赛克效果。下面介绍使用"马赛克"滤镜效果的操作方法。

┤ 操作步骤 ├

01 在视频轨中导入一张静态图像，如图6-62所示。
02 在录制窗口中查看导入的素材画面效果，如图6-63所示。

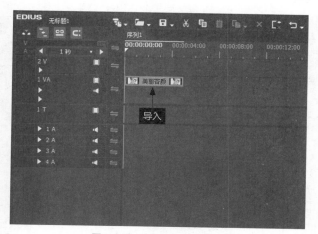

图6-62　导入一张静态图像

图6-63　查看导入的素材画面效果

03 展开"特效"面板，在"视频滤镜"滤镜组中选择"马赛克"滤镜效果，如图6-64所示。

04 在选择的滤镜效果上，按住鼠标左键并拖曳至"信息"面板下方，为素材添加"马赛克"滤镜效果，如图6-65所示。

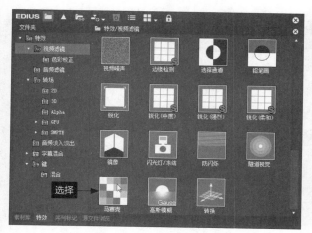

图6-64　选择"马赛克"滤镜效果

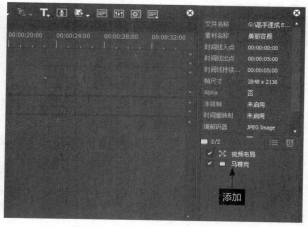

图6-65　添加"马赛克"滤镜效果

05 在"信息"面板中的滤镜效果上单击鼠标右键，在弹出的快捷菜单中选择"打开设置对话框"选项，如图6-66所示。

06 执行操作后，弹出"马赛克"对话框，在其中设置"块大小"为20，"块样式"为"平板1"，如图6-67所示。

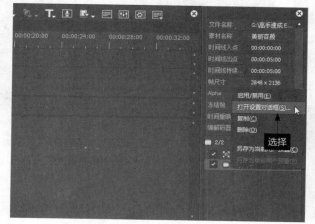

图6-66　选择"打开设置对话框"选项

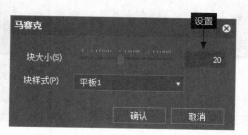

图6-67　设置"马赛克"滤镜各参数

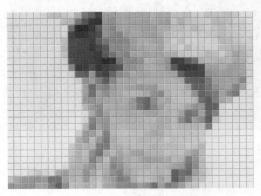

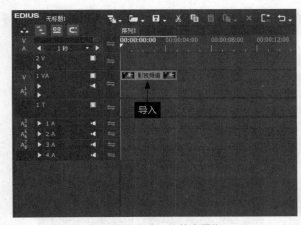

提示

在"马赛克"对话框中，各选项含义如下。

➤ 块大小：用于设置马赛克的块大小，参数越大，马赛克越强烈；反之参数越小，马赛克效果越弱，该参数可设置为1~1024。

➤ 块样式：在"块样式"列表框中，用户可根据需要选择相应的马赛克样式，其中包括18种块样式。

07 设置完成后，单击"确认"按钮。单击录制窗口下方的"播放"按钮，预览添加"马赛克"滤镜后的视频画面效果，如图6-68所示。

图6-68 预览视频画面效果

实例 074 通过"组合滤镜"滤镜制作"影视频道"文件

● **素材文件** ┃ 光盘\素材\第6章\影视频道.jpg

● **效果文件** ┃ 光盘\效果\第6章\影视频道.ezp

● **视频文件** ┃ 光盘\视频\第6章\074通过"组合滤镜"滤镜制作"影视频道"文件.mp4

● **实例要点** ┃ 通过"组合滤镜"滤镜制作视频特效。

● **思路分析** ┃ "组合滤镜"可以同时设置5个不同的滤镜效果，通过不同滤镜的组合应用，可以得到一个全新的视频滤镜效果。

┃ 操作步骤 ┃

01 在视频轨中导入一张静态图像，如图6-69所示。

02 在录制窗口中查看导入的素材画面效果，如图6-70所示。

图6-69 导入一张静态图像　　　　图6-70 查看导入的素材画面效果

03 展开"特效"面板，在"视频滤镜"滤镜组中选择"组合滤镜"滤镜效果，如图6-71所示。

04 在选择的滤镜效果上，按住鼠标左键并拖曳至"信息"面板下方，为素材添加"组合滤镜"滤镜效果，如图6-72所示。

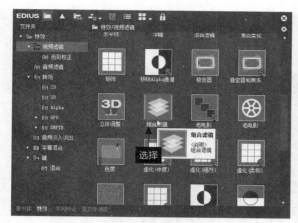

图6-71　选择"组合滤镜"滤镜效果

图6-72　添加"组合滤镜"滤镜效果

05 在"信息"面板中的滤镜效果上单击鼠标右键，在弹出的快捷菜单中选择"打开设置对话框"选项，如图6-73所示。

06 弹出"组合滤镜"对话框，选中前面3个复选框，表示同时应用3个滤镜效果，如图6-74所示。

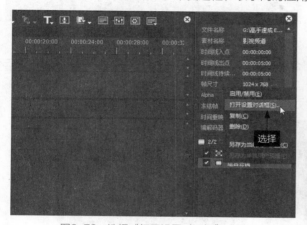

图6-73　选择"打开设置对话框"选项

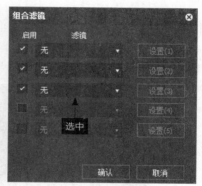

图6-74　选中前面3个复选框

07 设置第1个滤镜为"色彩平衡"，单击右侧的"设置"按钮，如图6-75所示。

08 弹出"色彩平衡"对话框，在其中设置"色度"为0，"红"为-25，"绿"为-7，"蓝"为-23，如图6-76所示，设置"色彩平衡"滤镜参数。

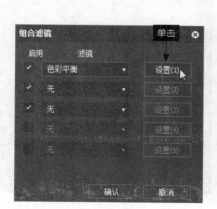

图6-75　设置第1个滤镜为"色彩平衡"

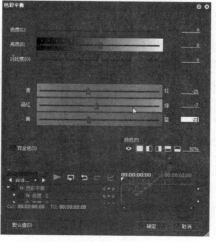

图6-76　设置"色彩平衡"滤镜参数

09 设置完成后，单击"确定"按钮，返回"组合滤镜"对话框。设置第2个滤镜为"颜色轮"，单击右侧的"设置"按钮，如图6-77所示。

10 弹出"颜色轮"对话框，在其中设置"亮度"为-63，"对比度"为-16，如图6-78所示。

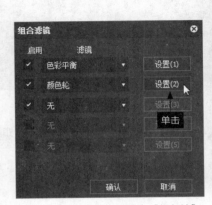

图6-77 设置第2个滤镜为"颜色轮"

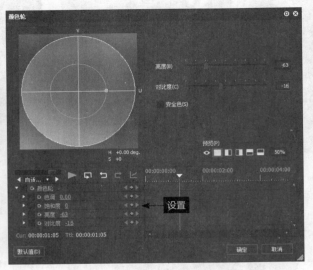

图6-78 设置"颜色轮"滤镜参数

11 设置完成后，单击"确定"按钮，返回"组合滤镜"对话框，设置第3个滤镜为"锐化"，单击右侧的"设置"按钮，如图6-79所示。

12 弹出"锐化"对话框，在其中设置"清晰度"为5，如图6-80所示。

图6-79 设置第3个滤镜为"锐化"

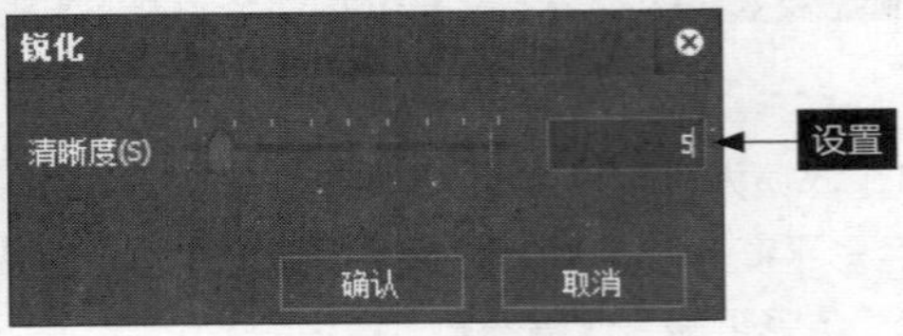

图6-80 设置"清晰度"为5

13 设置完成后，单击"确认"按钮，返回"组合滤镜"对话框，继续单击"确认"按钮，完成"组合滤镜"特效设置。单击录制窗口下方的"播放"按钮，预览添加"组合滤镜"滤镜后的视频画面效果，如图6-81所示。

图6-81 预览视频画面效果

第 **07** 章

制作精彩转场效果

在EDIUS 8.0中，从某种角度来说，转场就是一种特殊的滤镜效果，它可以在两个图像或视频素材之间创建某种过渡效果。运用转场效果，可以让素材之间的过渡效果更加生动、美观，使视频之间的播放更加流畅。本章主要介绍制作视频转场效果的方法，包括添加转场效果、设置转场效果以及制作视频精彩转场特效等内容，希望读者熟练掌握。

7.1 转场效果的设置

　　视频是由镜头与镜头之间的连接组建起来的，因此，镜头与镜头之间的切换难免会出现僵硬的问题。此时，用户可以在两个镜头之间添加转场效果，使镜头与镜头之间的过渡更为平滑。本节主要介绍设置转场效果的操作方法。

实例 075 通过手动添加转场制作"幸福情侣"文件

- **素材文件** | 光盘\素材\第7章\幸福情侣1.jpg、幸福情侣2.jpg
- **效果文件** | 光盘\效果\第7章\幸福情侣.ezp
- **视频文件** | 光盘\视频\第7章\075通过手动添加转场制作"幸福情侣"文件.mp4
- **实例要点** | 通过拖曳的方式添加转场效果。
- **思路分析** | 在EDIUS 8.0中，转场效果被放置在"特效"面板中，用户只需将转场效果拖入视频轨道中的两段素材之间，即可应用转场效果。

▌操作步骤▐

01 在视频轨中的适当位置导入两张静态图像，如图7-1所示。

02 单击"视图"|"面板"|"特效面板"命令，打开"特效"面板，如图7-2所示。

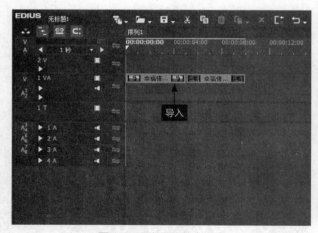

图7-1　导入两张静态图像

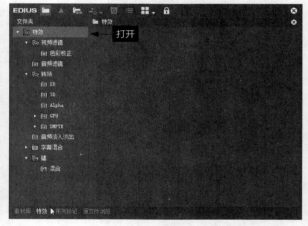

图7-2　打开"特效"面板

03 在左侧窗格中，依次展开"特效"|"转场"|GPU|"单页"|"3D翻动（显示背面）"选项，进入"3D翻动（显示背面）"转场素材库，在其中选择"3D翻出（显示背面）一从右上"转场效果，如图7-3所示。

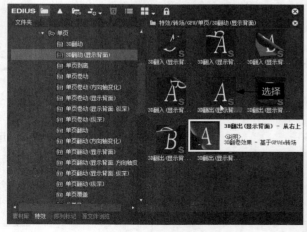

图7-3　选择转场效果

04 在选择的转场效果上，按住鼠标左键并拖曳至视频轨中的两段素材文件之间，释放鼠标左键，即可添加"3D翻出（显示背面）一从右上"转场效果，如图7-4所示。

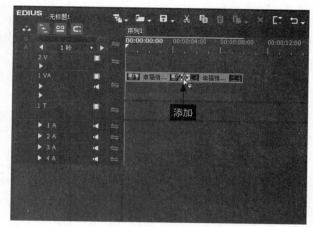

图7-4　添加转场效果

05 单击"播放"按钮，预览添加的"3D翻出（显示背面）一从右上"转场效果，如图7-5所示。

图7-5　预览"3D翻出（显示背面）一从右上"转场效果

提示

添加完转场效果后，按【Space】键，也可以播放添加的转场效果。

实例 076　**通过设置默认转场制作"小熊"文件**

- **素材文件｜**光盘\素材\第7章\小熊1.jpg、小熊2.jpg
- **效果文件｜**光盘\效果\第7章\小熊.ezp
- **视频文件｜**光盘\视频\第7章\076通过设置默认转场制作"小熊"文件.mp4
- **实例要点｜**通过"设置默认转场"按钮添加默认转场效果。
- **思路分析｜**当用户需要在大量的静态照片之间加入转场效果时，设置默认转场效果最为方便。

┃操作步骤┃

01 按【Ctrl+N】组合键，新建一个工程文件，在视频轨中的适当位置导入两张静态图像，如图7-6所示。
02 在"轨道"面板上方单击"设置默认转场"按钮，在弹出的列表框中选择"添加到素材入点"选项，如图7-7所示。

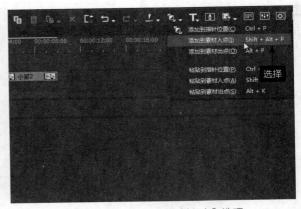

图7-6　导入两张静态图像　　　　　　　图7-7　选择"添加到素材入点"选项

03 执行操作后，即可在素材入点添加默认的转场效果。单击录制窗口下方的"播放"按钮，预览添加的默认转场效果，如图7-8所示。

图7-8　预览添加的默认转场效果

实例 077　通过复制转场效果制作"纯真小孩"文件

- **素材文件** | 光盘\素材\第7章\纯真小孩1.jpg、纯真小孩2.jpg、纯真小孩3.jpg
- **效果文件** | 光盘\效果\第7章\纯真小孩.ezp
- **视频文件** | 光盘\视频\第7章\077通过复制转场效果制作"纯真小孩"文件.mp4
- **实例要点** | 通过"复制"选项复制转场效果。
- **思路分析** | 用户可以对需要重复使用的转场效果执行复制\粘贴操作，提高编辑视频的效率。

操作步骤

01 在视频轨中的适当位置导入3张静态图像，如图7-9所示。

02 在第1张与第2张静态图像之间添加波浪转场效果，如图7-10所示。

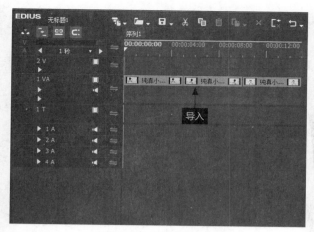

图7-9　导入3张静态图像

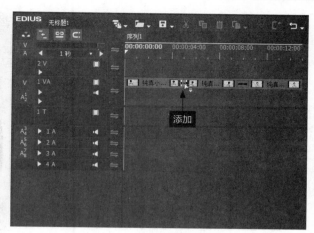

图7-10　添加波浪转场效果

03 选择添加的波浪转场效果，单击鼠标右键，在弹出的快捷菜单中选择"复制"选项，复制转场效果，如图7-11 所示。

04 在视频轨中选择需要粘贴转场效果的素材文件，如图7-12所示。

图7-11　选择"复制"选项

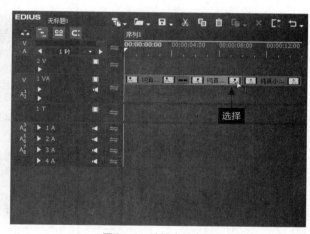

图7-12　选择素材文件

05 在"轨道"面板上方单击"设置默认转场"按钮 ，在弹出的列表框中选择"粘贴到素材出点"选项，如 图7-13所示。

06 将转场效果粘贴至选择的素材出点位置，如图7-14所示。

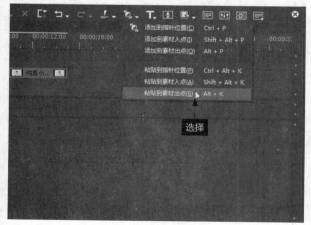

图7-13　选择"粘贴到素材出点"选项

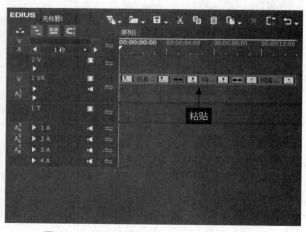

图7-14　粘贴转场效果至选择的素材出点位置

07 单击"播放"按钮，预览复制的转场效果，如图7-15所示。

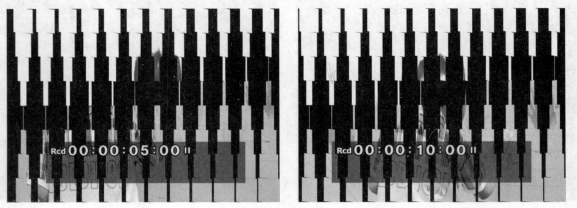

图7-15　预览复制的转场效果

> **提示**
>
> 在EDIUS工作界面中，选择需要粘贴转场的素材文件后，按【Alt + K】组合键，也可以在选择的位置粘贴转场效果。

实例 078　通过移动转场效果制作"可爱女人"文件

- **素材文件** ┃ 光盘\素材\第7章\可爱女人.ezp
- **效果文件** ┃ 光盘\效果\第7章\可爱女人.ezp
- **视频文件** ┃ 光盘\视频\第7章\078通过移动转场效果制作"可爱女人"文件.mp4
- **实例要点** ┃ 通过"剪切"与"粘贴"命令移动转场效果。
- **思路分析** ┃ 在EDIUS工作界面中，用户可以根据实际需要移动转场效果，将转场效果放置到合适的位置上。

操作步骤

01 单击"文件"|"打开工程"命令，打开一个工程文件，如图7-16所示。
02 在视频轨中选择需要移动的转场效果，如图7-17所示。

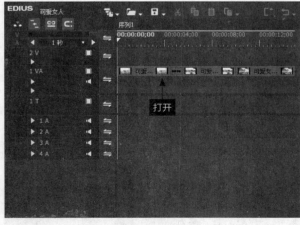

图7-16　打开一个工程文件

图7-17　选择需要移动的转场效果

03 在选择的转场效果上方单击鼠标右键，在弹出的快捷菜单中选择"剪切"选项，如图7-18所示，剪切转场效果。
04 在视频轨中将时间线移至需要放置转场效果的位置处，如图7-19所示。

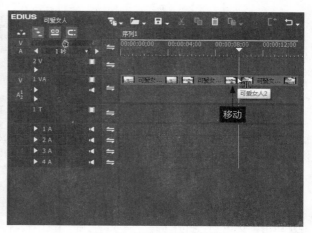

图7-18　选择"剪切"选项

图7-19　移动时间线的位置

05 在该时间线位置单击鼠标右键，在弹出的快捷菜单中选择"粘贴"|"指针位置"选项，如图7-20所示。

06 在时间线位置插入转场效果，完成对转场效果的移动操作，如图7-21所示。

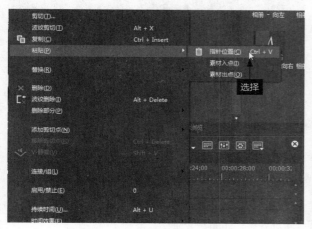

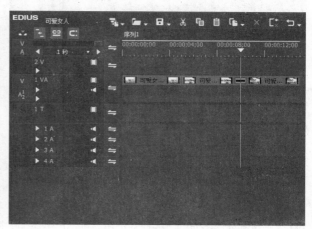

图7-20　选择"指针位置"选项

图7-21　完成对转场效果的移动

07 单击"播放"按钮，预览移动后的视频转场画面效果，如图7-22所示。

图7-22　预览移动后的视频转场画面效果

提示

在 EDIUS 工作界面中，按【Ctrl + X】组合键，也可以对转场效果进行剪切操作。

在"粘贴"子菜单中，若选择"素材入点"选项，则可以将转场效果插入选择的素材入点位置处；若选择"素材出点"选项，则可以将转场效果插入选择的素材出点位置处。

通过替换转场效果制作"名花"文件

● **素材文件** ┃ 光盘\素材\第7章\名花.ezp

● **效果文件** ┃ 光盘\效果\第7章\名花.ezp

● **视频文件** ┃ 光盘\视频\第7章\079通过替换转场效果制作"名花"文件.mp4

● **实例要点** ┃ 将选择的转场效果拖曳至已添加的转场效果上，即可替换转场效果。

● **思路分析** ┃ 在EDIUS工作界面中，如果用户对当前添加的转场效果不满意，则可以替换转场效果，使视频画面更加符合用户的需求。

┃ **操作步骤** ┃

01 单击"文件"｜"打开工程"命令，打开一个工程文件，如图7-23所示。

02 在视频轨中的素材之间添加折叠转场效果，如图7-24所示。

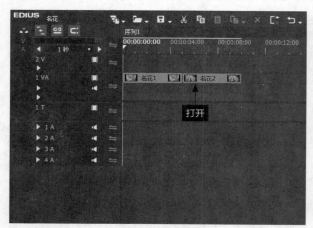

图7-23　打开一个工程文件　　　　　　　　　　　　图7-24　添加折叠转场效果

03 单击录制窗口下方的"播放"按钮，预览已经添加的视频转场效果，如图7-25所示。

图7-25　预览已经添加的视频转场效果

04 在"特效"面板的"转场"素材库中选择需要替换为的转场效果，如图7-26所示。

05 在该转场效果上，单击鼠标左键并将其拖曳至视频轨中已经添加的转场效果上方，如图7-27所示，释放鼠标左键，即可替换之前添加的转场效果。

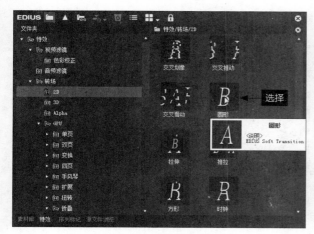

图7-26　选择转场效果

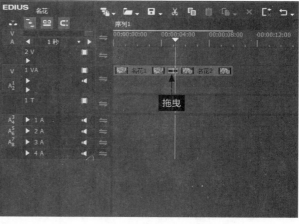

图7-27　拖曳至已添加的转场上方

06 单击"播放"按钮，预览替换之后的视频转场效果，如图7-28所示。

图7-28　预览替换之后的视频转场效果

实例 080　通过删除转场效果制作"图像"文件

- **素材文件 |** 光盘\素材\第7章\图像.ezp
- **效果文件 |** 光盘\效果\第7章\图像.ezp
- **视频文件 |** 光盘\视频\第7章\080通过删除转场效果制作"图像"文件.mp4
- **实例要点 |** 通过"部分删除"命令删除转场效果。
- **思路分析 |** 在制作视频特效的过程中，如果用户对视频轨中添加的转场效果不满意，即可以删除转场效果。

操作步骤

01 单击"文件"|"打开工程"命令，打开一个工程文件，如图7-29所示。

图7-29　打开一个工程文件

02 单击录制窗口下方的"播放"按钮，预览已经添加的视频转场效果，如图7-30所示。

图7-30 预览已经添加的视频转场效果

03 在视频轨中，选择需要删除的视频转场效果，如图7-31所示。

04 单击"编辑"菜单，在弹出的菜单列表中单击"部分删除"|"转场"|"所有"命令，如图7-32所示。

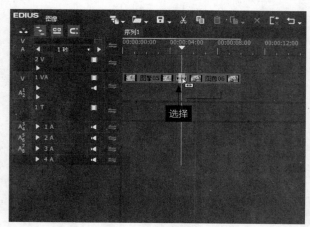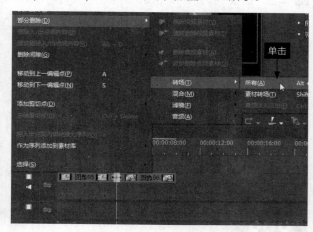

图7-31 选择视频转场效果   图7-32 单击"所有"命令

05 执行操作后，即可删除视频轨中的转场效果。单击"播放"按钮，预览删除转场效果后的视频画面，如图7-33所示。

图7-33 预览删除转场效果后的视频画面

提示

在 EDIUS 8.0 中，用户还可以通过以下 5 种方法删除视频转场效果。
➢ 快捷键 1：按【Alt + T】组合键，可以删除视频轨中所有的转场效果。
➢ 快捷键 2：按【Shift + Alt + T】组合键，可以删除当前选择的转场效果。

➢ 快捷键 3：按【Delete】键，可以删除当前选择的转场效果。

➢ 选项 1：在视频轨中选择需要删除的转场效果，单击鼠标右键，在弹出的快捷菜单中选择"删除"选项，可以删除当前选择的转场效果。

➢ 选项 2：在视频轨中选择需要删除的转场效果，单击鼠标右键，在弹出的快捷菜单中选择"删除部分"|"转场"|"全部"或"素材转场"选项，可以删除全部转场效果或当前选择的转场效果。

实例 081　通过设置转场属性制作视频画面

在EDIUS 8.0中，在图像素材之间添加转场效果后，还可以设置转场效果的属性。下面介绍设置转场属性的操作方法，希望读者可以熟练掌握。

1. 通过设置转场边框特效制作"绿色盆栽"文件

● **素材文件**｜光盘\素材\第7章\绿色盆栽.ezp
● **效果文件**｜光盘\效果\第7章\绿色盆栽.ezp
● **视频文件**｜光盘\视频\第7章\081通过设置转场边框特效制作"绿色盆栽"文件.mp4
● **实例要点**｜通过"宽度"数值框设置转场边框特效。
● **思路分析**｜在EDIUS 8.0中，可以为转场效果设置相应的边框样式，从而为转场效果锦上添花，加强效果的美观性。

▌操作步骤 ▌

01 单击"文件"|"打开工程"命令，打开一个工程文件，单击"播放"按钮，预览已经添加的转场效果，如图7-34所示。

图7-34　预览已添加的转场效果

02 在视频轨中，选择需要设置的转场效果，如图7-35所示。

03 在该转场效果上单击鼠标右键，在弹出的快捷菜单中选择"设置"选项，如图7-36所示。

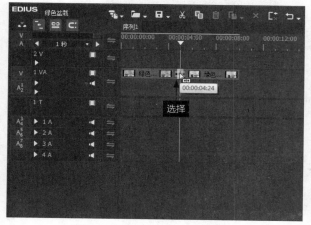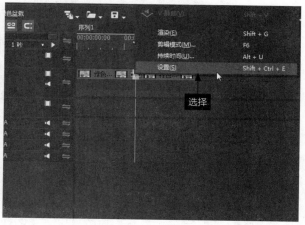

图7-35　选择需要设置的转场效果　　　　图7-36　选择"设置"选项

04 弹出"圆形"对话框，在"边框"选项区中选中"颜色"复选框，在右侧设置"宽度"为3，如图7-37所示。

05 单击中间的白色色块，弹出"色彩选择-709"对话框，在右侧设置相应参数，如图7-38所示。

 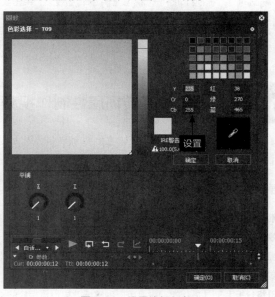

图7-37 设置"宽度"为3 　　　　　　　　图7-38 设置边框颜色

提示

"色彩选择-709"对话框中的颜色设置功能非常强大，用户可以在左侧的预览窗口中通过拖动的方式选择合适的色彩，也可以在右上方的色块中选择相应的颜色，还可以在下方的"红""绿""蓝"数值框中输入相应的数值来设置色彩范围。

06 依次单击"确定"按钮，为转场添加边框特效。单击"播放"按钮，预览添加边框后的视频转场效果，如图7-39所示。

图7-39 预览添加边框后的视频转场效果

提示

在EDIUS工作界面中，选择需要设置的转场效果，按【Shift + Ctrl + E】组合键，也可以弹出"圆形"对话框。

2. 通过柔化转场的边缘制作"幸福爱人"文件

- **素材文件** | 光盘\素材\第7章\幸福爱人.ezp
- **效果文件** | 光盘\效果\第7章\幸福爱人.ezp
- **视频文件** | 光盘\视频\第7章\081通过柔化转场的边缘制作"幸福爱人"文件.mp4
- **实例要点** | 通过"柔化边框"复选框设置转场边框柔化程度。
- **思路分析** | 为视频轨中的转场效果添加边框后，边框的边缘比较硬，不够柔软，此时可以设置转场边缘的柔化程度。

操作步骤

01 单击"文件"|"打开工程"命令，打开一个工程文件，单击"播放"按钮，预览已经添加的转场效果，如图7-40所示。

图7-40　预览已经添加的转场效果

02 在视频轨中选择需要设置柔化边缘的转场效果，如图7-41所示。

03 在该转场效果上单击鼠标右键，在弹出的快捷菜单中选择"设置"选项，弹出"拉伸"对话框，在"边框"选项区中选中"柔化边框"复选框，如图7-42所示。

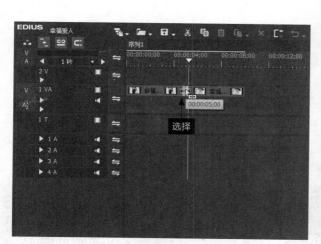

图7-41　选择转场效果

图7-42　选中"柔化边框"复选框

提示

在"拉伸"对话框中，各主要选项含义如下。

➢ 方向：该选项区提供了9种拉伸方向，单击相应的按钮，即可改变拉伸转场效果的运动方向。

➢ 颜色：可以设置边框的颜色特效，单击右侧的色块，可以设置颜色的色度属性。

➢ 柔化边框：选中该复选框，可以对边框进行柔化处理。

➢ 圆角：选中该复选框，可以对边框进行圆角处理。

➢ 宽度：在"宽度"数值框中输入相应的数值，可以设置边框的宽度，还可以拖动上方的指针来调整边框的宽度效果。

04 设置完成后，单击"确定"按钮，即可柔化转场的边缘。单击"播放"按钮，预览柔化边缘后的视频转场效果，如图7-43所示。

图7-43　预览柔化边缘后的视频转场效果

7.2 视频转场特效的应用

　　EDIUS 8.0中的转场效果种类繁多，某些转场效果独具特色，可以为视频添加非凡的视觉体验。本节主要介绍制作视频精彩转场效果的操作方法。

实例 082　通过2D特效制作"荷花"文件

- **素材文件** | 光盘\素材\第7章\荷花1.jpg、荷花2.jpg
- **效果文件** | 光盘\效果\第7章\荷花.ezp
- **视频文件** | 光盘\视频\第7章\082通过2D特效制作"荷花"文件.mp4
- **实例要点** | 通过2D转场组制作2D转场特效。
- **思路分析** | 在EDIUS中，2D转场组包括13个转场特效，用户可以根据需要选择相应的转场效果应用于视频中。

操作步骤

01 在视频轨中导入两张静态图像，如图7-44所示。

02 展开"特效"面板，在2D转场组中选择"时钟"转场效果，如图7-45所示。

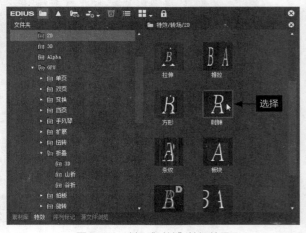

图7-44　导入两张静态图像　　　　　　　　图7-45　选择"时钟"转场效果

在 EDIUS 中，"时钟"转场效果是指素材 A 以时钟旋转的方式运动来显示素材 B，从而形成相应的过渡效果。

03 在该转场效果上，按住鼠标左键并拖曳至视频轨中的两幅图像素材之间，如图7-46所示。

04 释放鼠标左键，即可添加"时钟"转场效果，如图7-47所示。

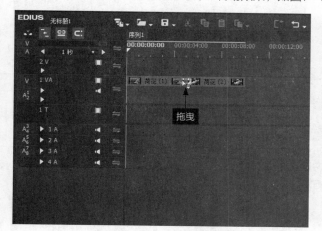

图7-46　拖曳至两幅图像之间

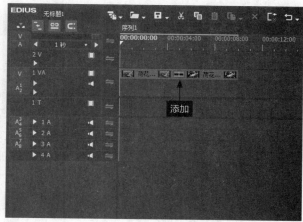

图7-47　添加转场效果

05 单击"播放"按钮，预览"时钟"转场效果，如图7-48所示。

图7-48　预览"时钟"转场效果

实例 083　通过3D特效制作"相伴一生"文件

● **素材文件** ┃ 光盘\素材\第7章\相伴一生1.jpg、相伴一生2.jpg

● **效果文件** ┃ 光盘\效果\第7章\相伴一生.ezp

● **视频文件** ┃ 光盘\视频\第7章\083通过3D特效制作"相伴一生"文件.mp4

● **实例要点** ┃ 通过3D转场组制作3D转场特效。

● **思路分析** ┃ 3D转场组包括13个转场特效，与2D转场不同的是，3D转场效果是在三维空间中运动的。下面介绍应用3D转场特效的操作方法。

┃操作步骤┃

01 在视频轨中导入两张静态图像，如图7-49所示。

02 展开"特效"面板，在3D转场组中选择"双门"转场效果，如图7-50所示。

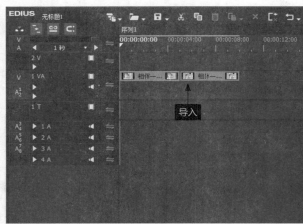

图7-49　导入两张静态图像

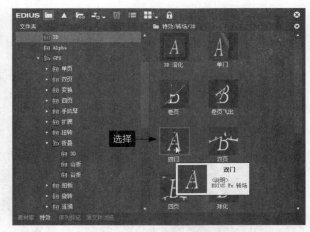

图7-50　选择"双门"转场

03 在该转场效果上，按住鼠标左键并拖曳至视频轨中的两幅图像素材之间，如图7-51所示。

04 释放鼠标左键，即可添加"双门"转场效果，如图7-52所示。

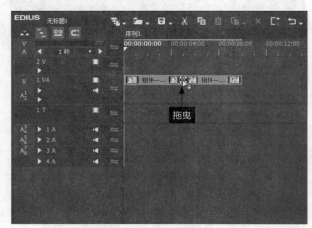

图7-51　拖曳至两幅图像之间

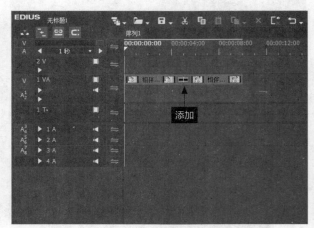

图7-52　添加转场效果

05 单击"播放"按钮，预览"双门"转场效果，如图7-53所示。

图7-53　预览"双门"转场效果

第 07 章　制作精彩转场效果

实例 084　通过单页特效制作"韩国景点"文件

- **素材文件** | 光盘\素材\第7章\韩国景点1.jpg、韩国景点2.jpg
- **效果文件** | 光盘\效果\第7章\韩国景点.ezp
- **视频文件** | 光盘\视频\第7章\084通过单页特效制作"韩国景点"文件.mp4
- **实例要点** | 通过"单页"转场组制作转场效果。
- **思路分析** | 在EDIUS中，"单页"转场效果是指素材A以单页翻入或翻出的方式显示素材B。下面介绍制作单页特效的操作方法。

操作步骤

01 在视频轨中导入两张静态图像，如图7-54所示。

02 展开"特效"面板，在"单页"转场组中选择"3D翻入-从左下"转场效果，如图7-55所示。

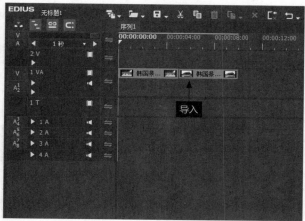
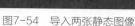

图7-54　导入两张静态图像

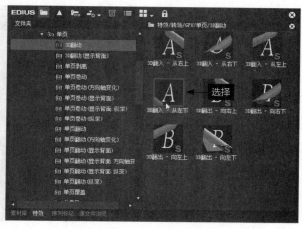

图7-55　选择相应转场效果

> **提示**
>
> 在"单页"转场组中，选择相应的转场效果后，单击鼠标右键，在弹出的快捷菜单中选择"设置为默认特效"选项，即可将选择的转场效果设置为软件默认的转场效果。

03 在该转场效果上，按住鼠标左键并拖曳至视频轨中的两幅图像素材之间，即可添加"3D翻入-从左下"转场效果。单击"播放"按钮，预览"3D翻入-从左下"转场效果，如图7-56所示。

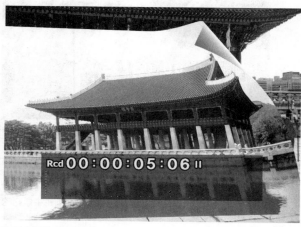

图7-56　预览"3D翻入-从左下"转场效果

• 163 •

实例 085 通过双页特效制作"香水百合"文件

- **素材文件** | 光盘\素材\第7章\香水百合（a）.jpg、香水百合（b）.jpg
- **效果文件** | 光盘\效果\第7章\香水百合.ezp
- **视频文件** | 光盘\视频\第7章\085通过双页特效制作"香水百合"文件.mp4
- **实例要点** | 通过"双页"转场组，制作转场效果。
- **思路分析** | 在EDIUS中，"双页"转场效果是指素材A以双页剥入或剥离的方式显示素材B。下面介绍制作双页转场特效的操作方法。

操作步骤

01 在视频轨中，导入两张静态图像，如图7-57所示。

02 展开"特效"面板，在"双页"转场组中选择"双页卷出（对称.垂直）-2"转场效果，如图7-58所示。

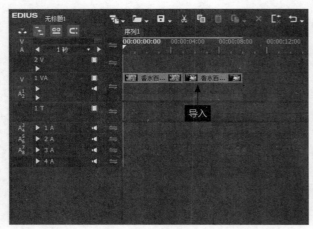
图7-57 导入两张静态图像

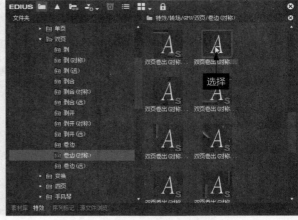
图7-58 选择相应转场效果

03 在该转场效果上，按住鼠标左键并拖曳至视频轨中的两幅图像素材之间，释放鼠标左键，即可添加"双页卷出（对称.垂直）-2"转场效果。单击"播放"按钮，预览转场效果，如图7-59所示。

图7-59 预览"双页卷出（对称.垂直）-2"转场效果

> **提示**
>
> 在"双页"转场组中，选择相应的转场效果后，单击面板上方的"添加到时间线"按钮右侧的下三角按钮，在弹出的列表框中选择"入点"|"中心"选项，即可在视频轨中素材的入点中心位置添加选择的转场效果。

通过四页特效制作"白色的花"文件

- **素材文件**｜光盘\素材\第7章\白色的花1.jpg、白色的花2.jpg
- **效果文件**｜光盘\效果\第7章\白色的花.ezp
- **视频文件**｜光盘\视频\第7章\086通过四页特效制作"白色的花"文件.mp4
- **实例要点**｜通过"四页"转场组制作转场效果。
- **思路分析**｜"四页"转场效果是指素材A以四页卷动或剥离的方式显示素材B。下面介绍制作四页特效的操作方法。

┃操作步骤┃

01 在视频轨中导入两张静态图像，如图7-60所示。

02 展开"特效"面板，在"四页"转场组中选择"四页剥离（纵深）-2"转场效果，如图7-61所示。

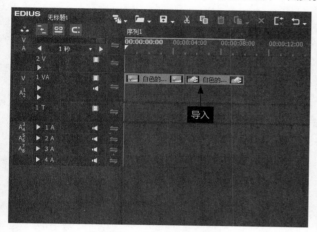

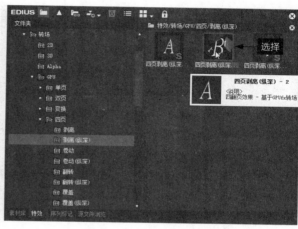

图7-60　导入两张静态图像　　　　　　　　　　　图7-61　选择相应转场效果

03 在该转场效果上，按住鼠标左键并拖曳至视频轨中的两幅图像素材之间，释放鼠标左键，即可添加"四页剥离（纵深）-2"转场效果。单击"播放"按钮，预览"四页剥离（纵深）-2"转场效果，如图7-62所示。

图7-62　预览"四页剥离（纵深）-2"转场效果

提示

在"四页"转场组中选择相应的转场效果后，单击面板上方的"添加到时间线"按钮右侧的下三角按钮，在弹出的列表框中选择"出点"｜"中心"选项，即可在视频轨中素材的出点中心位置添加选择的转场效果。

实 例 087 通过扭转特效制作"午日时分"文件

- 素材文件┃光盘\素材\第7章\午日时分1.jpg、午日时分2.jpg
- 效果文件┃光盘\效果\第7章\午日时分.ezp
- 视频文件┃光盘\视频\第7章\087通过扭转特效制作"午日时分"文件.mp4
- 实例要点┃通过"扭转"转场组，制作转场效果。
- 思路分析┃"扭转"转场效果是指素材A以各种扭转的方式显示素材B。下面介绍制作扭转特效的操作方法。

┃操作步骤┃

01 在视频轨中导入两张静态图像，如图7-63所示。

02 展开"特效"面板，在"扭转"转场组中选择"扭转（环绕）-向上扭转1"转场效果，如图7-64所示。

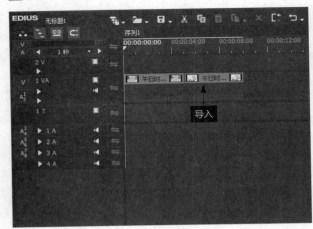

图7-63　导入两张静态图像

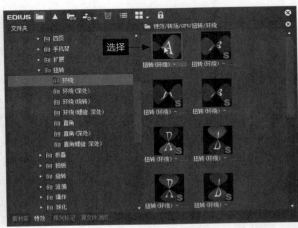

图7-64　选择相应转场效果

03 在该转场效果上，按住鼠标左键并拖曳至视频轨中的两幅图像素材之间，释放鼠标左键，即可添加"扭转（环绕）-向上扭转1"转场效果。单击"播放"按钮，预览"扭转（环绕）-向上扭转1"转场效果，如图7-65所示。

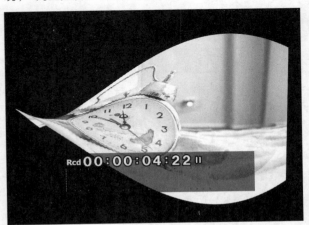
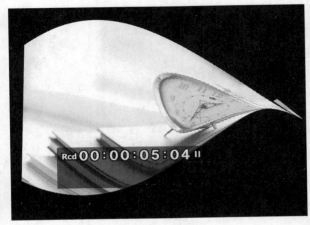

图7-65　预览"扭转（环绕）-向上扭转1"转场效果

提示

在"特效"面板中选择的转场效果上，单击鼠标右键，在弹出的快捷菜单中选择"持续时间"|"转场"选项，弹出"特效持续时间"对话框，在其中可以根据需要设置转场效果的持续时间，单击"确定"按钮，完成持续时间的设置。

实 例
088　**通过旋转特效制作"桃花朵朵"文件**

- **素材文件**｜光盘\素材\第7章\桃花朵朵1.jpg、桃花朵朵2.jpg
- **效果文件**｜光盘\效果\第7章\桃花朵朵.ezp
- **视频文件**｜光盘\视频\第7章\088通过旋转特效制作"桃花朵朵"文件.mp4
- **实例要点**｜通过"旋转"转场组，制作转场效果。
- **思路分析**｜"旋转"转场效果是指素材A以各种旋转运动的方式显示素材B。下面介绍制作旋转特效的操作方法。

┃ 操作步骤 ┃

01 在视频轨中导入两张静态图像，如图7-66所示。

02 展开"特效"面板，在"旋转"转场组中选择"分割旋转转出-顺时针"转场效果，如图7-67所示。

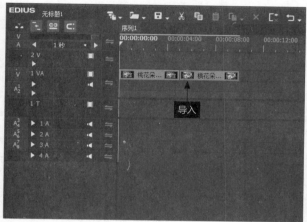

图7-66　导入两张静态图像

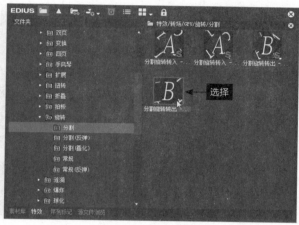

图7-67　选择相应转场效果

> **提示**
>
> 在"特效"面板中的空白位置上单击鼠标右键，在弹出的快捷菜单中选择"导入"选项，弹出"打开"对话框，在其中选择需要导入的转场效果，单击"打开"按钮，即可将选择的转场效果导入"特效"面板中。

03 在该转场效果上，按住鼠标左键并拖曳至视频轨中的两幅图像素材之间，释放鼠标左键，即可添加"分割旋转转出-顺时针"转场效果。单击"播放"按钮，预览"分割旋转转出-顺时针"转场效果，如图7-68所示。

图7-68　预览"分割旋转转出-顺时针"转场效果

实例 089 通过爆炸特效制作"神奇海底"文件

- **素材文件** | 光盘\素材\第7章\神奇海底1.jpg、神奇海底2.jpg
- **效果文件** | 光盘\效果\第7章\神奇海底.ezp
- **视频文件** | 光盘\视频\第7章\089通过爆炸特效制作"神奇海底"文件.mp4
- **实例要点** | 通过"爆炸"转场组，制作转场效果。
- **思路分析** | "爆炸"转场效果是指素材A以各种爆炸运动的方式显示素材B。下面介绍制作爆炸特效的操作方法。

操作步骤

01 在视频轨中，导入两张静态图像，如图7-69所示。

02 展开"特效"面板，在"爆炸"转场组中，选择"爆炸转入3D 1-从左下"转场效果，如图7-70所示。

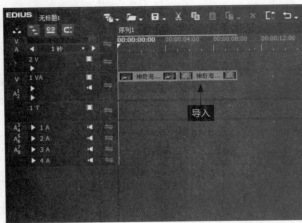

图7-69　导入两张静态图像　　　　　　　　　　图7-70　选择相应转场效果

03 在该转场效果上，按住鼠标左键并拖曳至视频轨中的两幅图像素材之间，释放鼠标左键，即可添加"爆炸转入3D 1-从左下"转场效果。单击"播放"按钮，预览转场效果，如图7-71所示。

图7-71　预览"爆炸转入3D 1-从左下"转场效果

实例 090 通过管状特效制作"婚纱影像"文件

- **素材文件** | 光盘\素材\第7章\婚纱影像1.jpg、婚纱影像2.jpg
- **效果文件** | 光盘\效果\第7章\婚纱影像.ezp

- **视频文件 |** 光盘\视频\第7章\090通过管状特效制作"婚纱影像"文件.mp4
- **实例要点 |** 通过"管状"转场组制作转场效果。
- **思路分析 |** "管状"转场效果是指素材A以各种管状运动的方式显示素材B。下面介绍制作管状特效的操作方法。

┃ 操作步骤 ┃

01 在视频轨中导入两张静态图像，如图7-72所示。

02 展开"特效"面板，在"管状"转场组中，选择"横管出现（淡出.环转）-3"转场效果，如图7-73所示。

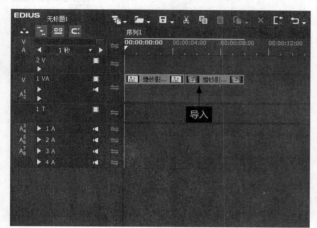

图7-72　导入两张静态图像

图7-73　选择相应转场效果

03 在该转场效果上，按住鼠标左键并拖曳至视频轨中的两幅图像素材之间，释放鼠标左键，即可添加"横管出现（淡出.环转）-3"转场效果。单击"播放"按钮，预览"横管出现（淡出.环转）-3"转场效果，如图7-74所示。

图7-74　预览"横管出现（淡出.环转）-3"转场效果

实例 091　通过SMPTE特效制作"生活留影"文件

- **素材文件 |** 光盘\素材\第7章\生活留影1.jpg、生活留影2.jpg
- **效果文件 |** 光盘\效果\第7章\生活留影.ezp
- **视频文件 |** 光盘\视频\第7章\091通过SMPTE特效制作"生活留影"文件.mp4
- **实例要点 |** 通过"SMPTE"转场组制作转场效果。
- **思路分析 |** SMPTE转场效果的样式非常丰富，而且转场的使用也非常简单，因为它们没有任何设置选项。SMPTE转场组包括10个转场特效素材库，每个特效素材库又包含多个转场特效，用户可根据实际需要进行相应选择。

■ **操作步骤** ┃

01 在视频轨中导入两张静态图像，如图7-75所示。

02 展开"特效"面板，在"SMPTE"转场组中选择"SMPTE 27"转场效果，如图7-76所示。

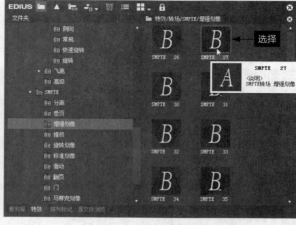

图7-75　导入两张静态图像　　　　　　　　　　　　图7-76　选择相应转场效果

03 在该转场效果上，按住鼠标左键并拖曳至视频轨中的两幅图像素材之间，释放鼠标左键，即可添加"SMPTE 27"转场效果。单击"播放"按钮，预览"SMPTE 27"转场效果，如图7-77所示。

图7-77　预览"SMPTE 27"转场效果

第 08 章

制作视频运动效果

本章重点

通过位置关键帧制作"生如夏花"文件

通过伸展关键帧制作"盛夏光年"文件

通过旋转关键帧制作"欢度五一"文件

通过裁剪图像制作"爱情永恒"文件

通过二维变换制作"电视机广告"文件

通过三维空间变换制作"花儿绽放"文件

视频运动特效是指在原有的视频画面中创建移动、变形和缩放等运动效果。为静态的素材加入适当的运动效果，可以使画面活动起来，显得更加逼真、生动。本章主要介绍影视运动效果的制作方法，希望读者可以熟练掌握本章内容，制作出更多精彩的视频运动特效。

8.1 关键帧运动特效的制作

在EDIUS 8.0中，通过设置关键帧可以创建图层的位置、角度以及缩放动画，还可以创建视频效果的动画。在素材上设置关键帧，先要激活关键帧复选框，然后拖动时间线在不同的时间点设置不同的效果参数值，这样就可以创建运动特效了。本节主要介绍制作关键帧运动特效的操作方法。

实例 092 通过位置关键帧制作"生如夏花"文件

- **素材文件** ┃ 光盘\素材\第8章\生如夏花.ezp
- **效果文件** ┃ 光盘\效果\第8章\生如夏花.ezp
- **视频文件** ┃ 光盘\视频\第8章\092通过位置关键帧制作"生如夏花"文件.mp4
- **实例要点** ┃ 通过改变视频的位置参数制作视频运动特效。
- **思路分析** ┃ 为插入的视频素材制作移动动画特效，可以使视频素材的画面更具有吸引力与欣赏力。

▌操作步骤▐

01 单击"文件"|"打开工程"命令，打开一个工程文件，如图8-1所示。

02 选择2V视频轨中的素材文件，单击"素材"|"视频布局"命令，如图8-2所示。

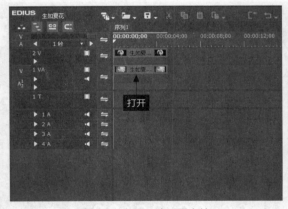

图8-1 打开一个工程文件

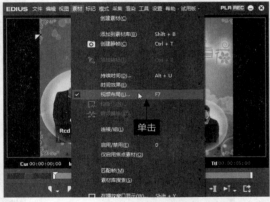

图8-2 单击"视频布局"命令

03 弹出"视频布局"对话框，如图8-3所示。

04 在左上方预览窗口中选择需要调整位置的素材文件，如图8-4所示。

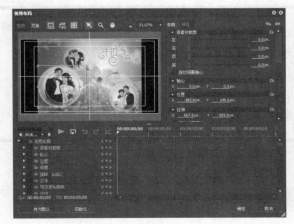

图8-3 弹出"视频布局"对话框

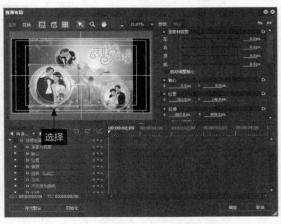

图8-4 选择需要调整位置的素材

05 在右侧"参数"面板的"位置"选项区中，设置"X"为51.8，"Y"为-67.1，如图8-5所示，调整素材的位置属性。

06 在下方的"效果控制"面板中选中"位置"复选框，激活关键帧复选框，然后单击右侧的"添加/删除关键帧"按钮，在开始位置添加一个位置关键帧，如图8-6所示。

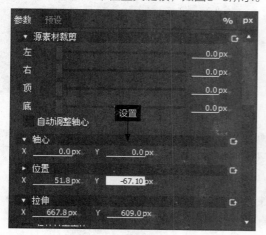
图8-5　设置素材位置属性

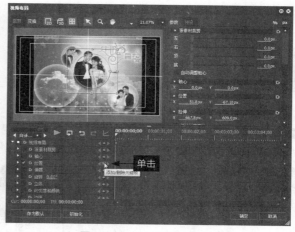
图8-6　添加一个位置关键帧

07 在"效果控制"面板中将时间线移至00:00:02:01位置处，如图8-7所示。

08 在"参数"面板的"位置"选项区中，设置"X""为-21.6"，"Y"为13.60 px，如图8-8所示，调整素材的位置属性。

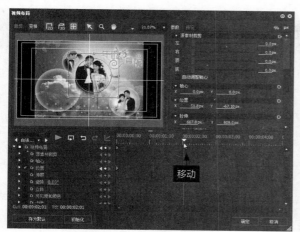
图8-7　移动时间线的位置

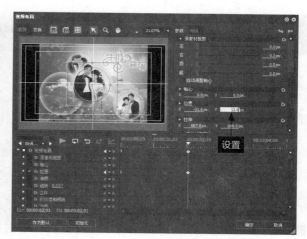
图8-8　设置素材位置属性

09 软件自动在00:00:02:01位置处添加第2个关键帧，如图8-9所示。

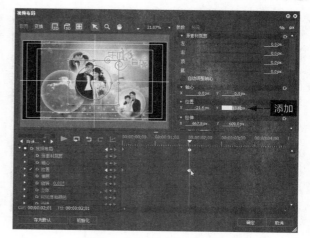
图8-9　添加第2个位置关键帧

10 运动效果制作完成后，单击"确定"按钮，返回
EDIUS工作界面，在"轨道"面板中将时间线移至素
材的开始位置，如图8-10所示。

图8-10 将时间线移至素材的开始位置

11 单击录制窗口下方的
"播放"按钮，预览位置关
键帧运动特效，如图8-11
所示。

图8-11 预览位置关键帧运动特效

实例 093 通过伸展关键帧制作"盛夏光年"文件

● **素材文件** | 光盘\素材\第8章\盛夏光年.ezp

● **效果文件** | 光盘\效果\第8章\盛夏光年.ezp

● **视频文件** | 光盘\视频\第8章\093通过伸展关键帧制作"盛夏光年"文件.mp4

● **实例要点** | 通过改变视频的伸展参数制作视频运动特效。

● **思路分析** | 在EDIUS 8.0中，通过制作伸展关键帧运动特效，可以改变视频画面的大小，从而使画面更加显眼，整个画面
更加协调。

┨ 操作步骤 ┠

01 单击"文件" | "打开工程"命令，打开一个工程文件，如图8-12所示。

02 选择2V视频轨中的素材文件，单击"素材" | "视频布局"命令，如图8-13所示。

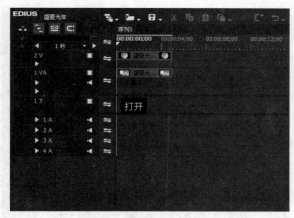
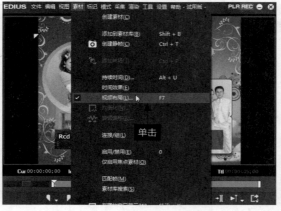

图8-12 打开一个工程文件   图8-13 单击"视频布局"命令

03 弹出"视频布局"对话框,如图8-14所示。

04 在左上方预览窗口中选择需要调整位置的素材文件,如图8-15所示。

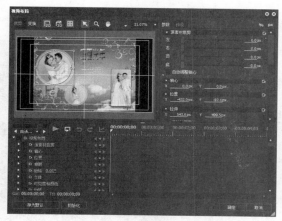

图8-14　弹出"视频布局"对话框

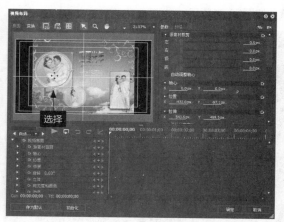

图8-15　选择需要调整位置的素材

05 在右侧"参数"面板的"拉伸"选项区中设置相应参数,如图8-16所示,调整素材的拉伸属性。

06 在下方"效果控制"面板中选中"伸展"复选框,激活关键帧复选框,然后单击右侧的"添加/删除关键帧"按钮,在开始位置添加一个伸展关键帧,如图8-17所示。

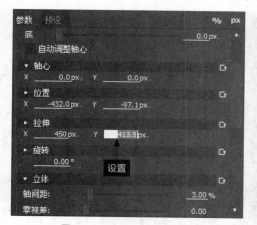

图8-16　设置素材伸展属性

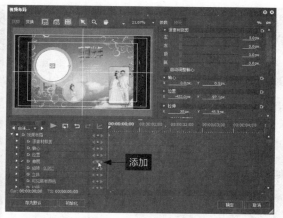

图8-17　添加一个伸展关键帧

07 在"效果控制"面板中将时间线移至00:00:02:10位置处,如图8-18所示。

08 在"参数"面板的"拉伸"选项区中设置相应参数,如图8-19所示,调整素材的拉伸属性。

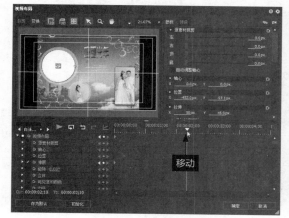

图8-18　移动时间线的位置

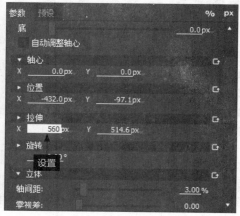

图8-19　设置素材拉伸属性

09 软件自动在00:00:02:10位置处添加第2个拉伸关键帧，如图8-20所示。

10 运动效果制作完成后，单击"确定"按钮，返回EDIUS工作界面，在"轨道"面板中将时间线移至素材的开始位置，如图8-21所示。

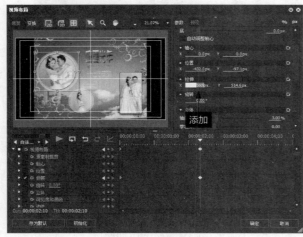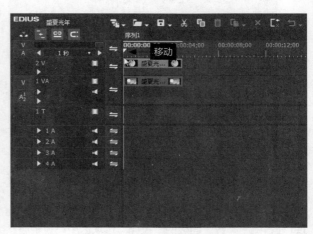

图8-20　添加第2个拉伸关键帧　　　　　　　　　图8-21　将时间线移至素材的开始位置

11 单击录制窗口下方的"播放"按钮，预览拉伸关键帧运动特效，如图8-22所示。

图8-22　预览拉伸关键帧运动特效

实例 094　通过旋转关键帧制作"欢度五一"文件

- **素材文件** | 光盘\素材\第8章\欢度五一.ezp
- **效果文件** | 光盘\效果\第8章\欢度五一.ezp
- **视频文件** | 光盘\视频\第8章\094通过旋转关键帧制作"欢度五一"文件.mp4
- **实例要点** | 通过改变视频的旋转参数制作视频运动特效。
- **思路分析** | 在EDIUS 8.0中，用户可以将视频画面设置为360度旋转，使制作的视频画面更具动感效果。下面介绍制作旋转关键帧运动特效的操作方法。

┤ 操作步骤 ├

01 单击"文件"|"打开工程"命令，打开一个工程文件，如图8-23所示。

02 选择2V视频轨中的素材文件，在"信息"面板的"视频布局"选项上单击鼠标右键，在弹出的快捷菜单中选择"打开设置对话框"选项，如图8-24所示。

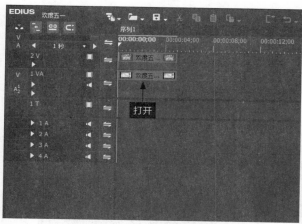

图8-23 打开一个工程文件

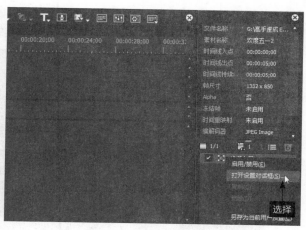

图8-24 选择"打开设置对话框"选项

03 执行操作后,弹出"视频布局"对话框,如图8-25所示。

04 在左上方的预览窗口中,选择需要调整旋转位置的素材文件,如图8-26所示。

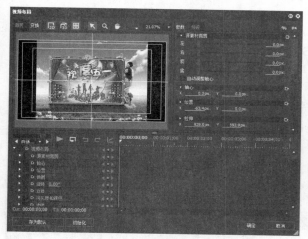

图8-25 弹出"视频布局"对话框

图8-26 选择需要调整旋转位置的素材

05 在右侧"参数"面板的"旋转"选项区中,设置"旋转"为360°,如图8-27所示,调整素材的旋转属性。

06 在下方的"效果控制"面板中,选中"旋转"复选框,激活关键帧复选框☑,然后单击右侧的"添加/删除关键帧"按钮◆,在开始位置添加一个旋转关键帧,如图8-28所示。

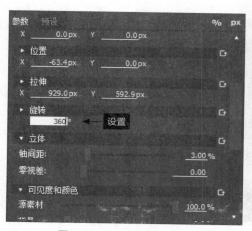

图8-27 设置素材旋转属性

图8-28 添加一个旋转关键帧

07 在"效果控制"面板中将时间线移至00:00:01:15位置处，如图8-29所示。

08 在"参数"选项面板的"旋转"选项区中，设置"旋转"为0，如图8-30所示，调整素材的旋转属性。

图8-29　移动时间线的位置　　　　　　　　　　　图8-30　设置素材旋转属性

09 软件自动在00:00:01:15位置处添加第2个旋转关键帧，如图8-31所示。

10 运动效果制作完成后，单击"确定"按钮，返回EDIUS工作界面，在"轨道"面板中将时间线移至素材的开始位置，如图8-32所示。

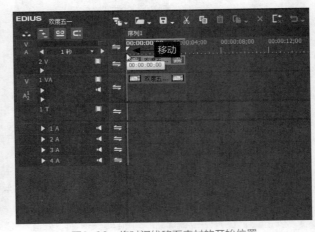

图8-31　添加第2个旋转关键帧　　　　　　　　　图8-32　将时间线移至素材的开始位置

11 单击录制窗口下方的"播放"按钮，预览旋转关键帧运动特效，如图8-33所示。

图8-33　预览旋转关键帧运动特效

实例 095 通过可见度和颜色关键帧制作"天真可爱"文件

- **素材文件** | 光盘\素材\第8章\天真可爱.ezp
- **效果文件** | 光盘\效果\第8章\天真可爱.ezp
- **视频文件** | 光盘\视频\第8章\095通过可见度和颜色关键帧制作"天真可爱"文件.mp4
- **实例要点** | 通过改变视频的可见度和颜色参数制作视频运动特效。
- **思路分析** | 在EDIUS 8.0中,用户可以通过"可见度和颜色"功能,制作视频的淡入淡出特效,使制作的视频画面播放更加流畅。

操作步骤

01 单击"文件"|"打开工程"命令,打开一个工程文件,如图8-34所示。

02 选择2V视频轨中的素材文件,在"信息"面板的"视频布局"选项上单击鼠标右键,在弹出的快捷菜单中选择"打开设置对话框"选项,如图8-35所示。

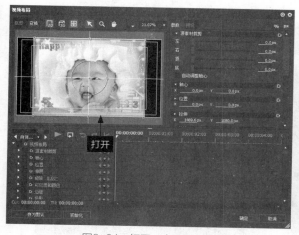

图8-34 打开一个工程文件

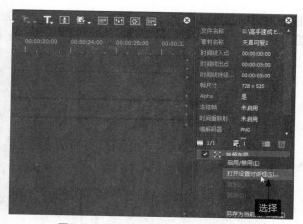

图8-35 选择"打开设置对话框"选项

03 执行操作后,弹出"视频布局"对话框,如图8-36所示。

04 在左上方的预览窗口中,选择需要调整可见度和颜色的素材文件,如图8-37所示。

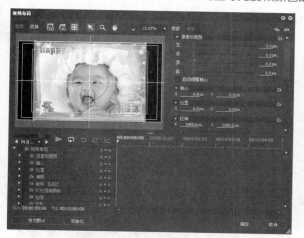

图8-36 弹出"视频布局"对话框

图8-37 选择需要调整可见度和颜色的素材

05 在右侧"参数"面板的"可见度和颜色"选项区中,设置"源素材"为0,如图8-38所示,调整素材的可见度属性。

06 在下方的"效果控制"面板中选中"可见度和颜色"复选框，激活关键帧复选框☑，然后单击右侧的"添加/删除关键帧"按钮◆，在开始位置添加一个可见度和颜色关键帧，如图8-39所示。

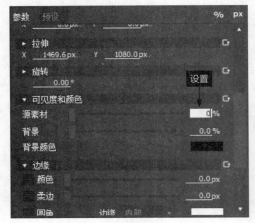

图8-38 设置素材可见度属性

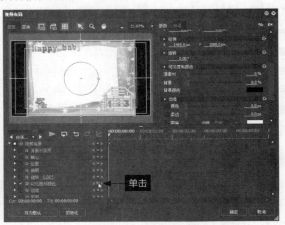

图8-39 添加一个可见度和颜色关键帧

07 在"效果控制"面板中将时间线移至00:00:01:00位置处，如图8-40所示。

08 在"参数"面板的"可见度和颜色"选项区中，设置"源素材"为100%，如图8-41所示，调整素材的可见度属性。

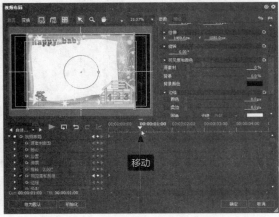

图8-40 移动时间线的位置

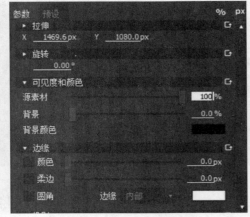

图8-41 设置素材可见度属性

09 软件自动在00:00:01:00位置处添加第2个可见度和颜色关键帧，如图8-42所示。

10 运动效果制作完成后，单击"确定"按钮，返回EDIUS工作界面，在"轨道"面板中将时间线移至素材的开始位置，如图8-43所示。

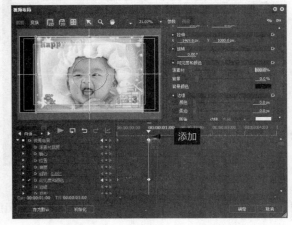

图8-42 添加第2个旋转关键帧

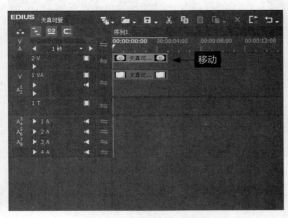

图8-43 将时间线移至素材的开始位置

11 单击录制窗口下方的"播放"按钮，预览可见度和颜色关键帧运动特效，如图8-44所示。

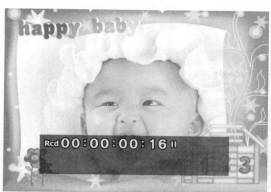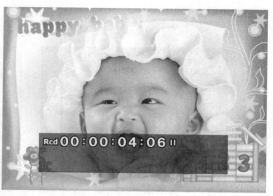

图8-44　预览可见度和颜色关键帧运动特效

8.2　裁剪与变换运动特效的制作

在EDIUS 8.0的"视频布局"对话框中，用户不仅可以通过关键帧制作视频运动特效，还可以对视频画面进行裁剪和变换操作，使制作的视频更加符合用户的需要。本节主要介绍制作裁剪与变换运动特效的操作方法。

实例 096　通过裁剪图像制作"爱情永恒"文件

- **素材文件 |** 光盘\素材\第8章\爱情永恒.ezp
- **效果文件 |** 光盘\效果\第8章\爱情永恒.ezp
- **视频文件 |** 光盘\视频\第8章\096通过裁剪图像制作"爱情永恒"文件.mp4
- **实例要点 |** 通过"裁剪"选项卡制作视频裁剪效果。
- **思路分析 |** 为了构图的需要，有时候用户需要重新裁剪素材的画面。单击"裁剪"选项卡，在预览窗口中直接拖曳裁剪控制框，即可裁剪素材画面，也可以在"参数"面板中设置"左""右""顶"和"底"的裁剪比例来裁剪图像画面。

│ 操作步骤 │

01 单击"文件"|"打开工程"命令，打开一个工程文件，如图8-45所示。

02 选择2V视频轨中的素材文件，在"信息"面板的"视频布局"选项上单击鼠标右键，在弹出的快捷菜单中选择"打开设置对话框"选项，如图8-46所示。

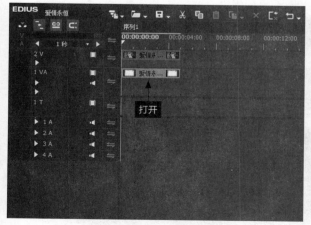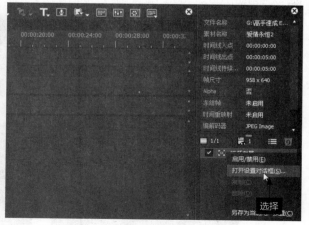

图8-45　打开一个工程文件　　　　图8-46　选择"打开设置对话框"选项

03 执行操作后，弹出"视频布局"对话框，进入"裁剪"选项卡，在"参数"面板的"源素材裁剪"选项区中，设置相应参数，如图8-47所示。

04 执行操作后，预览窗口中显示裁剪控制框，如图8-48所示。

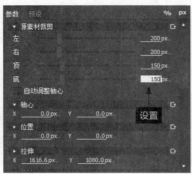

图8-47　设置裁剪各参数

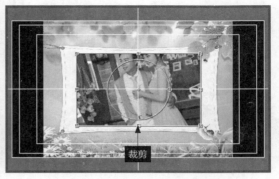

图8-48　预览窗口中显示裁剪控制框

05 在"效果控制"面板中选中"源素材裁剪"复选框，然后单击右侧的"添加/删除关键帧"按钮，添加一个裁剪关键帧，如图8-49所示。

06 在"效果控制"面板中将时间线移至00:00:00:21位置处，如图8-50所示。

图8-49　添加一个裁剪关键帧

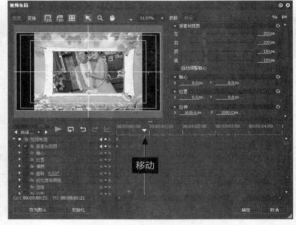

图8-50　移动时间线的位置

07 在"参数"面板的"源素材裁剪"选项区中，设置相应参数，如图8-51所示，设置裁剪比例参数。

08 软件自动在00:00:00:21位置处添加第2个裁剪关键帧，如图8-52所示。

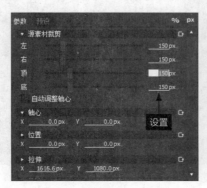

图8-51　设置裁剪比例参数

图8-52　添加第2个裁剪关键帧

09 设置完成后，单击"确定"按钮，单击录制窗口下方的"播放"按钮，预览裁剪运动特效，如图8-53所示。

图8-53　预览裁剪运动特效

实例 097	通过二维变换制作"电视机广告"文件

- **素材文件** ┃ 光盘\素材\第8章\电视机广告.ezp
- **效果文件** ┃ 光盘\效果\第8章\电视机广告.ezp
- **视频文件** ┃ 光盘\视频\第8章\097通过二维变换制作"电视机广告"文件.mp4
- **实例要点** ┃ 通过"变换"选项卡制作视频变换效果。
- **思路分析** ┃ 在EDIUS 8.0中，除了裁剪素材外，对素材的常用操作还有变换。下面介绍对素材进行二维变换的操作方法。

┃ 操作步骤 ┃

01 单击"文件" | "打开工程"命令，打开一个工程文件，如图8-54所示。

02 选择2V视频轨中的素材文件，单击"素材" | "视频布局"命令，如图8-55所示。

图8-54　打开一个工程文件

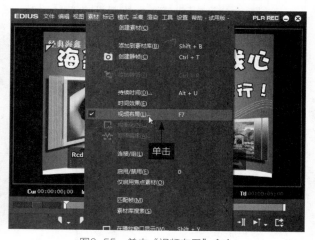

图8-55　单击"视频布局"命令

03 执行操作后，弹出"视频布局"对话框，在上方单击"变换"标签，如图8-56所示，切换至"变换"选项卡。

04 在上方预览窗口中拖曳素材方框四周的控制柄，手动调整素材的大小，变换素材，如图8-57所示。

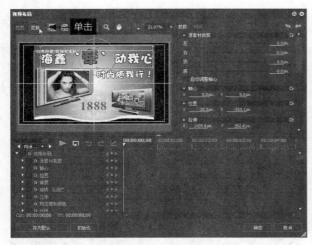

图8-56 单击"变换"标签

图8-57 手动调整素材的大小

05 在上方预览窗口中拖曳素材圆形四周的控制柄，手动调整素材的旋转方向，变换素材，如图8-58所示。

06 在"参数"面板的"投影"选项区中选中"启用投影"复选框，设置"距离"为24.6，如图8-59所示。

图8-58 手动调整素材的旋转方向

图8-59 设置"距离"参数

07 设置完成后，单击"确定"按钮，返回EDIUS工作界面，单击录制窗口下方的"播放"按钮，预览二维变换后的视频画面，效果如图8-60所示。

图8-60 预览二维变换后的视频画面

8.3 通过三维空间变换制作"视频动画"文件

在EDIUS 8.0中，三维变换与二维变换的操作基本相似，只是在位置、轴心和旋转操作上增加了Z轴，具有3个维度供用户调整。本节主要介绍在三维空间中制作视频动画的操作方法，希望读者可以熟练掌握。

通过三维空间变换制作"花儿绽放"文件

- **素材文件** | 光盘\素材\第8章\花儿绽放1.jpg、花儿绽放2.jpg
- **效果文件** | 光盘\效果\第8章\花儿绽放.ezp
- **视频文件** | 光盘\视频\第8章\098通过三维空间变换制作"花儿绽放"文件.mp4
- **实例要点** | 通过"3D模式"按钮，进行三维空间变换操作。
- **思路分析** | 在"视频布局"对话框中，单击"3D模式"按钮 3D，激活三维空间，在预览窗口中可以看到图像的变换轴向与二维空间的不同，在该空间中可以对图像进行三维空间变换。

操作步骤

01 在视频轨中导入两张静态图像，录制窗口中的画面效果如图8-61所示。

02 在视频轨中选择需要进行三维空间变换的素材，如图8-62所示。

图8-61　录制窗口中的画面效果

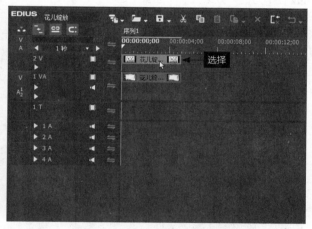

图8-62　选择需要变换的素材文件

03 单击"素材"|"视频布局"命令，弹出"视频布局"对话框，单击上方的"3D模式"按钮，如图8-63所示。

04 执行操作后，进入"3D模式"编辑界面，如图8-64所示。

图8-63　单击"3D模式"按钮

图8-64　进入"3D模式"编辑界面

05 在"参数"面板的"拉伸"选项区中，设置"X"为1000.00px；在"旋转"选项区中，设置"X"为-31.00°，"Y"为15.80°，"Z"为7.60°，如图8-65所示。

06 在"可见度和颜色"选项区中，设置"源素材"为0，如图8-66所示。

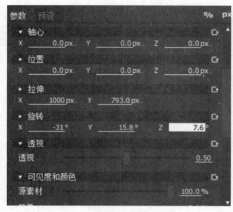

图8-65 设置拉伸和旋转参数

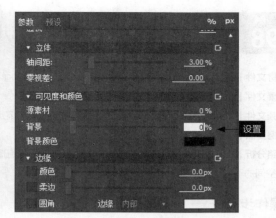

图8-66 设置"源素材"为0

07 在下方的"效果控制"面板中选中"可见度和颜色"复选框，然后单击右侧的"添加/删除关键帧"按钮，添加一个关键帧，如图8-67所示。

08 在"效果控制"面板中将时间线移至00:00:00:25位置处，如图8-68所示。

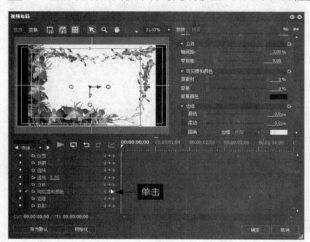

图8-67 添加一个关键帧

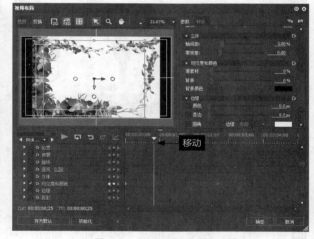

图8-68 移动时间线的位置

09 在"参数"面板的"可见度和颜色"选项区中，设置"源素材"为100.0%，如图8-69所示。

10 软件自动在00:00:00:25位置处添加第2个关键帧，如图8-70所示。

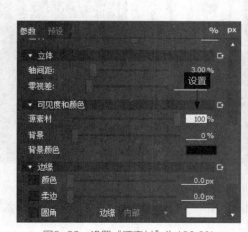

图8-69 设置"源素材"为100.0%

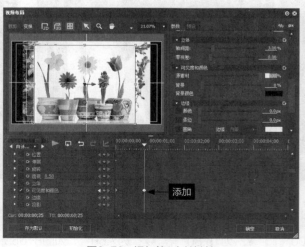

图8-70 添加第2个关键帧

11 设置完成后，单击"确定"按钮，返回EDIUS工作界面，单击录制窗口下方的"播放"按钮，预览三维空间变换后的视频画面，效果如图8-71所示。

图8-71 预览三维空间变换后的视频画面

实例 099 **通过三维空间动画制作"永结同心"文件**

- **素材文件** ┃ 光盘\素材\第8章\永结同心1.jpg、永结同心2.png
- **效果文件** ┃ 光盘\效果\第8章\永结同心.ezp
- **视频文件** ┃ 光盘\视频\第8章\099通过三维空间动画制作"永结同心"文件.mp4
- **实例要点** ┃ 通过"位置"和"拉伸"参数制作三维空间动画。
- **思路分析** ┃ 在"视频布局"对话框的"参数"面板中，各参数值的设置可以用来控制关键帧的动态效果，通过设置素材的位置、旋转以及拉伸参数，可以制作出三维空间动画特效。

┃ 操作步骤 ┃

01 在视频轨中导入两张静态图像，录制窗口中的画面效果如图8-72所示。

02 在视频轨中选择需要制作三维空间动画的素材文件，如图8-73所示。

图8-72 导入两张静态图像

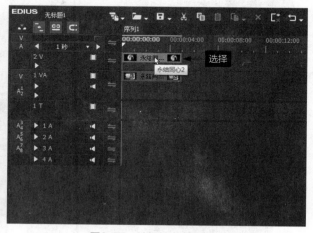

图8-73 选择相应素材文件

03 单击"素材"|"视频布局"命令，如图8-74所示。

04 执行操作后，弹出"视频布局"对话框，进入"3D模式"编辑界面，在"参数"面板的"位置"选项区中，设置"X"为-43.8，"Y"为-47.10；在"拉伸"选项区中，设置相应参数，如图8-75所示。

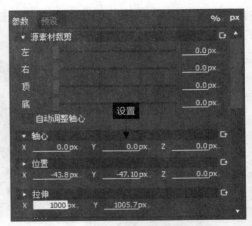

图8-74　单击"视频布局"命令　　　　　　　　　　图8-75　设置位置和拉伸参数

05 在下方"效果控制"面板中选中"位置"和"伸展"复选框，分别单击"添加/删除关键帧"按钮，分别添加一个关键帧，如图8-76所示。

06 在下方的"效果控制"面板中将时间线移至00:00:01:02位置处，如图8-77所示。

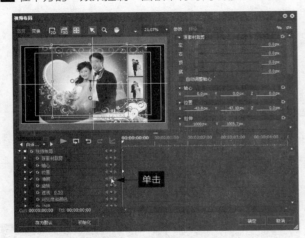

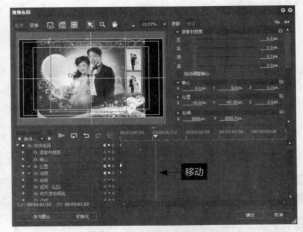

图8-76　分别添加一个关键帧　　　　　　　　　　图8-77　移动时间线的位置

07 在"参数"面板的"位置"和"拉伸"选项区中设置相应参数，如图8-78所示。

08 软件自动在00:00:01:02位置处添加第2个"位置"和"伸展"关键帧，如图8-79所示。

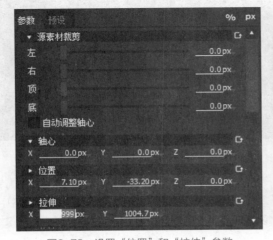

图8-78　设置"位置"和"拉伸"参数　　　　　　　图8-79　添加第2个关键帧

09 在下方的"效果控制"面板中将时间线移至00:00:02:20位置处，如图8-80所示。

10 在"参数"面板的"位置"和"拉伸"选项区中设置相应参数，如图8-81所示。

图8-80　移动时间线的位置

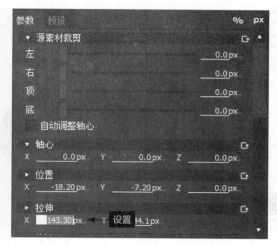

图8-81　设置"位置"和"拉伸"参数

11 软件自动在00:00:02:20位置处添加第3个"位置"和"伸展"关键帧，如图8-82所示。

12 三维空间动画效果制作完成后，单击"确定"按钮，返回EDIUS工作界面，在"轨道"面板中将时间线移至素材的开始位置，如图8-83所示。

图8-82　添加第3个关键帧

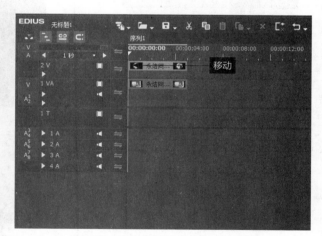

图8-83　将时间线移至素材的开始位置

13 单击录制窗口下方的"播放"按钮，预览三维空间视频动画效果，如图8-84所示。

图8-84　预览三维空间视频动画效果

第  章

制作画面合成效果

在EDIUS工作界面中，用户可以将几个简单的视频画面合成为一个视频画面，使制作的视频内容更加丰富，更具有吸引力。本节主要介绍制作画面合成特效的操作方法，希望读者熟练掌握。

9.1　制作混合模式特效

在EDIUS工作界面中，用户可以使用一些特定的色彩混合算法将两个轨道的视频叠加在一起，这对于某些特效的合成来说非常有效。本节主要介绍运用色彩混合模式制作视频合成特效的操作方法。

实例 100　通过变暗混合模式制作"幸福新娘"文件

- **素材文件** | 光盘\素材\第9章\幸福新娘.ezp
- **效果文件** | 光盘\效果\第9章\幸福新娘.ezp
- **视频文件** | 光盘\视频\第9章\100通过变暗混合模式制作"幸福新娘"文件.mp4
- **实例要点** | 通过"变暗模式"特效合成视频画面。
- **思路分析** | 在EDIUS 8.0中，变暗模式是指取上下两像素中较低的值作为混合后的颜色，总的颜色灰度级降低，形成变暗的效果。

操作步骤

01 单击"文件"|"打开工程"命令，打开一个工程文件，如图9-1所示。

02 在视频轨中选择需要应用"变暗模式"特效的素材，如图9-2所示。

图9-1　打开一个工程文件

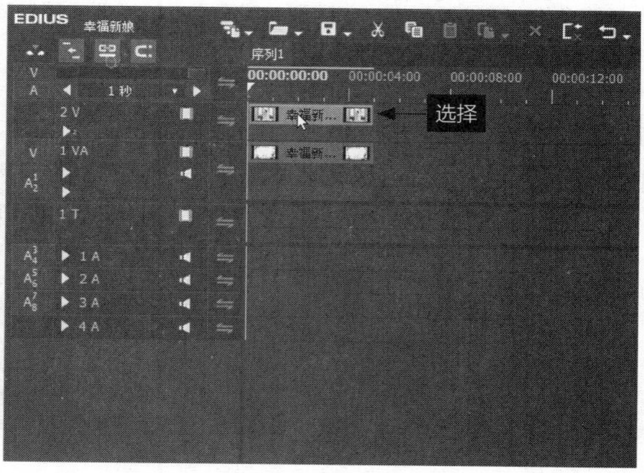

图9-2　选择相应素材文件

03 展开"特效"面板，选择"变暗模式"特效，如图9-3所示。

04 按住鼠标左键并拖曳至视频轨中的图像缩略图下方，如图9-4所示。

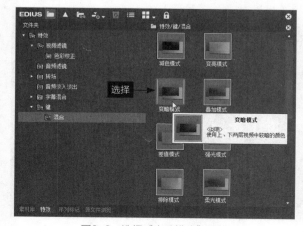

图9-3　选择"变暗模式"特效

图9-4　拖曳至图像缩略图下方

05 释放鼠标左键，即可添加"变暗模式"特效。在录制窗口中预览添加"变暗模式"后的视频效果，如图9-5所示。

图9-5　预览添加特效后的视频画面

实例 101 通过正片叠底模式制作"广告艺术"文件

- **素材文件** | 光盘\素材\第9章\广告背景.jpg、油漆艺术.jpg
- **效果文件** | 光盘\效果\第9章\广告艺术.ezp
- **视频文件** | 光盘\视频\第9章\101通过正片叠底模式制作"广告艺术"文件.mp4
- **实例要点** | 通过"正片叠底"特效合成视频画面。
- **思路分析** | 正片叠底模式应用到一般画面上的主要效果是降低亮度。比较特殊的是，白色与任何背景叠加得到原背景，黑色与任何背景叠加得到黑色。

操作步骤

01 在视频轨中分别导入两张静态图像，如图9-6所示。

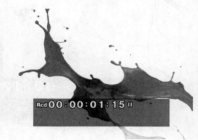

图9-6　分别导入两张静态图像

02 展开"特效"面板，选择"正片叠底"特效，如图9-7所示。

03 在选择的特效上按住鼠标左键并拖曳至视频轨中的图像缩略图下方，如图9-8所示。

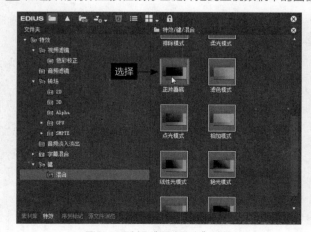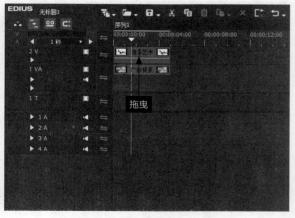

图9-7　选择"正片叠底"特效　　　　图9-8　拖曳至图像缩略图下方

04 释放鼠标左键，即可添加"正片叠底"特效。在录制窗口中预览添加"正片叠底"特效后的视频画面，效果如图9-9所示。

图9-9　预览添加特效后的视频画面

9.2　抠像

在EDIUS 8.0中，通过指定一个特定的色彩进行抠像，对于一些虚拟演播室、虚拟背景的合成非常有用。本节主要介绍抠像的各种操作方法。

实例 102　通过色度键制作"可爱儿童"文件

● **素材文件** | 光盘\素材\第9章\可爱儿童.ezp

● **效果文件** | 光盘\效果\第9章\可爱儿童.ezp

● **视频文件** | 光盘\视频\第9章\102通过色度键制作"可爱儿童"文件.mp4

● **实例要点** | 通过"色度键"特效进行抠像处理。

● **思路分析** | 在"特效"面板中，选择"键"特效组中的"色度键"特效，可以对图像进行色彩的抠像处理。下面介绍运用"色度键"特效抠取图像的操作方法。

┤ **操作步骤** ├

01 单击"文件"|"打开工程"命令，打开一个工程文件，如图9-10所示。

图9-10　打开一个工程文件

02 在"键"特效组中选择"色度键"特效，如图9-11所示。

03 在选择的特效上按住鼠标左键并拖曳至视频轨中图像缩略图下方，如图9-12所示，为素材添加"色度键"特效。

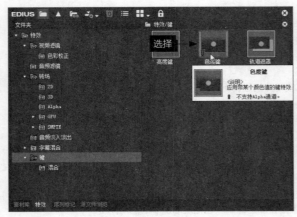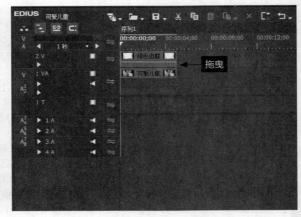

图9-11　选择"色度键"特效　　　　　　　　　　　图9-12　为素材添加"色度键"特效

04 在"信息"面板中选择"色度键"特效，单击鼠标右键，在弹出的快捷菜单中选择"打开设置对话框"选项，如图9-13所示。

05 执行操作后，弹出"色度键"对话框，如图9-14所示。

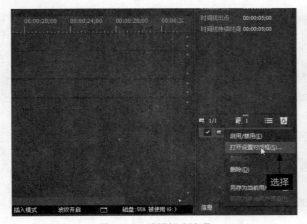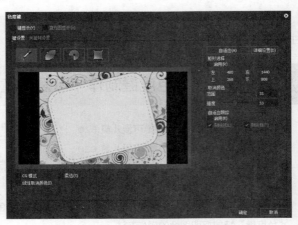

图9-13　选择相应选项　　　　　　　　　　　　　图9-14　弹出"色度键"对话框

06 将鼠标指针移至对话框中的预览窗口内，在图像中的适当位置上单击，获取图像颜色，如图9-15所示。

07 单击"确定"按钮，完成图像的抠图操作，在录制窗口中预览抠取的图像画面效果，如图9-16所示。

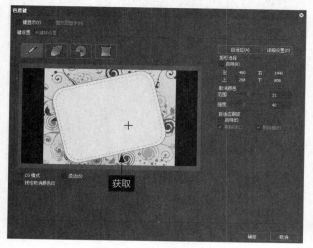

图9-15　获取图像的颜色

图9-16　预览抠取的图像效果

实　例
103　通过亮度键制作"商场广告"文件

- **素材文件** ┃ 光盘\素材\第9章\商场广告1.jpg、商场广告2.jpg
- **效果文件** ┃ 光盘\效果\第9章\商场广告.ezp
- **视频文件** ┃ 光盘\视频\第9章\103通过亮度键制作"商场广告"文件.mp4
- **实例要点** ┃ 通过"亮度键"特效进行抠像处理。
- **思路分析** ┃ 在EDIUS 8.0中，除了针对色彩抠像的"色度键"特效外，在某些场景中使用对象的亮度信息能得到更为清晰准确的遮罩范围。

┃ 操作步骤 ┃

01 在视频轨中分别导入两张静态图像，如图9-17所示。

图9-17　导入两张静态图像

02 在"键"特效组中选择"亮度键"特效，如图9-18所示。

03 单击鼠标左键并拖曳至视频轨中的素材上，如图9-19所示，为素材添加"亮度键"特效。

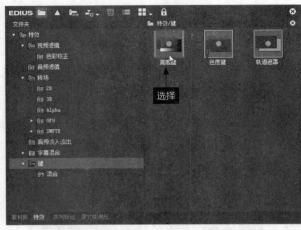

图9-18　选择"亮度键"特效

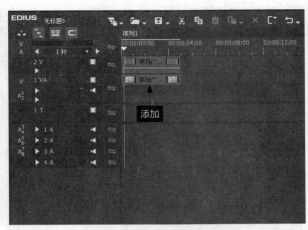

图9-19　为素材添加"亮度键"特效

04 在"信息"面板中的"亮度键"特效上双击左键，弹出"亮度键"对话框，在其中设置"亮度上限"为60，"过渡"为195，如图9-20所示。

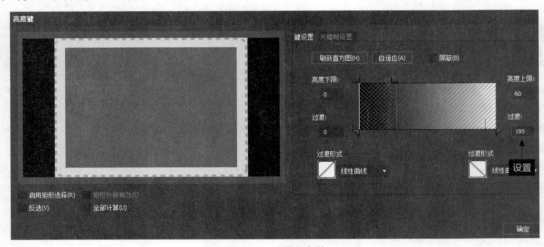

图9-20　设置各参数

05 设置完成后，单击"确定"按钮，完成图像的抠图操作，在录制窗口中预览抠取的图像效果，如图9-21所示。

图9-21　预览抠取的图像效果

> **提示**
>
> 在"亮度键"对话框中，各选项含义如下。
> ➤ "启用矩形选择"复选框：设置亮度键的范围，范围以外的部分完全透明，选中该复选框后，仅在范围之内应用"亮度键"特效。
> ➤ "反选"复选框：选中该复选框，将反转应用亮度键的范围，反转视频画面遮罩效果。
> ➤ "全部计算"复选框：选中该复选框，将计算"矩形外部有效"指定范围以外的范围。
> ➤ "自适应"按钮：单击该按钮，EDIUS 将对用户所设置的亮度范围自动进行匹配和修饰。
> ➤ "过渡形式"列表框：在该列表框中，可以选择过渡区域衰减的曲线形式。

9.3 遮罩

在EDIUS 8.0中，手绘遮罩经常用来以各种形状对视频或图像进行裁切操作，实现视频的叠加效果。手绘遮罩是常用的视频特效之一，在"遮罩"面板中包含多种绘制工具，可以绘制矩形、圆形以及自由形状的遮罩样式，设置遮罩的柔和边缘以及可见度等属性，从而实现视频的遮罩特效。

实 例 **104**	通过创建遮罩制作"海边美景"文件

- **素材文件**｜光盘\素材\第9章\海边美景1.jpg、海边美景2.jpg
- **效果文件**｜光盘\效果\第9章\海边美景.ezp
- **视频文件**｜光盘\视频\第9章\104通过创建遮罩制作"海边美景"文件.mp4
- **实例要点**｜通过"手绘遮罩"滤镜创建遮罩效果。
- **思路分析**｜在EDIUS工作界面中，主要通过"手绘遮罩"滤镜创建视频遮罩特效。下面介绍创建遮罩效果的操作方法。

▍操作步骤 ▍

01 在视频轨中分别导入两张静态图像，如图9-22所示。

图9-22　分别导入两张静态图像

02 在"视频滤镜"滤镜组中选择"手绘遮罩"滤镜效果，如图9-23所示。

03 将该滤镜效果拖曳至视频轨中的素材上方，如图9-24所示，添加滤镜。

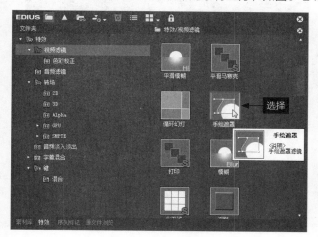 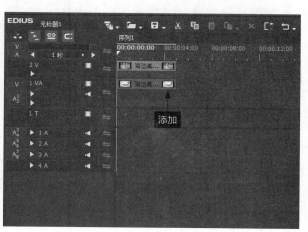

图9-23　选择滤镜效果　　　　　　　　　　　　图9-24　添加滤镜效果

04 在"信息"面板中选择添加的"手绘遮罩"滤镜效果，单击鼠标右键，在弹出的快捷菜单中选择"打开设置对话框"选项，如图9-25所示。

05 弹出"手绘遮罩"对话框，单击"绘制矩形"按钮，如图9-26所示。

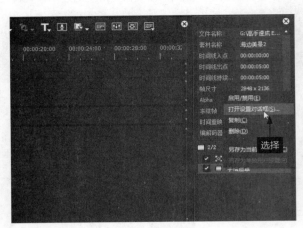

图9-25　选择相应选项

图9-26　单击"绘制矩形"按钮

06 在中间的预览窗口中按住鼠标左键并拖曳，绘制一个矩形遮罩形状，如图9-27所示。

07 在右侧的"外部"选项区中，设置"可见度"为0，选中"滤镜"复选框；在"边缘"选项区中，选中"柔化"复选框，设置"宽度"为110.0 px，如图9-28所示。

图9-27　绘制一个矩形遮罩形状

图9-28　设置各参数

08 设置完成后，单击"确定"按钮，返回EDIUS工作界面，在录制窗口中查看创建遮罩后的视频画面效果，如图9-29所示。

图9-29　查看创建遮罩后的视频画面效果

实例 105　通过轨道遮罩制作"玩球小子"文件

- **素材文件｜**光盘\素材\第9章\玩球小子.jpg、玫瑰边框.jpg
- **效果文件｜**光盘\效果\第9章\玩球小子.ezp
- **视频文件｜**光盘\视频\第9章\105通过轨道遮罩制作"玩球小子"文件.mp4
- **实例要点｜**通过"轨道遮罩"特效创建遮罩效果。
- **思路分析｜**在EDIUS 8.0中，轨道遮罩也称为轨道蒙版，其作用是通过Alpha通道创建原始素材的遮罩蒙版效果。

┤操作步骤├

01 在视频轨中分别导入两张静态图像，如图9-30所示。

图9-30　分别导入两张静态图像

02 在"键"特效组中选择"轨道遮罩"特效，如图9-31所示。

03 将该特效添加至视频轨中的素材下方，如图9-32所示。

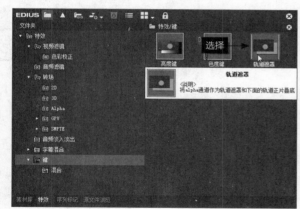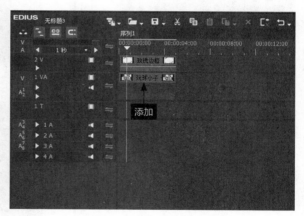

图9-31　选择"轨道遮罩"特效　　　　图9-32　添加至素材下方

04 在录制窗口中预览添加轨道蒙版后的视频遮罩效果，如图9-33所示。

图9-33　预览添加轨道蒙版后的视频遮罩效果

制作广告字幕效果

如今，在各种各样的影视广告中，字幕的应用越来越频繁。这些精美的字幕不仅能够起到为影视增色的目的，还能够直接向观众传递影视信息或制作理念。字幕是现代视频中的重要组成部分，可以使观众能够更好地理解视频的含义。本章主要介绍制作标题字幕的操作方法。

10.1 单个与多个标题字幕的创建

在EDIUS 8.0中，标题字幕是视频中必不可少的元素，好的标题不仅可以传送画面以外的信息，还可以增强视频的艺术效果。为视频设置漂亮的标题字幕，可以使视频更具有吸引力和感染力。

实例 106 通过创建单个标题字幕制作"电商时代"文件

- **素材文件** | 光盘\素材\第10章\电商时代.jpg
- **效果文件** | 光盘\效果\第10章\电商时代.ezp
- **视频文件** | 光盘\视频\第10章\106通过创建单个标题字幕制作"电商时代"文件.mp4
- **实例要点** | 通过横向文本工具制作单个标题字幕。
- **思路分析** | 在各种影视画面中，字幕是不可缺少的一个重要组成部分，起着解释画面、补充内容的作用，有画龙点睛之效。

┃操作步骤┃

01 在视频轨中导入一张静态图像，如图10-1所示。

02 在"轨道"面板上方单击"创建字幕"按钮，在弹出的列表框中选择"在1T轨道上创建字幕"选项，如图10-2所示。

> **提示**
>
> 字幕窗口左侧工具箱中各工具的含义如下。
> - 选择对象工具：使用该工具，可以选择预览窗口中的字幕对象。
> - 横向文本工具：使用该工具，可以在预览窗口中的适当位置创建横向文本内容。
> - 图像工具：使用该工具，可以在预览窗口中创建各种类型的图形对象，丰富视频画面。
> - 矩形工具：使用该工具，可以在预览窗口中创建矩形图形。
> - 椭圆形工具：使用该工具，可以在预览窗口中创建椭圆形图形。
> - 等腰三角形工具：使用该工具，可以在预览窗口中创建等腰三角形。
> - 线性工具：使用该工具，可以在预览窗口中创建相应线性图形。

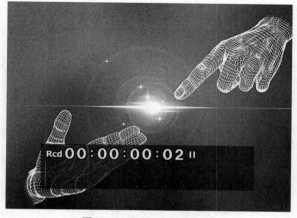

图10-1 导入一张静态图像

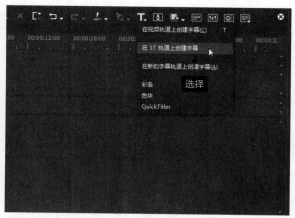

图10-2 选择相应的选项

03 执行操作后，打开字幕窗口，如图10-3所示。

04 在左侧的工具箱中选取横向文本工具，如图10-4所示。

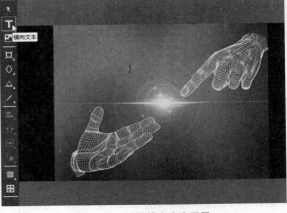

图10-3　打开字幕窗口　　　　　　　　　　　　图10-4　选取横向文本工具

05 在预览窗口中的适当位置双击，定位光标位置，输入相应文本内容，如图10-5所示。

06 在"文本属性"面板中根据需要设置文本的相应属性，如图10-6所示。

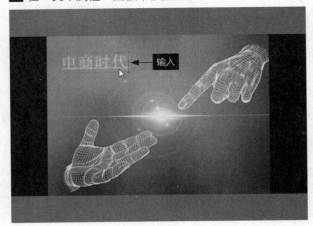

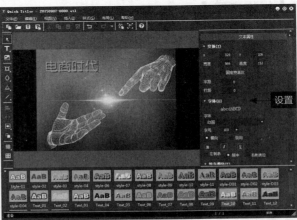

图10-5　输入相应文本内容　　　　　　　　　　图10-6　设置文本的相应属性

07 单击字幕窗口上方的"保存"按钮🖫，保存字幕，退出字幕窗口。在录制窗口中单击"播放"按钮，预览制作的标题字幕效果，如图10-7所示。

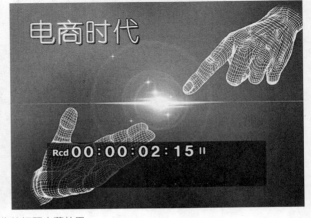

图10-7　预览制作的标题字幕效果

提示

在字幕窗口左侧的工具箱中，按住横向文本工具不放，即可弹出隐藏的其他文本工具，还可以选取纵向文本工具，在预览窗口中输入纵向文本内容。

实例 107　通过创建模版标题字幕制作"珠宝广告"文件

- **素材文件** | 光盘\素材\第10章\珠宝广告.ezp
- **效果文件** | 光盘\效果\第10章\珠宝广告.ezp
- **视频文件** | 光盘\视频\第10章\107通过创建模版标题字幕制作"珠宝广告"文件.mp4
- **实例要点** | 双击字幕模板，即可应用字幕模版样式。
- **思路分析** | EDIUS 8.0的字幕窗口提供了丰富的预设标题样式，用户可以直接应用现有的标题模版样式创建各种标题字幕。

操作步骤

01 单击"文件"|"打开工程"命令，打开一个工程文件，如图10-8所示。

02 展开"素材库"面板中，在其中选择需要创建模版标题的字幕对象，如图10-9所示。

图10-8　打开一个工程文件

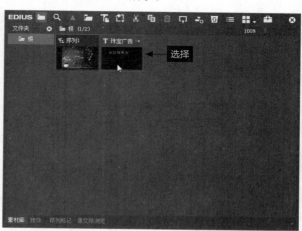

图10-9　选择相应字幕对象

03 在选择的字幕对象上双击，打开字幕窗口，在左侧的工具箱中选取选择对象工具，在预览窗口中选择相应文本对象，如图10-10所示。

提示

在 EDIUS 8.0 中，用户还可以通过以下 3 种方法打开字幕窗口。

➤ **快捷键**：按【Ctrl + Enter】组合键，即可打开字幕窗口。

➤ **双击**：在 1T 字幕轨道中双击需要编辑的字幕对象，即可打开字幕窗口。

➤ **选项**：在"素材库"面板中选择需要编辑的标题字幕，单击鼠标右键，在弹出的快捷菜单中选择"编辑"选项，即可打开字幕窗口。

图10-10　选择相应文本对象

04 在字幕窗口的下方选择需要应用的标题字幕模版，在选择的模版上双击，如图10-11所示，应用标题字幕模版。

05 在预览窗口中拖曳标题字幕四周的控制柄，调整标题字幕的大小，并调整标题字幕的显示位置与字体，如图10-12所示。

06 设置完成后，单击字幕窗口上方的"保存"按钮，如图10-13所示，退出字幕窗口。

提示

在 EDIUS 的字幕窗口中编辑完标题字幕后，按【Ctrl + S】组合键，也可以保存字幕文件并退出字幕窗口。

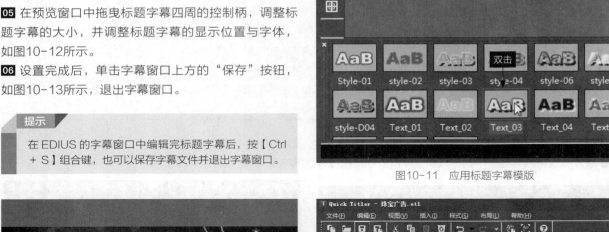

图10-11 应用标题字幕模版

图10-12 调整标题字幕的大小

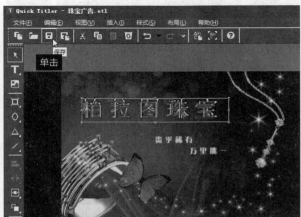

图10-13 单击上方的"保存"按钮

07 在录制窗口中预览应用标题字幕模版后的画面效果，如图10-14所示。

图10-14 预览应用标题字幕模版后的画面效果

实例 108 通过创建多个标题字幕制作"汽车广告"文件

● 素材文件 | 光盘\素材\第10章\汽车广告.jpg

● **效果文件 |** 光盘\效果\第10章\汽车广告.ezp
● **视频文件 |** 光盘\视频\第10章\108通过创建多个标题字幕制作"汽车广告"文件.mp4
● **实例要点 |** 通过"在新的字幕轨道上创建字幕"选项创建多个标题字幕。
● **思路分析 |** 在EDIUS 8.0中，用户可以根据需要在字幕轨道中创建多个标题字幕，使制作的字幕效果更加符合用户的需求。

┃ 操作步骤 ┃

01 在视频轨中导入一张静态图像，如图10-15所示。

02 在"轨道"面板上方单击"创建字幕"按钮 **T.**，在弹出的列表框中选择"在1T轨道上创建字幕"选项，如图10-16所示。

> **提示**
>
> 在"轨道"面板上方单击"创建字幕"按钮，在弹出的列表框中选择"在视频轨道上创建字幕"选项，即可在视频轨道上创建字幕，而不是在 1T 轨道上创建字幕。

图10-15　导入一张静态图像

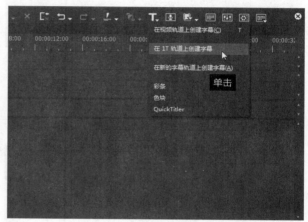

图10-16　选择相应的选项

03 执行操作后，打开字幕窗口，选取工具箱中的横向文本工具，在预览窗口中的适当位置输入相应文本内容。在"文本属性"面板的"变换"选项区中，设置"X"为378，"Y"为80，"字距"为50；在"字体"选项区中，设置"字体"为"创艺简标宋"，"字号"为60；在"填充颜色"选项区中，设置"颜色"为黑色。设置完成后，字幕窗口中的字幕效果如图10-17所示。

04 单击字幕窗口上方的"保存"按钮，保存字幕效果，退出字幕窗口，在1T字幕轨道中显示了刚创建的标题字幕，如图10-18所示。

图10-17　字幕窗口中的字幕效果

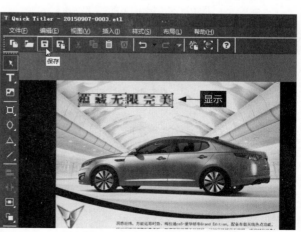

图10-18　显示刚创建的标题字幕

05 确定时间线在视频轨中的开始位置，在"轨道"面板上方单击"创建字幕"按钮 **T.**，在弹出的列表框中选择"在新的字幕轨道上创建字幕"选项，如图10-19所示。

06 打开字幕窗口，运用横向文本工具，在预览窗口中的适当位置输入相应文本内容，在"文本属性"面板中，设置文本的相应属性，此时字幕窗口中的文本效果如图10-20所示。

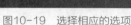

图10-19 选择相应的选项

图10-20 创建的字幕效果

07 单击字幕窗口上方的"保存"按钮，保存字幕效果，退出字幕窗口。在2T字幕轨道中显示了刚创建的第2个标题字幕，如图10-21所示。

08 在"素材库"面板中显示了创建的两个标题字幕文件，如图10-22所示。

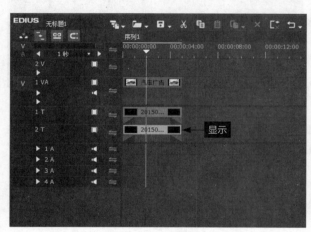

图10-21 显示创建的字幕

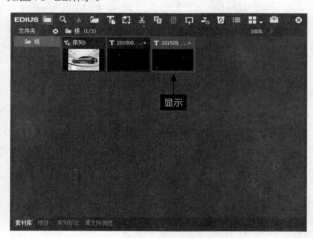

图10-22 显示创建的两个标题字幕

09 单击"播放"按钮，预览创建的多个标题字幕，效果如图10-23所示。

图10-23 预览创建的多个标题字幕

10.2 标题字幕文本属性的编辑

EDIUS 8.0中的字幕编辑功能与Word等文字处理软件相似，提供了较为完善的字幕编辑和设置功能，用户可以对字幕对象进行编辑和美化操作。本节主要介绍编辑标题字幕属性的各种操作方法。

实例 109 通过变换标题字幕制作“方圆天下”文件

- **素材文件** | 光盘\素材\第10章\方圆天下.ezp
- **效果文件** | 光盘\效果\第10章\方圆天下.ezp
- **视频文件** | 光盘\视频\第10章\109通过变换标题字幕制作“方圆天下”文件.mp4
- **实例要点** | 通过“变换”选项区变换标题字幕。
- **思路分析** | 在字幕窗口中，变换标题字幕是指调整标题字幕在视频中的X轴和Y轴的位置，以及字幕的宽度与高度等属性，使制作的标题字幕更加符合用户的需求。

操作步骤

01 单击“文件”|“打开工程”命令，打开一个工程文件，如图10-24所示。

02 在1T字幕轨道中选择需要变换的标题字幕，如图10-25所示。

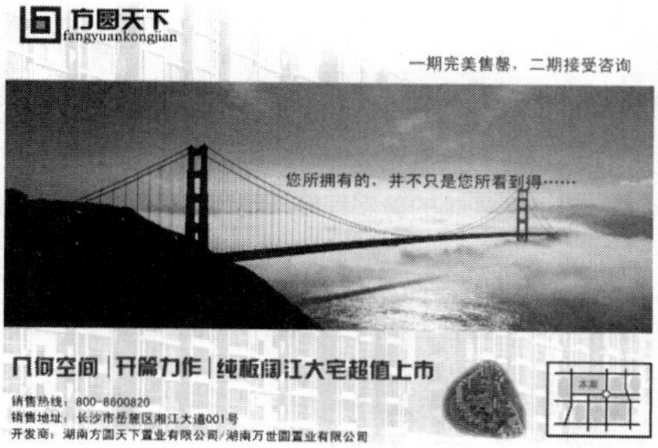

图10-24　打开一个工程文件

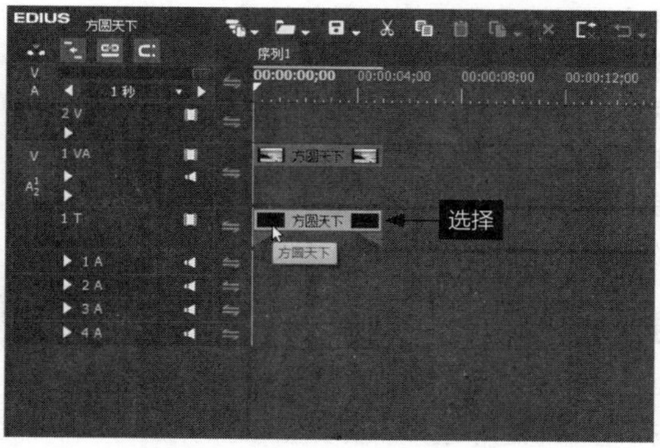

图10-25　在轨道中选择字幕

> **提示**
>
> 在字幕窗口的预览窗口中，用户还可以运用选择对象工具，通过鼠标拖曳的方式，变换标题字幕的摆放位置，使制作的标题字幕更加美观。

03 在选择的标题字幕上双击，打开字幕窗口，运用选择对象工具，在预览窗口中选择需要变换的标题字幕内容，如图10-26所示。

04 在“文本属性”面板的“变换”选项区中，设置“X”为408，“Y”为261，如图10-27所示，变换文本内容。

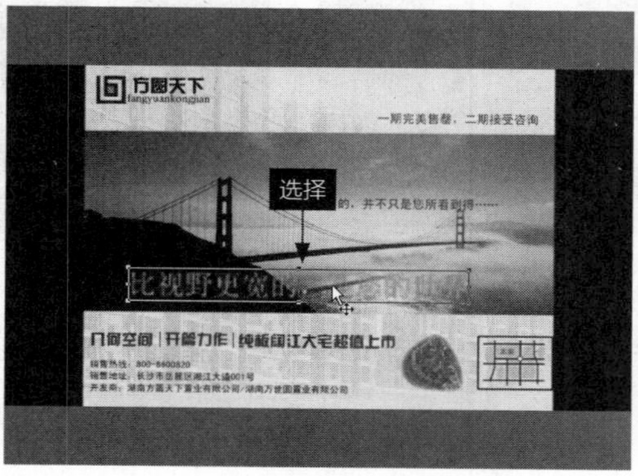

图10-26　在预览窗口中选择字幕

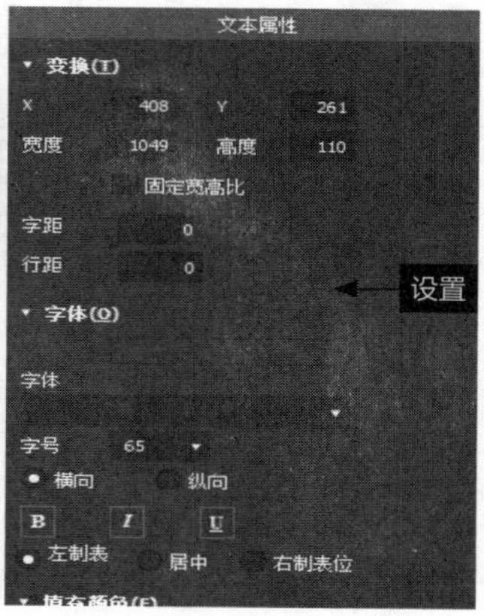

图10-27　设置各参数

05 单击字幕窗口上方的"保存"按钮，保存更改后的标题字幕，退出字幕窗口，将时间线移至素材的开始位置，单击"播放"按钮，预览变换标题字幕后的视频效果，如图10-28所示。

图10-28 预览变换标题字幕后的视频效果

实例 110 通过设置字幕间距制作"情定一生"文件

- **素材文件** ┃ 光盘\素材\第10章\情定一生.ezp
- **效果文件** ┃ 光盘\效果\第10章\情定一生.ezp
- **视频文件** ┃ 光盘\视频\第10章\110通过设置字幕间距制作"情定一生"文件.mp4
- **实例要点** ┃ 通过"字距"数值框设置字幕间距。
- **思路分析** ┃ 在EDIUS工作界面中，如果制作的标题字幕太过紧凑，影响了视频的美观程度，则可以调整字幕的间距，使制作的标题字幕变得宽松。

┃ 操作步骤 ┃

01 单击"文件"|"打开工程"命令，打开一个工程文件，如图10-29所示。

02 在1T字幕轨道中选择需要设置间距的标题字幕，如图10-30所示。

图10-29 打开一个工程文件

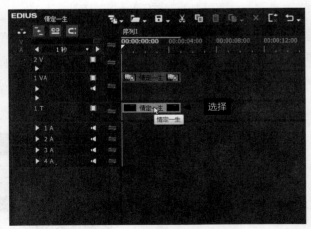

图10-30 在轨道中选择字幕

03 在选择的标题字幕上双击，打开字幕窗口，运用选择对象工具，在预览窗口中选择需要设置间距的标题字幕内容，如图10-31所示。

04 在"文本属性"面板中设置"字距"为50，如图10-32所示。

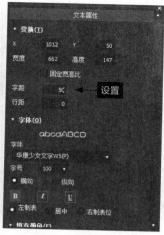

图10-31　在预览窗口中选择字幕　　　　　　　　　　图10-32　设置字幕间距

05 设置完成后，单击"保存"按钮，退出字幕窗口，单击"播放"按钮，预览设置标题字幕间距后的视频效果，如图10-33所示。

图10-33　预览设置标题字幕间距后的视频效果

> **提示**
>
> EDIUS 都会为在"轨道"面板中创建的字幕效果默认添加淡入淡出特效，使制作的字幕效果与视频融合在一起，保持画面的流畅程度。

实例 111　通过设置字幕行距制作"幸福真爱"文件

- **素材文件**｜光盘\素材\第10章\幸福真爱.ezp
- **效果文件**｜光盘\效果\第10章\幸福真爱.ezp
- **视频文件**｜光盘\视频\第10章\111通过设置字幕行距制作"幸福真爱"文件.mp4
- **实例要点**｜通过"行距"数值框设置字幕行距。
- **思路分析**｜在EDIUS工作界面中，用户可以根据需要调整字幕的行距，使制作的字幕更加美观。下面介绍设置字幕行距的操作方法。

┃操作步骤┃

01 单击"文件"｜"打开工程"命令，打开一个工程文件，如图10-34所示。

02 在1T字幕轨道中选择需要设置行距的标题字幕，如图10-35所示。

图10-34　打开一个工程文件

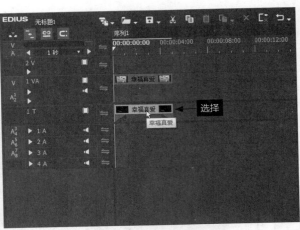

图10-35　在轨道中选择字幕

03 在选择的标题字幕上双击，打开字幕窗口，运用选择对象工具 ![arrow]，在预览窗口中选择需要设置行距的标题字幕内容，如图10-36所示。

04 在"文本属性"面板中设置"行距"为80，如图10-37所示。

图10-36　在预览窗口中选择字幕

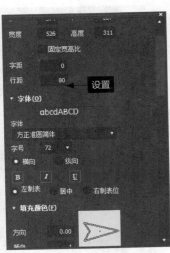

图10-37　设置字幕行距

05 设置完成后，单击"保存"按钮，退出字幕窗口。单击"播放"按钮，预览设置标题字幕行距后的视频效果，如图10-38所示。

图10-38　预览设置标题字幕行距后的视频效果

实　例
112
通过设置字体类型制作"书的魅力"文件

- **素材文件**｜光盘\素材\第10章\书的魅力.ezp
- **效果文件**｜光盘\效果\第10章\书的魅力.ezp
- **视频文件**｜光盘\视频\第10章\112通过设置字体类型制作"书的魅力"文件.mp4
- **实例要点**｜通过"字体"列表框设置字体类型。
- **思路分析**｜创建的字幕效果的默认字体类型为宋体，如果觉得创建的字体类型不美观，或者不能满足用户的需求，则可以更改字体类型，使制作的标题字幕更符合要求。

▌操作步骤▐

01 单击"文件"｜"打开工程"命令，打开一个工程文件，如图10-39所示。

02 在1T字幕轨道中选择需要设置字体类型的标题字幕，如图10-40所示。

图10-39　打开一个工程文件

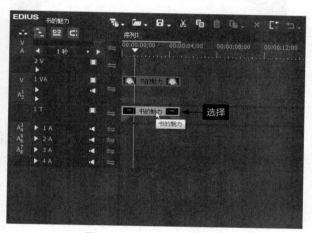

图10-40　在轨道中选择字幕

03 在选择的标题字幕上双击，打开字幕窗口，运用选择对象工具▐ ，在预览窗口中选择需要设置字体类型的标题字幕内容，如图10-41所示。

04 在"文本属性"面板中单击"字体"右侧的下三角按钮，在弹出的列表框中选择"方正流行简体"选项，如图10-42所示，设置标题字幕的字体类型。

图10-41　在预览窗口中选择字幕

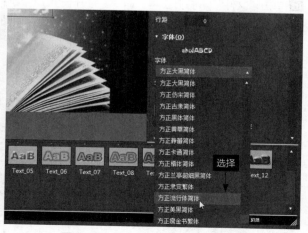

图10-42　选择"方正流行简体"选项

提示

有些文本既包含中文汉字，又包含英文字母，系统默认状态下，当用户选择一种英文字体并改变选中文本的字体时，只改变其中的西文字符；选择一种中文字体改变字体后，则中文和英文都会发生变化。

05 设置完成后，单击"保存"按钮，退出字幕窗口。单击"播放"按钮，预览设置标题字幕字体类型后的视频效果，如图10-43所示。

图10-43　预览设置标题字幕字体类型后的视频效果

实例 113 **通过设置字号大小制作"七色花店"文件**

● **素材文件**｜光盘\素材\第10章\七色花店.ezp

● **效果文件**｜光盘\效果\第10章\七色花店.ezp

● **视频文件**｜光盘\视频\第10章\113通过设置字号大小制作"七色花店"文件.mp4

● **实例要点**｜通过"字号"数值框设置字号大小。

● **思路分析**｜在EDIUS工作界面中，字号是指文本的大小，不同的字号对视频的美观程度有一定的影响。下面介绍设置文本字号的操作方法。

┃操作步骤┃

01 单击"文件"｜"打开工程"命令，打开一个工程文件，如图10-44所示。

02 在1T字幕轨道中选择需要设置字号的标题字幕，如图10-45所示。

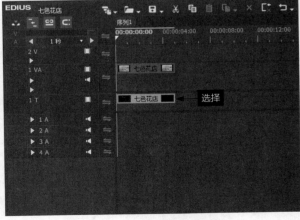

图10-44　打开一个工程文件　　　　　　　　　图10-45　在轨道中选择字幕

在影视广告中，文字必须突出影视广告的主题，文字是视频中画龙点睛的重要部分，文字太小会影响广告的美观程度，因此设置合适的文字大小非常重要。

03 在选择的标题字幕上双击，打开字幕窗口，运用选择对象工具，在预览窗口中选择需要设置字号的标题字幕内容，如图10-46所示。

04 在"文本属性"面板中，设置"字号"为80，如图10-47所示，在预览窗口中调整标题字幕至合适位置。

图10-46　在预览窗口中选择字幕

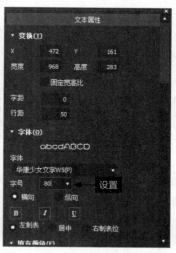

图10-47　设置"字号"为80

05 设置完成后，单击"保存"按钮，退出字幕窗口。单击"播放"按钮，预览设置标题字幕字号后的视频效果，如图10-48所示。

图10-48　预览设置标题字幕字号后的视频效果

实例
114 **通过更改字幕方向制作"听海的声音"文件**

● **素材文件** ┃ 光盘\素材\第10章\听海的声音.ezp

● **效果文件** ┃ 光盘\效果\第10章\听海的声音.ezp

● **视频文件** ┃ 光盘\视频\第10章\114通过更改字幕方向制作"听海的声音"文件.mp4

● **实例要点** ┃ 通过"纵向"单选按钮更改字幕方向。

● **思路分析** ┃ 在EDIUS字幕窗口中，用户可以根据视频的要求，随意更改文本的显示方向。下面介绍更改字幕方向的操作方法。

▍操作步骤 ▍

01 单击"文件"|"打开工程"命令，打开一个工程文件，如图10-49所示。

02 在1T字幕轨道中选择需要设置显示方向的标题字幕，如图10-50所示。

图10-49 打开一个工程文件

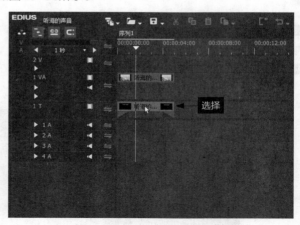

图10-50 在轨道中选择字幕

03 打开字幕窗口，在预览窗口中选择标题字幕内容，如图10-51所示。

04 在"文本属性"面板中选中"纵向"单选按钮，并调整其位置，如图10-52所示。

图10-51 在预览窗口中选择字幕

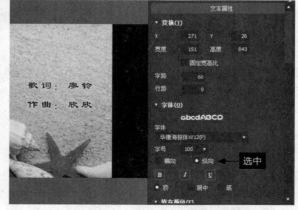

图10-52 选中"纵向"单选按钮

05 设置完成后，单击"保存"按钮，退出字幕窗口。单击"播放"按钮，预览设置标题字幕方向后的视频效果，如图10-53所示。

图10-53 预览设置标题字幕方向后的视频效果

实例 115 通过添加文本下划线制作"放飞梦想"文件

- **素材文件 ▎**光盘\素材\第10章\放飞梦想.ezp
- **效果文件 ▎**光盘\效果\第10章\放飞梦想.ezp
- **视频文件 ▎**光盘\视频\第10章\115通过添加文本下划线制作"放飞梦想"文件.mp4
- **实例要点 ▎**通过"下划线"按钮设置文本下划线。
- **思路分析 ▎**在影视广告中，如果用户需要突出标题字幕的显示效果，则可以为标题字幕添加下划线，以此来突出显示文本内容。

操作步骤

01 单击"文件" | "打开工程"命令，打开一个工程文件，如图10-54所示。

02 在1T字幕轨道中选择需要添加下划线的标题字幕，如图10-55所示。

图10-54 打开一个工程文件

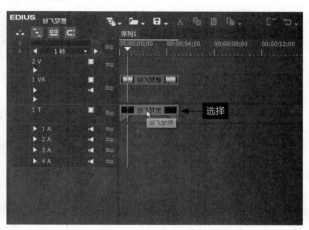
图10-55 在轨道中选择字幕

03 打开字幕窗口，在预览窗口中选择标题字幕内容，如图10-56所示。

04 在"文本属性"面板中单击"下划线"按钮，如图10-57所示，为标题字幕添加下划线效果。

图10-56 在预览窗口中选择字幕

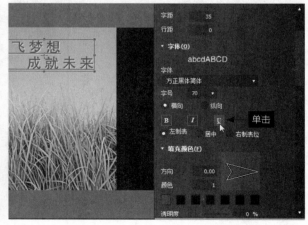
图10-57 单击"下划线"按钮

05 单击"保存"按钮，退出字幕窗口。单击"播放"按钮，预览添加文本下划线后的视频效果，如图10-58所示。

图10-58 预览添加文本下划线后的视频效果

<table><tr><td>实例
116</td><td>通过调整字幕时间长度制作"三月折扣"文件</td></tr></table>

● **素材文件** | 光盘\素材\第10章\三月折扣.ezp

● **效果文件** | 光盘\效果\第10章\三月折扣.ezp

● **视频文件** | 光盘\视频\第10章\116通过调整字幕时间长度制作"三月折扣"文件.mp4

● **实例要点** | 通过"持续时间"选项设置字幕时间长度。

● **思路分析** | 在"轨道"面板中添加相应的标题字幕后，可以调整标题的时间长度，以控制标题文本的播放时间。

┃操作步骤┃

01 单击"文件"|"打开工程"命令，打开一个工程文件，如图10-59所示。

02 在1T字幕轨道中选择需要调整时间长度的标题字幕，单击鼠标右键，在弹出的快捷菜单中选择"持续时间"选项，如图10-60所示。

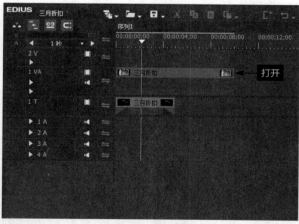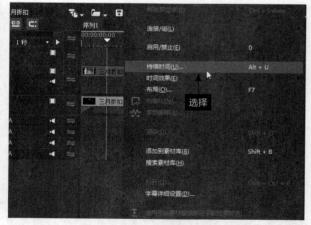

图10-59 打开一个工程文件　　　　　　　图10-60 选择"持续时间"选项

提示

在1T字幕轨道中，选择需要调整时间长度的字幕后，将鼠标指针移至字幕右侧的黄色标记上，按住鼠标左键并向右拖曳，也可以手动调整标题字幕的时间长度。只是该操作对时间的调整不太精确，不适合比较精细的标题剪辑操作。

03 执行操作后，弹出"持续时间"对话框，在其中设置"持续时间"为00:00:10:00，如图10-61所示。

04 设置完成后，单击"确定"按钮，返回EDIUS工作界面，此时1T字幕轨道中的标题字幕时间长度发生变化，如图10-62所示。

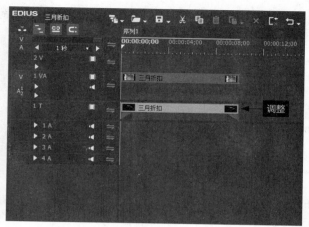

图10-61 设置持续时间　　　　　　　　　图10-62 字幕时间长度发生变化

05 单击"播放"按钮，预览设置标题字幕时间长度后的视频画面效果，如图10-63所示。

图10-63 预览视频画面效果

10.3 制作标题字幕特殊特效

　　在EDIUS工作界面中，除了改变标题字幕的间距、行距、字体以及大小等属性外，还可以为标题字幕添加一些装饰，从而使视频广告更加出彩。本节主要介绍制作标题字幕特殊效果的操作方法，希望读者可以熟练掌握。

实例 117 通过颜色填充制作"圣诞快乐"文件

- **素材文件** | 光盘\素材\第10章\圣诞快乐.ezp
- **效果文件** | 光盘\效果\第10章\圣诞快乐.ezp
- **视频文件** | 光盘\视频\117第10章\117通过颜色填充制作"圣诞快乐"文件.mp4
- **实例要点** | 通过"颜色"选项区制作颜色填充特效。
- **思路分析** | 在EDIUS 8.0中，用户可以通过多种颜色混合填充标题字幕，该功能可以制作出五颜六色的标题字幕特效。

▌操作步骤▐

01 单击"文件"|"打开工程"命令，打开一个工程文件，如图10-64所示。
02 在1T字幕轨道中选择需要运用颜色填充的标题字幕，如图10-65所示。

图10-64　打开一个工程文件

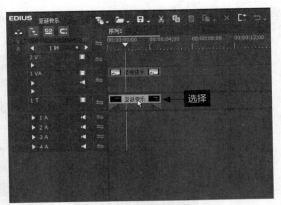

图10-65　在轨道中选择字幕

03 在选择的标题字幕上双击鼠标左键，打开字幕窗口，运用选择对象工具 ，在预览窗口中选择标题字幕内容，如图10-66所示。

04 在"文本属性"面板的"填充颜色"选项区中，设置"颜色"为4，如图10-67所示。

图10-66　在预览窗口中选择字幕

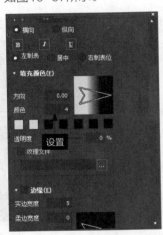

图10-67　设置"颜色"为4

> **提示**
>
> 在字幕窗口的"填充颜色"选项区中，用户还可以在"方向"右侧的数值框中输入相应的数值，即可改变颜色的填充方向。

05 单击下方第1个色块，弹出"色彩选择-709"对话框，在其中设置"红"为255、"绿"为237、"蓝"为23，如图10-68所示。设置完成后，单击"确定"按钮。

06 单击下方第2个色块，弹出"色彩选择-709"对话框，在其中设置"红"为0、"绿"为216、"蓝"为0，如图10-69所示。设置完成后，单击"确定"按钮。

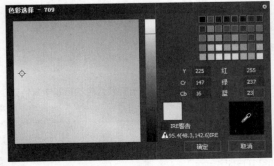

图10-68　设置"颜色"为红色

图10-69　设置"颜色"为橘黄色

07 单击下方第3个色块，弹出"色彩选择-709"对话框，在其中设置"红"为255、"绿"为237、"蓝"为23，如图10-70所示。设置完成后，单击"确定"按钮。

08 单击下方第4个色块，弹出"色彩选择-709"对话框，在其中设置"红"为7、"绿"为222、"蓝"为255，如图10-71所示。设置完成后，单击"确定"按钮。

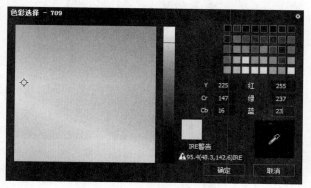

图10-70　设置"颜色"为蓝色

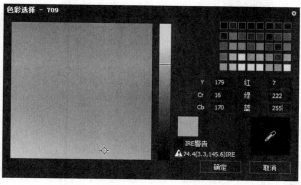

图10-71　设置"颜色"为绿色

09 设置完成后，单击"保存"按钮，退出字幕窗口。单击"播放"按钮，预览填充标题字幕颜色后的视频画面效果，如图10-72所示。

图10-72　预览视频画面效果

实例 118　通过描边效果制作"动漫画面"文件

- **素材文件** | 光盘\素材\第10章\动漫画面.ezp
- **效果文件** | 光盘\效果\第10章\动漫画面.ezp
- **视频文件** | 光盘\视频\第10章\118通过描边效果制作"动漫画面"文件.mp4
- **实例要点** | 通过"边缘"选项区制作颜色描边特效。
- **思路分析** | 在编辑视频的过程中，为了使标题字幕的样式更具艺术美感，用户可以为字幕添加描边效果。下面向读者介绍制作字幕描边效果的操作方法。

▌操作步骤 ▌

01 单击"文件"|"打开工程"命令，打开一个工程文件，如图10-73所示。

02 在1T字幕轨道中选择需要描边的标题字幕，如图10-74所示。

图10-73 打开一个工程文件

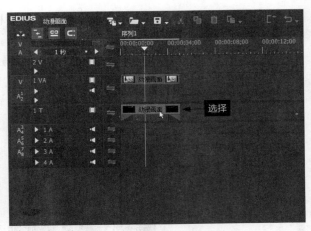

图10-74 在轨道中选择字幕

03 在选择的标题字幕上双击鼠标左键，打开字幕窗口，运用选择对象工具，在预览窗口中选择标题字幕内容，如图10-75所示。

04 在"文本属性"面板中选中"边缘"复选框，在下方设置"实边宽度"为5，如图10-76所示。

图10-75 在预览窗口中选择字幕

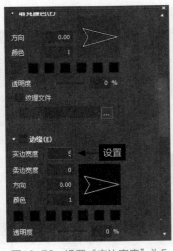

图10-76 设置"实边宽度"为5

05 单击下方第1个色块，弹出"色彩选择-709"对话框，在其中设置"颜色"为白色，如图10-77所示。

06 设置完成后，单击"确定"按钮，返回字幕窗口，在其中可以查看设置描边颜色后的色块属性，如图10-78所示。

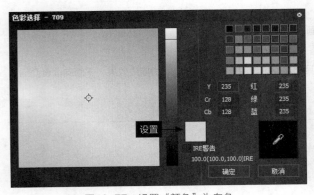

图10-77 设置"颜色"为白色

图10-78 查看设置的描边颜色

07 设置完成后，单击"保存"按钮，退出字幕窗口。单击"播放"按钮，预览制作描边字幕后的视频画面效果，如图10-79所示。

图10-79　预览视频画面效果

实例 119　通过阴影效果制作"儿童乐园"文件

● **素材文件** | 光盘\素材\第10章\儿童乐园.ezp
● **效果文件** | 光盘\效果\第10章\儿童乐园.ezp
● **视频文件** | 光盘\视频\第10章\119通过阴影效果制作"儿童乐园"文件.mp4
● **实例要点** | 通过"阴影"选项区制作字幕阴影特效。
● **思路分析** | 制作视频的过程中，如果需要强调或突出显示字幕文本，则可以设置字幕的阴影效果。下面介绍制作字幕阴影效果的操作方法。

操作步骤

01 单击"文件"|"打开工程"命令，打开一个工程文件，如图10-80所示。
02 在1T字幕轨道中选择需要制作阴影的标题字幕，如图10-81所示。

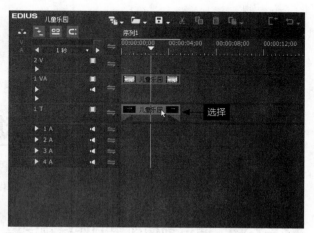

图10-80　打开一个工程文件　　　　图10-81　在轨道中选择字幕

03 在选择的标题字幕上双击，打开字幕窗口，运用选择对象工具，在预览窗口中选择标题字幕内容，如图10-82所示。
04 在"文本属性"面板中选中"阴影"复选框，在下方设置"颜色"为黑色，"横向"为8，"纵向"为8，如图10-83所示。

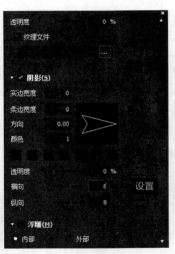

图10-82　在预览窗口中选择字幕　　　　　　　　图10-83　设置各参数

> **提示**
>
> 在"文本属性"面板的"阴影"选项区中，用户还可以拖动"透明度"选项右侧的滑块来调整阴影的透明程度，使制作的阴影效果与视频更加协调。

05 设置完成后，单击"保存"按钮，退出字幕窗口。单击"播放"按钮，预览制作字幕阴影后的视频画面效果，如图10-84所示。

图10-84　预览视频画面效果

10.4　制作标题字幕运动效果

　　字幕是以各种字体、浮雕和动画等形式出现在画面中的文字总称，字幕设计与书写是影片造型的艺术手段之一。制作字幕运动特效，可以使影片更具有吸引力和感染力。本节主要介绍制作标题字幕运动效果的操作方法。

实例 120　通过划像效果制作标题字幕

　　如果说转场是专为视频准备的出入屏方式，那么字幕混合特效就是为字幕轨道准备的出入屏方式。"字幕混合"特效组提供了多种划像特效，如向上划像、向下划像以及向右划像等。本节介绍这类划像运动效果的制作方法。

1. 通过向上划像运动效果制作"父爱如山"文件

- **素材文件 ▎**光盘\素材\第10章\父爱如山.ezp
- **效果文件 ▎**光盘\效果\第10章\父爱如山.ezp
- **视频文件 ▎**光盘\视频\第10章\120通过向上划像运动效果制作"父爱如山"文件.mp4
- **实例要点 ▎**将"向上划像"字幕运动效果拖曳至标题字幕上，即可应用字幕特效。
- **思路分析 ▎**在EDIUS 8.0中，向上划像是指从下往上慢慢显示字幕，待字幕播放结束时，再从下往上慢慢消失字幕的运动效果。

▌操作步骤▐

01 单击"文件"|"打开工程"命令，打开一个工程文件，如图10-85所示。

02 展开"特效"面板，在"划像"特效组中，选择"向上划像"运动效果，如图10-86所示。

图10-85　打开一个工程文件

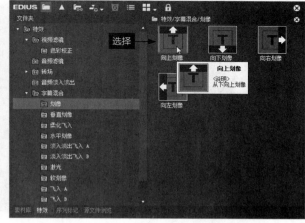

图10-86　选择字幕混合运动效果

> **提示**
>
> 在"字幕混合"特效组中，选择相应的字幕特效后，单击鼠标右键，在弹出的快捷菜单中选择"添加到时间线"|"全部"|"中心"选项，即可将选择的字幕特效添加至 1T 字幕轨道中的字幕文件上。

03 在选择的运动效果上按住鼠标左键并拖曳至1T字幕轨道中的字幕文件上，如图10-87所示，释放鼠标左键，即可添加"向上划像"运动效果。

04 展开"信息"面板，在其中可以查看添加的"向上划像"运动效果，如图10-88所示。

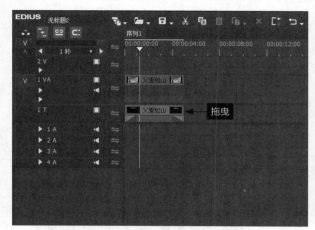

图10-87　为字幕添加运动效果

图10-88　查看添加的运动效果

05 将时间线移至"轨道"面板中的开始位置，单击"播放"按钮，预览添加"向上划像"运动效果后的标题字幕，效果如图10-89所示。

图10-89　预览"向上划像"运动特效

2.　通过向下划像运动效果制作"彩色风帆"文件

● **素材文件**｜光盘\素材\第10章\彩色风帆.ezp

● **效果文件**｜光盘\效果\第10章\彩色风帆.ezp

● **视频文件**｜光盘\视频\第10章\120通过向下划像运动效果制作"彩色风帆"文件.mp4

● **实例要点**｜将"向下划像"字幕运动效果拖曳至标题字幕上，即可应用字幕特效

● **思路分析**｜在EDIUS 8.0中，向下划像是指从上往下慢慢显示或消失字幕的运动效果。下面介绍制作字幕向下划像的运动效果。

┤ 操作步骤 ├

01 单击"文件"|"打开工程"命令，打开一个工程文件，如图10-90所示。

02 展开"特效"面板，在"划像"特效组中，选择"向下划像"运动效果，如图10-91所示。

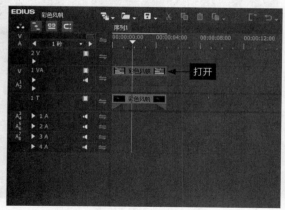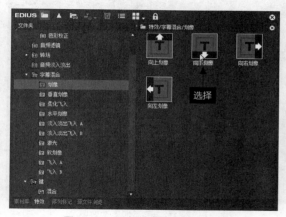

图10-90　打开一个工程文件　　　　　　　　图10-91　选择字幕混合运动效果

03 将选择的运动效果拖曳至1T字幕轨道中的字幕文件上，释放鼠标左键，即可添加运动效果。单击"播放"按钮，预览添加"向下划像"运动效果后的标题字幕，如图10-92所示。

图10-92　预览"向下划像"运动特效

3. 通过向右划像运动效果制作"感恩教师节"文件

- **素材文件** | 光盘\素材\第10章\感恩教师节.ezp
- **效果文件** | 光盘\效果\第10章\感恩教师节.ezp
- **视频文件** | 光盘\视频\第10章\120通过向右划像运动效果制作"感恩教师节"文件.mp4
- **实例要点** | 将"向右划像"字幕运动效果拖曳至标题字幕上，即可应用字幕特效。
- **思路分析** | 在EDIUS 8.0中，向右划像是指从左往右慢慢显示或消失字幕的运动效果。下面介绍制作字幕向右划像的运动效果。

操作步骤

01 单击"文件"|"打开工程"命令，打开一个工程文件，如图10-93所示。

02 展开"特效"面板，在"划像"特效组中选择"向右划像"运动效果，如图10-94所示。

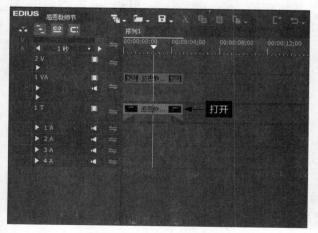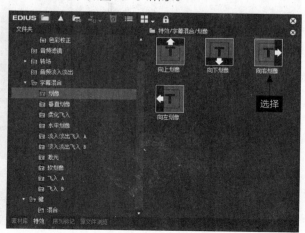

图10-93　打开一个工程文件　　　　　　　　　　　图10-94　选择字幕混合运动效果

03 在选择的运动效果上，按住鼠标左键并拖曳至1T字幕轨道中的字幕文件上，释放鼠标左键，即可添加运动效果。单击"播放"按钮，预览添加"向右划像"运动效果后的标题字幕，如图10-95所示。

图10-95　预览"向右划像"运动特效

实例 121　通过垂直划像效果制作"自由驰骋"文件

- **素材文件**｜光盘\素材\第10章\自由驰骋.ezp
- **效果文件**｜光盘\效果\第10章\自由驰骋.ezp
- **视频文件**｜光盘\视频\第10章\121通过垂直划像效果制作"自由驰骋"文件.mp4
- **实例要点**｜将"垂直划像"字幕运动效果拖曳至标题字幕上，即可应用字幕特效。
- **思路分析**｜在EDIUS 8.0中，垂直划像是指以垂直运动的方式慢慢显示或消失字幕。下面介绍制作字幕垂直划像的运动效果。

┃ 操作步骤 ┃

01 单击"文件"|"打开工程"命令，打开一个工程文件，如图10-96所示。

02 展开"特效"面板，在"垂直划像"特效组中选择第1个垂直划像运动效果，如图10-97所示。

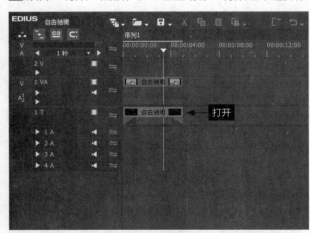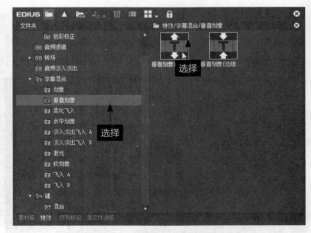

图10-96　打开一个工程文件　　　　　　　图10-97　选择字幕混合运动效果

03 在选择的运动效果上，按住鼠标左键并拖曳至1T字幕轨道中的字幕文件上，释放鼠标左键，即可添加运动效果。单击"播放"按钮，预览添加"垂直划像"运动效果后的标题字幕，如图10-98所示。

图10-98　预览"垂直划像"运动特效

实例 122　通过柔化飞入效果制作标题字幕

在EDIUS 8.0中，柔化飞入的运动效果与划像的运动效果基本相同，只是边缘进行了柔化处理。"柔化飞入"特效组包含4种柔化飞入动画效果，用户可以根据实际需要选择。本节主要介绍制作柔化飞入运动效果的操作方法，希望读者可以熟练掌握。

1. 通过向上软划像运动效果制作"月色撩人"文件

- **素材文件**｜光盘\素材\第10章\月色撩人.ezp
- **效果文件**｜光盘\效果\第10章\月色撩人.ezp
- **视频文件**｜光盘\视频\第10章\122通过向上软划像运动效果制作"月色撩人"文件.mp4
- **实例要点**｜将"向上软划像"字幕运动效果拖曳至标题字幕上，即可应用字幕特效。
- **思路分析**｜在EDIUS 8.0中，向上软划像是指从下往上慢慢浮入显示字幕的运动效果。下面介绍制作字幕向上软划像的运动效果。

┫操作步骤┣

01 单击"文件"｜"打开工程"命令，打开一个工程文件，如图10-99所示。

02 展开"特效"面板，在"柔化飞入"特效组中选择"向上软划像"运动效果，如图10-100所示。

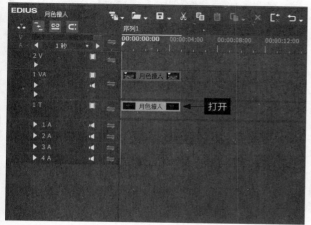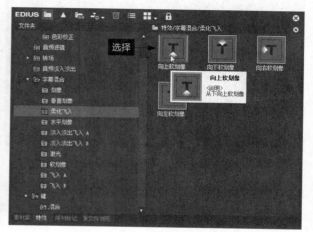

图10-99　打开一个工程文件　　　　　图10-100　选择字幕混合运动效果

03 在选择的运动效果上，按住鼠标左键并拖曳至1T字幕轨道中的字幕文件上，释放鼠标左键，即可添加运动效果。单击"播放"按钮，预览添加"向上软划像"运动效果后的标题字幕，如图10-101所示。

图10-101　预览"向上软划像"运动特效

2. 通过向下软划像运动效果制作"资讯频道"文件

- **素材文件** ┃ 光盘\素材\第10章\资讯频道.ezp
- **效果文件** ┃ 光盘\效果\第10章\资讯频道.ezp
- **视频文件** ┃ 光盘\视频\第10章\122通过向下软划像运动效果制作"资讯频道"文件.mp4
- **实例要点** ┃ 将"向下软划像"字幕运动效果拖曳至标题字幕上，即可应用字幕特效。
- **思路分析** ┃ 在EDIUS 8.0中，向下软划像是指从上往下慢慢浮入显示字幕的运动效果。下面介绍制作字幕向下软划像的运动效果。

┃ 操作步骤 ┃

01 单击"文件"｜"打开工程"命令，打开一个工程文件，如图10-102所示。

02 展开"特效"面板，在"柔化飞入"特效组中选择"向下软划像"运动效果，如图10-103所示。

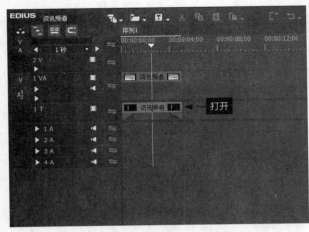

图10-102　打开一个工程文件　　　　　　　图10-103　选择字幕混合运动效果

03 在选择的运动效果上，按住鼠标左键并拖曳至1T字幕轨道中的字幕文件上，释放鼠标左键，即可添加运动效果。单击"播放"按钮，预览添加"向下软划像"运动效果后的标题字幕，如图10-104所示。

图10-104　预览"向下软划像"运动特效

3. 通过向右软划像运动效果制作"蓝岛咖啡"文件

- **素材文件** | 光盘\素材\第10章\蓝岛咖啡.ezp
- **效果文件** | 光盘\效果\第10章\蓝岛咖啡.ezp
- **视频文件** | 光盘\视频\第10章\122通过向右软划像运动效果制作"蓝岛咖啡"文件.mp4
- **实例要点** | 将"向右软划像"字幕运动效果拖曳至标题字幕上，即可应用字幕特效。
- **思路分析** | 在EDIUS 8.0中，向右软划像是指从左往右慢慢浮入显示字幕的运动效果。下面介绍制作字幕向右软划像的运动效果。

操作步骤

01 单击"文件"|"打开工程"命令，打开一个工程文件，如图10-105所示。

02 展开"特效"面板，在"柔化飞入"特效组中选择"向右软划像"运动效果，如图10-106所示。

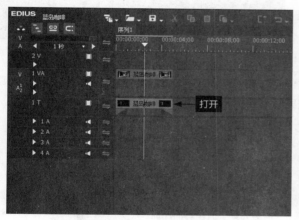

图10-105　打开一个工程文件　　　　　　　　图10-106　选择字幕混合运动效果

03 在选择的运动效果上，按住鼠标左键并拖曳至1T字幕轨道中的字幕文件上，释放鼠标左键，即可添加运动效果。单击"播放"按钮，预览添加"向右软划像"运动效果后的标题字幕，如图10-107所示。

图10-107　预览"向右软划像"运动特效

4. 通过向左软划像运动效果制作"旺达大夏"文件

- **素材文件** | 光盘\素材\第10章\旺达大夏.ezp
- **效果文件** | 光盘\效果\第10章\旺达大夏.ezp
- **视频文件** | 光盘\视频\第10章\122通过向左软划像运动效果制作"旺达大夏"文件.mp4
- **实例要点** | 将"向左软划像"字幕运动效果拖曳至标题字幕上，即可应用字幕特效。
- **思路分析** | 在EDIUS 8.0中，向左软划像是指从右往左慢慢浮入显示字幕的运动效果。下面介绍制作字幕向左软划像的运动效果。

┃操作步骤┃

01 单击"文件"|"打开工程"命令，打开一个工程文件，如图10-108所示。

02 展开"特效"面板，在"柔化飞入"特效组中选择"向左软划像"运动效果，如图10-109所示。

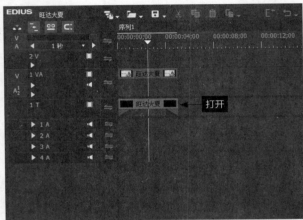
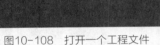

图10-108　打开一个工程文件

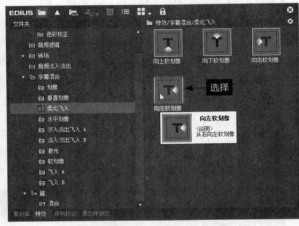

图10-109　选择字幕混合运动效果

03 在选择的运动效果上，按住鼠标左键并拖曳至1T字幕轨道中的字幕文件上，释放鼠标左键，即可添加运动效果。单击"播放"按钮，预览添加"向左软划像"运动效果后的标题字幕，如图10-110所示。

图10-110　预览"向左软划像"运动特效

**实例
123　通过水平划像效果制作"城市炫舞"文件**

- **素材文件** | 光盘\素材\第10章\城市炫舞.ezp
- **效果文件** | 光盘\效果\第10章\城市炫舞.ezp
- **视频文件** | 光盘\视频\第10章\123通过水平划像效果制作"城市炫舞"文件.mp4

- **实例要点**｜将"水平划像"字幕运动效果拖曳至标题字幕上，即可应用字幕特效
- **思路分析**｜在EDIUS 8.0中，水平划像是指从中心向边缘慢慢显示字幕的运动效果。下面介绍制作字幕水平划像的运动效果。

▌操作步骤▐

01 单击"文件"｜"打开工程"命令，打开一个工程文件，如图10-111所示。

02 展开"特效"面板，在"水平划像"特效组中选择"水平划像【中心->边缘】"运动效果，如图10-112所示。

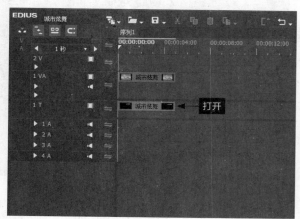

图10-111 打开一个工程文件　　　　图10-112 选择字幕混合运动效果

03 在选择的运动效果上，按住鼠标左键并拖曳至1T字幕轨道中的字幕文件上，释放鼠标左键，即可添加运动效果。单击"播放"按钮，预览添加"水平划像【中心->边缘】"运动效果后的标题字幕，如图10-113所示。

图10-113 预览"水平划像【中心->边缘】"运动特效

实例 124 通过淡入淡出效果制作标题字幕

　　在EDIUS 8.0中，淡入淡出飞入是指标题字幕以淡入淡出的方式显示或消失的动画效果。本节主要介绍制作淡入淡出飞入动画效果的操作方法，希望读者可以熟练掌握。

1. 通过向上淡入淡出运动效果制作"电影汇演"文件

- **素材文件**｜光盘\素材\第10章\电影汇演.ezp
- **效果文件**｜光盘\效果\第10章\电影汇演.ezp
- **视频文件**｜光盘\视频\第10章\124通过向上淡入淡出运动效果制作"电影汇演"文件.mp4
- **实例要点**｜将"向上淡入淡出"字幕运动效果拖曳至标题字幕上，即可应用字幕特效。
- **思路分析**｜在EDIUS 8.0中，向上淡入淡出是指从下往上通过淡入淡出的方式，慢慢显示或消失字幕的运动效果。下面介绍制作字幕向上淡入淡出的运动效果。

操作步骤

01 单击"文件"|"打开工程"命令，打开一个工程文件，如图10-114所示。

02 展开"特效"面板，在"淡入淡出飞入A"特效组中选择"向上淡入淡出飞入A"运动效果，如图10-115所示。

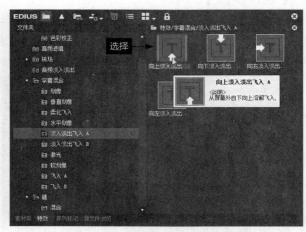

图10-114　打开一个工程文件　　　　　　　　　　图10-115　选择字幕混合运动效果

03 在选择的运动效果上，按住鼠标左键并拖曳至1T字幕轨道中的字幕文件上，释放鼠标左键，即可添加运动效果。单击"播放"按钮，预览添加"向上淡入淡出飞入A"运动效果后的标题字幕，如图10-116所示。

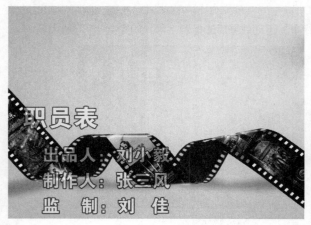

图10-116　预览"向上淡入淡出飞入A"运动特效

2. 通过向下淡入淡出运动效果制作"钢琴艺术"文件

- **素材文件 |** 光盘\素材\第10章\钢琴艺术.ezp

- **效果文件 |** 光盘\效果\第10章\钢琴艺术.ezp

- **视频文件 |** 光盘\视频\第10章\124通过向下淡入淡出运动效果制作"钢琴艺术"文件.mp4

- **实例要点 |** 将"向下淡入淡出"字幕运动效果拖曳至标题字幕上，即可应用字幕特效。

- **思路分析 |** 在EDIUS 8.0中，向下淡入淡出是指从上往下通过淡入淡出的方式，慢慢显示或消失字幕的运动效果。下面介绍制作字幕向下淡入淡出的运动效果。

操作步骤

01 单击"文件"|"打开工程"命令，打开一个工程文件，如图10-117所示。

02 展开"特效"面板，在"淡入淡出飞入A"特效组中选择"向下淡入淡出飞入A"运动效果，如图10-118所示。

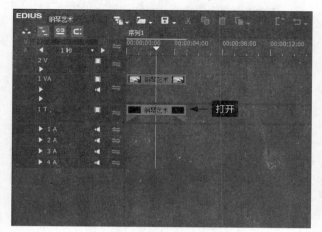

图10-117　打开一个工程文件

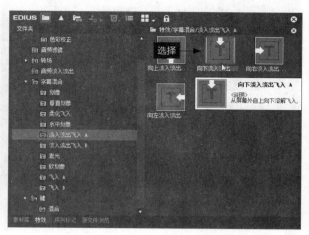

图10-118　选择字幕混合运动效果

03 在选择的运动效果上，按住鼠标左键并拖曳至1T字幕轨道中的字幕文件上，释放鼠标左键，即可添加运动效果。单击"播放"按钮，预览添加"向下淡入淡出飞入A"运动效果后的标题字幕，如图10-119所示。

图10-119　预览"向下淡入淡出飞入A"运动特效

3. 通过向右淡入淡出运动效果制作"纯真童年"

- **素材文件** ▎光盘\素材\第10章\纯真童年.ezp
- **效果文件** ▎光盘\效果\第10章\纯真童年.ezp
- **视频文件** ▎光盘\视频\第10章\124通过向右淡入淡出运动效果制作"纯真童年"文件.mp4
- **实例要点** ▎将"向右淡入淡出"字幕运动效果拖曳至标题字幕上，即可应用字幕特效。
- **思路分析** ▎在EDIUS 8.0中，向右淡入淡出是指从左往右通过淡入淡出的方式，慢慢显示或消失字幕的运动效果。下面介绍制作字幕向右淡入淡出的运动效果。

▎ **操作步骤** ▎

01 单击"文件"|"打开工程"命令，打开一个工程文件，如图10-120所示。

02 展开"特效"面板，在"淡入淡出飞入A"特效组中选择"向右淡入淡出飞入A"运动效果，如图10-121所示。

图10-120　打开一个工程文件

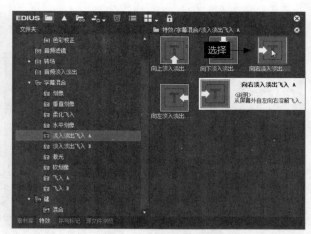

图10-121　选择字幕混合运动效果

03 在选择的运动效果上，按住鼠标左键并拖曳至1T字幕轨道中的字幕文件上，释放鼠标左键，即可添加运动效果。单击"播放"按钮，预览添加"向右淡入淡出飞入A"运动效果后的标题字幕，如图10-122所示。

图10-122　预览"向右淡入淡出飞入A"运动特效

4. 通过向左淡入淡出运动效果制作"幸福进行曲"文件

- **素材文件** ┃ 光盘\素材\第10章\幸福进行曲.ezp
- **效果文件** ┃ 光盘\效果\第10章\幸福进行曲.ezp
- **视频文件** ┃ 光盘\视频\第10章\124通过向左淡入淡出运动效果制作"幸福进行曲"文件.mp4
- **实例要点** ┃ 将"向左淡入淡出"字幕运动效果拖曳至标题字幕上，即可应用字幕特效
- **思路分析** ┃ 在EDIUS 8.0中，向左淡入淡出是指从右往左通过淡入淡出的方式，慢慢显示或消失字幕的运动效果。下面介绍制作字幕向左淡入淡出的运动效果。

┃ 操作步骤 ┃

01 单击"文件"|"打开工程"命令，打开一个工程文件，如图10-123所示。

02 展开"特效"面板，在"淡入淡出飞入A"特效组中选择"向左淡入淡出飞入A"运动效果，如图10-124所示。

03 在选择的运动效果上，按住鼠标左键并拖曳至1T字幕轨道中的字幕文件上，释放鼠标左键，即可添加运动效果。单击"播放"按钮，预览添加"向左淡入淡出飞入A"运动效果后的标题字幕，如图10-125所示。

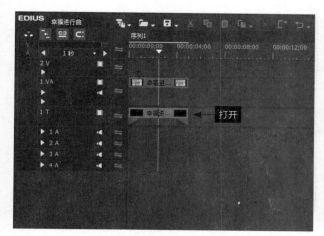
图10-123　打开一个工程文件

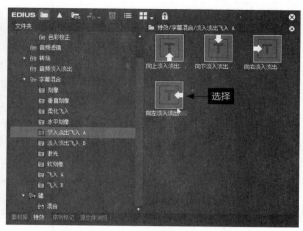
图10-124　选择字幕混合运动效果

图10-125　预览"向左淡入淡出飞入A"运动特效

实例 125　通过激光效果制作标题字幕

在EDIUS 8.0中，激光运动效果是指标题字幕以激光反射的方式显示或消失的动画效果。本节主要介绍制作字幕激光运动效果的操作方法。

1. 通过上面激光运动效果制作"果粒缤纷"文件

- **素材文件**┃光盘\素材\第10章\果粒缤纷.ezp
- **效果文件**┃光盘\效果\第10章\果粒缤纷.ezp
- **视频文件**┃光盘\视频\第10章\125通过上面激光运动效果制作"果粒缤纷"文件.mp4
- **实例要点**┃将"上面激光"字幕运动效果拖曳至标题字幕上，即可应用字幕特效。
- **思路分析**┃在EDIUS 8.0中，上面激光是指从上面显示出激光，通过激光的运动效果慢慢显示标题字幕。下面介绍制作字幕上面激光的运动效果。

┃操作步骤┃

01 单击"文件"|"打开工程"命令，打开一个工程文件，如图10-126所示。

02 展开"特效"面板，在"激光"特效组中选择"上面激光"运动效果，如图10-127所示。

03 在选择的运动效果上，按住鼠标左键并拖曳至1T字幕轨道中的字幕文件上，释放鼠标左键，即可添加运动效果。单击"播放"按钮，预览添加"上面激光"运动效果后的标题字幕，如图10-128所示。

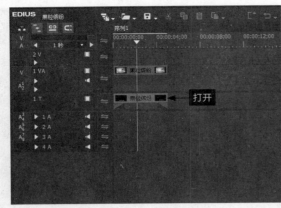

图10-126　打开一个工程文件

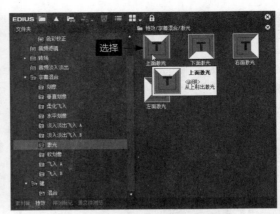

图10-127　选择字幕混合运动效果

图10-128　预览"上面激光"运动特效

2. 通过下面激光运动效果制作"红金鱼笔记本"文件

● **素材文件**┃光盘\素材\第10章\红金鱼笔记本.ezp

● **效果文件**┃光盘\效果\第10章\红金鱼笔记本.ezp

● **视频文件**┃光盘\视频\第10章\125通过下面激光运动效果制作"红金鱼笔记本"文件.mp4

● **实例要点**┃将"下面激光"字幕运动效果拖曳至标题字幕上，即可应用字幕特效。

● **思路分析**┃在EDIUS 8.0中，下面激光是指从下面显示出激光，通过激光的运动效果慢慢显示标题字幕。下面介绍制作字幕下面激光的运动效果。

━┃ **操作步骤** ┃━

01 单击"文件"|"打开工程"命令，打开一个工程文件，如图10-129所示。

02 展开"特效"面板，在"激光"特效组中选择"下面激光"运动效果，如图10-130所示。

图10-129　打开一个工程文件

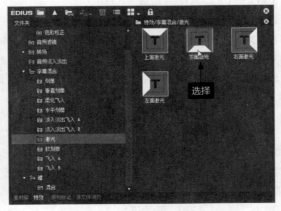

图10-130　选择字幕混合运动效果

03 在选择的运动效果上，按住鼠标左键并拖曳至1T字幕轨道中的字幕文件上，释放鼠标左键，即可添加运动效果。单击"播放"按钮，预览添加"下面激光"运动效果后的标题字幕，如图10-131所示。

图10-131 预览"下面激光"运动特效

3. 通过右面激光运动效果制作"节约用水"文件

● **素材文件** 光盘\素材\第10章\节约用水.ezp

● **效果文件** 光盘\效果\第10章\节约用水.ezp

● **视频文件** 光盘\视频\第10章\125通过右面激光运动效果制作"节约用水"文件.mp4

● **实例要点** 将"右面激光"字幕运动效果拖曳至标题字幕上，即可应用字幕特效。

● **思路分析** 在EDIUS 8.0中，右面激光是指从右面显示出激光，通过激光的运动效果慢慢显示标题字幕。下面介绍制作字幕右面激光的运动效果。

┃ 操作步骤 ┃

01 单击"文件"|"打开工程"命令，打开一个工程文件，如图10-132所示。

02 展开"特效"面板，在"激光"特效组中选择"右面激光"运动效果，如图10-133所示。

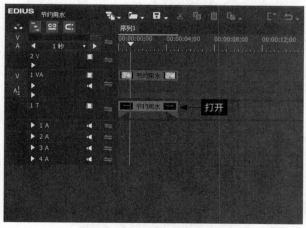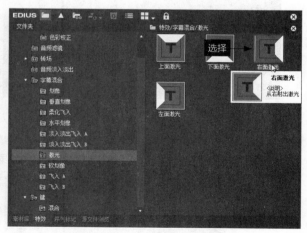

图10-132 打开一个工程文件　　　　　图10-133 选择字幕混合运动效果

03 在选择的运动效果上，按住鼠标左键并拖曳至1T字幕轨道中的字幕文件上，释放鼠标左键，即可添加运动效果。单击"播放"按钮，预览添加"右面激光"运动效果后的标题字幕，如图10-134所示。

图10-134　预览"右面激光"运动特效

4. 通过左面激光运动效果制作"互联网通信"文件

● **素材文件** ┃ 光盘\素材\第10章\互联网通信.ezp

● **效果文件** ┃ 光盘\效果\第10章\互联网通信.ezp

● **视频文件** ┃ 光盘\视频\第10章\125通过左面激光运动效果制作"互联网通信"文件.mp4

● **实例要点** ┃ 将"左面激光"字幕运动效果拖曳至标题字幕上，即可应用字幕特效。

● **思路分析** ┃ 在EDIUS 8.0中，左面激光是指从左面显示出激光，通过激光的运动效果慢慢显示标题字幕。下面介绍制作字幕左面激光的运动效果。

▌操作步骤▐

01 单击"文件"|"打开工程"命令，打开一个工程文件，如图10-135所示。

02 展开"特效"面板，在"激光"特效组中选择"左面激光"运动效果，如图10-136所示。

图10-135　打开一个工程文件　　　　　　　　图10-136　选择字幕混合运动效果

03 在选择的运动效果上，按住鼠标左键并拖曳至1T字幕轨道中的字幕文件上，释放鼠标左键，即可添加运动效果。单击"播放"按钮，预览添加"左面激光"运动效果后的标题字幕，如图10-137所示。

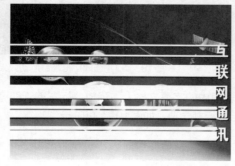

图10-137　预览"左面激光"运动特效

实例 126 通过软划像效果制作"婚庆礼品"文件

- **素材文件 |** 光盘\素材\第10章\婚庆礼品.ezp
- **效果文件 |** 光盘\效果\第10章\婚庆礼品.ezp
- **视频文件 |** 光盘\视频\第10章\126通过软划像效果制作"婚庆礼品"文件.mp4
- **实例要点 |** 将"向右软划像"字幕运动效果拖曳至标题字幕上,即可应用字幕特效。
- **思路分析 |** 在EDIUS 8.0中,"软划像"特效组包括4种软划像效果,用户可根据实际需要进行相应选择和应用操作。

▌操作步骤▌

01 单击"文件"|"打开工程"命令,打开一个工程文件,如图10-138所示。

02 展开"特效"面板,在"软划像"特效组中选择"向右软划像"运动效果,如图10-139所示。

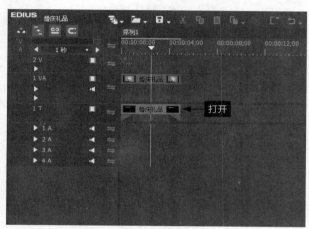

图10-138 打开一个工程文件

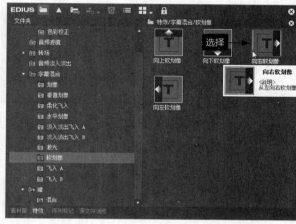

图10-139 选择字幕混合运动效果

03 在选择的运动效果上,按住鼠标左键并拖曳至1T字幕轨道中的字幕文件上,释放鼠标左键,即可添加运动效果。单击"播放"按钮,预览添加"向右软划像"运动效果后的标题字幕,如图10-140所示。

图10-140 预览"向右软划像"运动特效

实例 127 通过飞入A效果制作"通信广告"文件

- **素材文件 |** 光盘\素材\第10章\通信广告.ezp
- **效果文件 |** 光盘\效果\第10章\通信广告.ezp
- **视频文件 |** 光盘\视频\第10章\127通过飞入A效果制作"通信广告"文件.mp4

● **实例要点** | 将"向左飞入A"字幕运动效果拖曳至标题字幕上，即可应用字幕特效。

● **思路分析** | 在EDIUS 8.0中，"飞入A"特效组包括4种飞入效果，用户可根据实际需要进行相应选择和应用操作。

┃ 操作步骤 ┃

01 单击"文件"|"打开工程"命令，打开一个工程文件，如图10-141所示。

02 展开"特效"面板，在"飞入"特效组中选择"向左飞入A"运动效果，如图10-142所示。

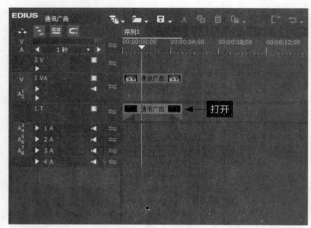
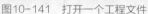

图10-141 打开一个工程文件

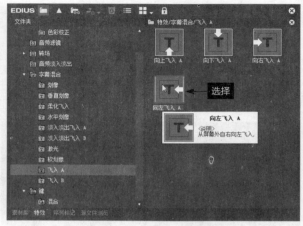

图10-142 选择字幕混合运动效果

03 在选择的运动效果上，按住鼠标左键并拖曳至1T字幕轨道中的字幕文件上，释放鼠标左键，即可添加运动效果。单击"播放"按钮，预览添加"向左飞入A"运动效果后的标题字幕，如图10-143所示。

图10-143 预览"向左飞入A"运动特效

第 **11** 章

制作背景声音效果

影视作品是一门声画艺术,音频在影片中是不可或缺的元素,音频也是一部影片的灵魂。在后期制作中,音频的处理相当重要,声音运用得恰到好处,往往给观众带来耳目一新的感觉。本章主要介绍制作背景声音特效的各种操作方法,包括添加与修剪音频文件,为视频录制背景音乐以及调整背景音乐的音量等内容,希望读者可以熟练掌握。

11.1 音频文件的添加与修剪

如果一部影片缺少了声音，再优美的画面也黯然失色。优美动听的背景音乐和款款深情的配音不仅可以起到锦上添花的作用，更能使影片颇有感染力，从而使影片效果更上一个台阶。将声音或背景音乐添加到声音轨道后，用户可以根据影片的需要编辑和修剪音频素材。本节主要介绍添加与修剪音频文件的操作方法。

实例 128 通过命令添加音频文件

- **素材文件** | 光盘\素材\第11章\音乐1.mpa
- **效果文件** | 光盘\效果\第11章\音乐1.ezp
- **视频文件** | 光盘\视频\第11章\128通过命令添加音频文件.mp4
- **实例要点** | 通过"添加素材"命令，添加音频文件。
- **思路分析** | 在EDIUS 8.0中，用户可以通过"添加素材"命令将音频文件添加至EDIUS轨道中。下面介绍通过命令添加音频文件的操作方法。

操作步骤

01 单击"文件" | "添加素材"命令，如图11-1所示。

02 执行操作后，弹出"添加素材"对话框，在其中选择需要添加的音频文件，如图11-2所示。

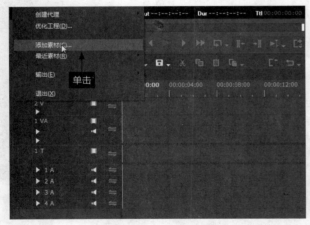

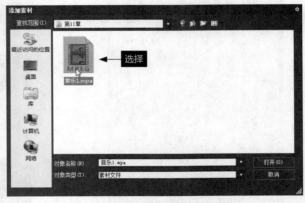

图11-1 单击"添加素材"命令   图11-2 选择需要添加的音频文件

> **提示**
>
> 在EDIUS工作界面中单击"文件"菜单，在弹出的菜单列表中按【C】键，也可以弹出"添加素材"对话框。

03 单击"打开"按钮，将选择的音频文件导入EDIUS工作界面中。在播放窗口中的黑色空白位置上，按住鼠标左键并拖曳至1A音频轨道中，如图11-3所示。

04 释放鼠标左键，即可将导入的音频文件添加至音频轨道中，如图11-4所示。

> **提示**
>
> 在播放窗口中的黑色空白位置上，按住鼠标左键并拖曳至"素材库"面板中，释放鼠标左键，也可以将导入的音频素材添加至"素材库"面板中。

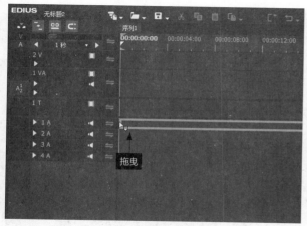

图11-3　拖曳至1A音频轨道中

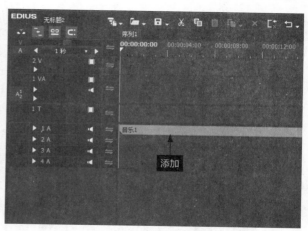

图11-4　添加至音频轨道中

实例	
129	**通过轨道添加音频文件**

- **素材文件**∣光盘\素材\第11章\音乐2.mpa
- **效果文件**∣光盘\效果\第11章\音乐2.ezp
- **视频文件**∣光盘\视频\第11章\129通过轨道添加音频文件.mp4
- **实例要点**∣通过"添加素材"选项添加音频文件。
- **思路分析**∣在EDIUS 8.0中，用户不仅可以通过命令添加音频文件，还可以通过"轨道"面板导入音频文件。下面介绍通过轨道添加音频文件的操作方法。

操作步骤

01 单击"文件"|"新建"|"工程"命令，新建一个工程文件。在"轨道"面板中，选择1A音频轨道，然后将时间线移至轨道的开始位置，如图11-5所示。

02 在音频轨道中的空白位置上单击鼠标右键，在弹出的快捷菜单中选择"添加素材"选项，如图11-6所示。

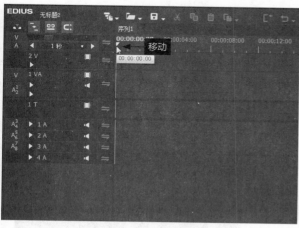

图11-5　移动时间线位置

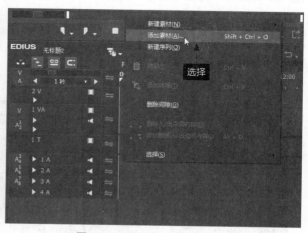

图11-6　选择"添加素材"选项

提示

在"我的电脑"文件夹中选择相应的音频文件后，直接将音频文件拖曳至 EDIUS 工作界面的 1A 音频轨道中，也可以完成音频文件的添加操作。

03 执行操作后，弹出"打开"对话框，在其中选择需要添加的音频文件，如图11-7所示。

04 单击"打开"按钮，即可在1A音频轨道的时间线位置添加音频文件，如图11-8所示。

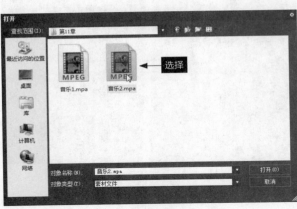

图11-7 选择添加的音频文件

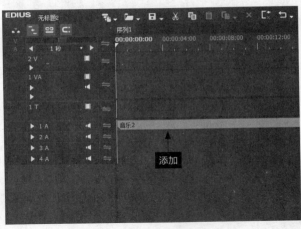

图11-8 添加相应的音频文件

实例 130 通过素材库添加音频文件

- **素材文件** | 光盘\素材\第11章\音乐3.mp3
- **效果文件** | 光盘\效果\第11章\音乐3.ezp
- **视频文件** | 光盘\视频\第11章\130通过素材库添加音频文件.mp4
- **实例要点** | 通过"添加文件"选项添加音频文件。
- **思路分析** | 在EDIUS工作界面中，用户可以先将音频文件添加至素材库中，然后再从素材库中将需要的音频文件添加至音频轨道中。

| 操作步骤 |

01 在"素材库"面板中的空白位置上单击鼠标右键，在弹出的快捷菜单中选择"添加文件"选项，如图11-9所示。

02 执行操作后，弹出"打开"对话框，在其中选择需要添加的音频文件，如图11-10所示。

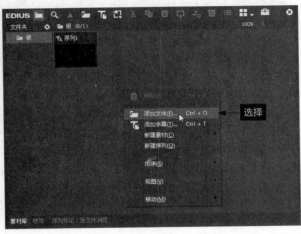

图11-9 选择"添加文件"选项

图11-10 选择需要添加的音频

03 单击"打开"按钮,将音频文件添加至"素材库"面板中,在音频文件的缩略图上显示了音频的音波,如图11-11所示。

04 在添加的音频文件上,按住鼠标左键并拖曳至1A音频轨道中的开始位置,释放鼠标左键,即可将音频文件添加至轨道中,如图11-12所示。单击"播放"按钮,可以试听添加的音频效果。

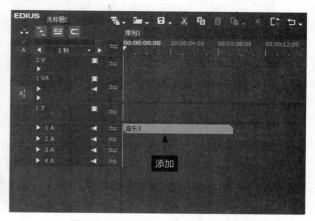

图11-11 显示音频的音波

图11-12 将音频文件添加至轨道中

实例 131 通过选项分割音频文件

- **素材文件**|光盘\素材\第11章\音乐4.ezp
- **效果文件**|光盘\效果\第11章\音乐4.ezp
- **视频文件**|光盘\视频\第11章\131通过选项分割音频文件.mp4
- **实例要点**|通过"添加剪切点"命令分割音频文件。
- **思路分析**|在EDIUS工作界面中,用户可以根据需要对音频文件进行分割操作,将添加的音频文件分割为两节。下面介绍分割音频文件的操作方法。

操作步骤

01 单击"文件"|"打开工程"命令,打开一个工程文件,如图11-13所示。

02 在"轨道"面板中将时间线移至00:00:06:00位置处,如图11-14所示。

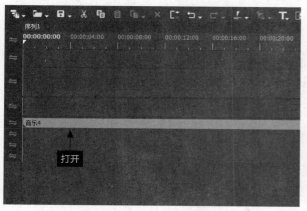
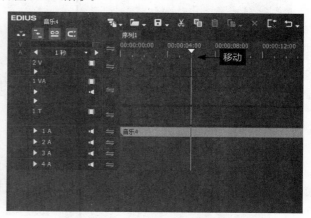

图11-13 打开一个工程文件

图11-14 移动时间线的位置

03 单击"编辑"|"添加剪切点"|"选定轨道"命令,在音频素材之间添加剪切点,对音频素材进行分割操作,如图11-15所示。

04 选择分割后的音频文件,按【Delete】键,删除音频文件,如图11-16所示。

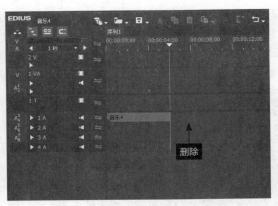

图11-15 对音频素材进行分割操作   图11-16 删除音频文件

132 通过区间修整音频

- **素材文件**｜光盘\素材\第11章\音乐5.ezp
- **效果文件**｜光盘\效果\第11章\音乐5.ezp
- **视频文件**｜光盘\视频\第11章\132通过区间修整音频.mp4
- **实例要点**｜通过拖曳黄色标记修整音频文件。
- **思路分析**｜制作视频的过程中，如果音频文件的区间不能满足用户的需求，则可以对音频的区间进行修整操作。

▌操作步骤▐

01 单击"文件"｜"打开工程"命令，打开一个工程文件，如图11-17所示。

02 选择音频轨道中的音频文件，将鼠标指针移至音频末尾处的黄色标记上，如图11-18所示。

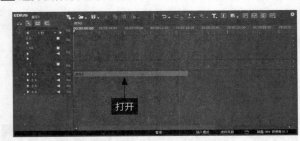
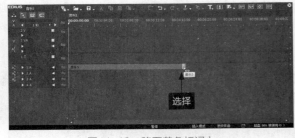

图11-17 打开一个工程文件   图11-18 移至黄色标记上

03 在黄色标记上按住鼠标左键并向左拖曳至合适位置，如图11-19所示。

04 释放鼠标左键，即可通过区间修整音频文件。单击"播放"按钮，试听修整后的音频声音，如图11-20所示。

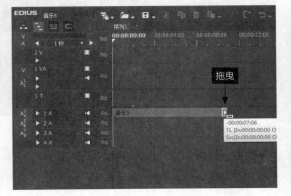
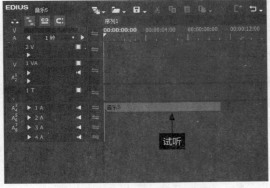

图11-19 向左拖曳至合适位置   图11-20 试听修整后的音频声音

实例 133　通过选项改变音频持续时间

- **素材文件**▎光盘\素材\第11章\音乐6.ezp
- **效果文件**▎光盘\效果\第11章\音乐6.ezp
- **视频文件**▎光盘\视频\第11章\133通过选项改变音频持续时间.mp4
- **实例要点**▎通过"持续时间"选项改变音频持续时间。
- **思路分析**▎在EDIUS 8.0中，用户可以根据需要改变音频文件的持续时间，从而调整音频文件的播放长度。下面介绍改变音频持续时间的操作方法。

▍操作步骤▍

01 单击"文件"|"打开工程"命令，打开一个工程文件，如图11-21所示。

02 选择添加的音频文件，单击鼠标右键，在弹出的快捷菜单中选择"持续时间"选项，如图11-22所示。

图11-21　打开一个工程文件

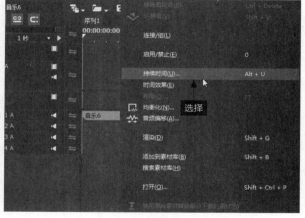

图11-22　选择"持续时间"选项

03 执行操作后，弹出"持续时间"对话框，在其中设置"持续时间"为00:00:10:00，如图11-23所示。

04 单击"确定"按钮，即可完成音频持续时间的修改，在1A音频轨道中可以看到音频的时间长度已发生变化，如图11-24所示。

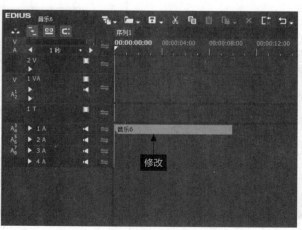

图11-23　设置持续时间

图11-24　完成音频持续时间的修改

实例 134 通过选项改变音频播放速度

- **素材文件** ┃ 光盘\素材\第11章\音乐7.mp3
- **效果文件** ┃ 光盘\效果\第11章\音乐7.ezp
- **视频文件** ┃ 光盘\视频\第11章\134通过选项改变音频播放速度.mp4
- **实例要点** ┃ 通过"速度"选项改变音频播放速度。
- **思路分析** ┃ 在EDIUS 8.0中，用户还可以通过改变音频的播放速度来修整音频文件的时间长度。下面介绍改变音频播放速度的操作方法。

┃ 操作步骤 ┃

01 在1A音频轨道中添加一段音频文件，如图11-25所示。

02 选择添加的音频文件，单击鼠标右键，在弹出的快捷菜单中选择"时间效果"|"速度"选项，如图11-26所示。

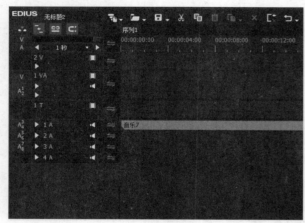

图11-25 添加一段音频文件

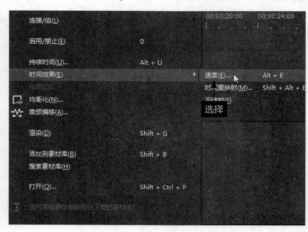

图11-26 选择"速度"选项

03 执行操作后，弹出"素材速度"对话框，在其中设置"比率"为60，如图11-27所示。

04 设置完成后，单击"确定"按钮，完成音频播放速度的修改，在1A音频轨道中可以看到音频的播放速度已发生变化，如图11-28所示。

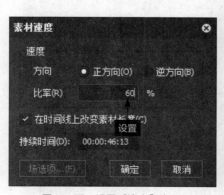

图11-27 设置"比率"为60

图11-28 完成音频播放速度的修改

> **提示**
>
> 用户还可以在"素材速度"对话框下方的"持续时间"数值框中输入相应的时间码来调整素材的速度。

11.2 为视频录制背景音乐

在EDIUS 8.0中，用户可以根据需要为视频文件录制声音旁白，使制作的视频更具有艺术感。本节主要介绍为视频录制声音的操作方法。

实例 135 通过对话框设置录音属性

● **素材文件** | 光盘\素材\第11章\珠宝广告.ezp

● **效果文件** | 光盘\效果\第11章\珠宝广告.ezp

● **视频文件** | 光盘\视频\第11章\135通过对话框设置录音属性.mp4

● **实例要点** | 通过"同步录音"对话框设置录音属性。

● **思路分析** | 在录制声音之前，首先需要设置录音的相关属性，使录制的声音文件更符合用户的需求。下面介绍设置录音属性的操作方法。

操作步骤

01 单击"文件"|"打开工程"命令，打开一个工程文件，如图11-29所示。

02 在"轨道"面板中单击"切换同步录音显示"按钮，如图11-30所示。

图11-29　打开一个工程文件

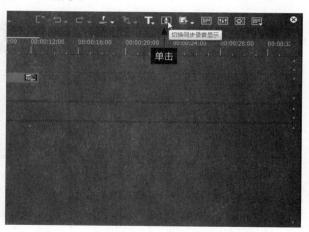

图11-30　单击"切换同步录音显示"按钮

03 执行操作后，弹出"同步录音"对话框，如图11-31所示。

04 选择一种合适的输入法，在"文件名"文本框中输入声音文件的保存名称，如图11-32所示。

05 如果用户需要设置录制声音文件的保存位置，可以单击"文件名"右侧的■按钮，如图11-33所示。

图11-31　弹出"同步录音"对话框

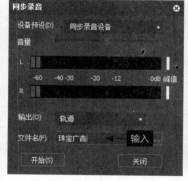

图11-32　输入文件保存名称

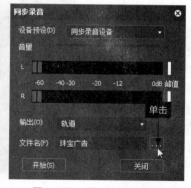

图11-33　单击右侧的按钮

06 执行操作后，弹出"浏览文件夹"对话框，在中间的下拉列表框中选择声音文件的保存位置，如图11-34 所示。

07 设置完成后，单击"确定"按钮，返回"同步录音"对话框，向右拖动"音量"右侧的滑块，调节录制的声音文件的音量大小，如图11-35所示，完成设置与操作。

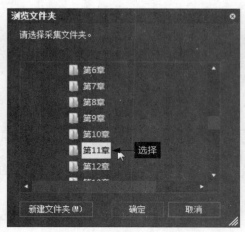

图11-34　设置文件保存位置

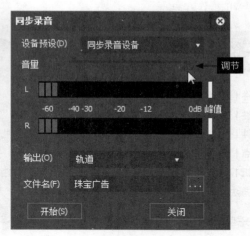

图11-35　调节声音文件的音量

> **提示**
>
> 在 EDIUS 工作界面的菜单栏中，单击"采集"菜单，在弹出的菜单列表中单击"同步录音"命令，也可以弹出"同步录音"对话框。

实例 136　通过选项将声音录进轨道

- **素材文件** | 光盘\素材\第11章\爱帝珠宝.ezp
- **效果文件** | 光盘\效果\第11章\爱帝珠宝.ezp
- **视频文件** | 光盘\视频\第11章\136通过选项将声音录进轨道.mp4
- **实例要点** | 通过"轨道"选项将声音录进轨道。
- **思路分析** | 在EDIUS 8.0中，用户可以很方便地将声音录进"轨道"面板中。对于录制完成的声音，还可以通过"轨道"面板对其进行修剪与编辑操作。

▌操作步骤▌

01 单击"文件"|"打开工程"命令，打开一个工程文件，如图11-36 所示。

02 单击"切换同步录音显示"按钮 🎤，弹出"同步录音"对话框，单击"输出"右侧的下拉按钮，在弹出的列表框中选择"轨道"选项，如图11-37所示。

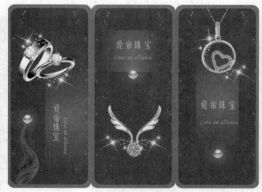

图11-36　打开一个工程文件

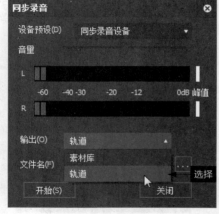

图11-37　选择"轨道"选项

03 将录制的声音输出至轨道中，单击"开始"按钮，如图11-38所示。

04 开始录制声音，待声音录制完成后，单击"结束"按钮，如图11-39所示。

05 执行操作后，弹出信息提示框，提示用户是否使用此波形文件，如图11-40所示。

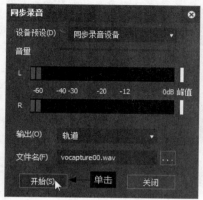
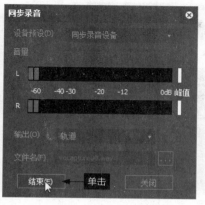
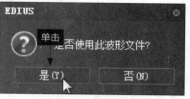

图11-38　单击"开始"按钮　　　　图11-39　单击"结束"按钮　　　　图11-40　弹出提示信息框

06 单击"是"按钮，即可将录制的声音输出至"轨道"面板中，单击"关闭"按钮，关闭"同步录音"对话框。在"轨道"面板中可查看录制的声音波形文件，如图11-41所示。

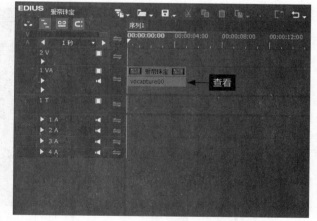

图11-41　查看录制的波形文件

实例 137　**通过选项将声音录进素材库**

- **素材文件** | 光盘\素材\第11章\电视广告.ezp
- **效果文件** | 光盘\效果\第11章\电视广告.ezp
- **视频文件** | 光盘\视频\第11章\137通过选项将声音录进素材库.mp4
- **实例要点** | 通过"素材库"选项将声音录进素材库。
- **思路分析** | 在EDIUS 8.0中，用户不仅可以将录制的声音输出至"轨道"面板，还可以将声音输出至素材库，待以后使用。下面介绍将声音录进素材库的操作方法。

┃ 操作步骤 ┃

01 单击"文件"|"打开工程"命令，打开一个工程文件，如图11-42所示。

02 单击"切换同步录音显示"按钮，弹出"同步录音"对话框。单击"输出"右侧的下拉按钮，在弹出的列表框中选择"素材库"选项，如图11-43所示，将声音录进"素材库"面板中。

图11-42　打开一个工程文件

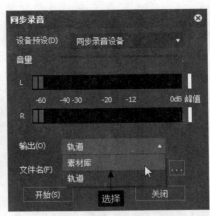

图11-43　选择"素材库"选项

03 设置完成后，单击对话框下方的"开始"按钮，如图11-44所示。

04 开始录制声音，待声音录制完成后，单击"结束"按钮，如图11-45所示。

05 执行操作后，弹出信息提示框，提示用户是否使用此波形文件，如图11-46所示。

图11-44　单击"开始"按钮

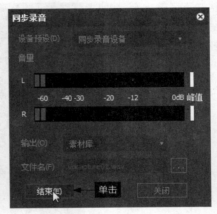

图11-45　单击"结束"按钮

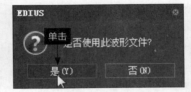

图11-46　弹出提示信息框

> **提示**
>
> 在"同步录音"对话框中录制完声音后，如果对录制的声音不满意，可以在弹出的信息提示框中单击"否"按钮，不使用此波形文件，从而清除声音。

06 单击"是"按钮，即可将录制的声音输出至"素材库"面板中。单击"关闭"按钮，关闭"同步录音"对话框，在"素材库"面板中查看录制的声音波形文件，如图11-47所示。

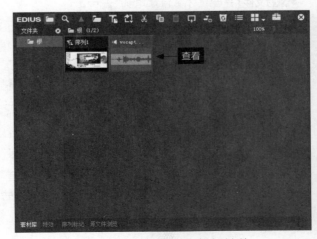

图11-47　查看录制的声音波形文件

实 例 138 通过选项删除录制的声音文件

- **素材文件** | 光盘\素材\第11章\夏天.ezp
- **效果文件** | 光盘\效果\第11章\夏天.ezp
- **视频文件** | 光盘\视频\第11章\138通过选项删除录制的声音文件.mp4
- **实例要点** | 通过"删除"选项删除录制的声音文件。
- **思路分析** | 如果用户对录制的声音不满意,则可以删除录制的声音文件。下面介绍删除录制的声音文件的操作方法。

▌操作步骤▐

01 单击"文件"|"打开工程"命令,打开一个工程文件,在声音轨道中,选择需要删除的声音文件,如图11-48所示。

02 在选择的声音文件上单击鼠标右键,在弹出的快捷菜单中选择"删除"选项,如图11-49所示。

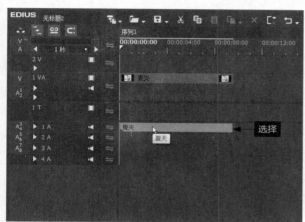

图11-48 选择需要删除的声音文件

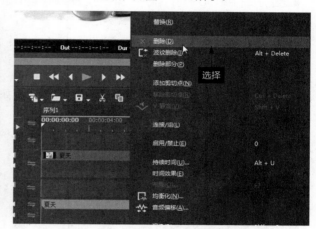

图11-49 选择"删除"选项

03 执行操作后,即可删除声音文件,此时"轨道"面板与录制窗口中的视频画面如图11-50所示。

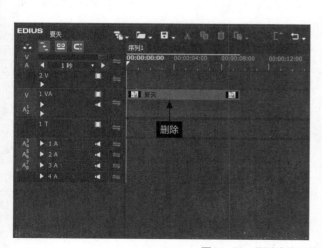

图11-50 删除声音后的"轨道"面板与视频画面

11.3 背景音乐音量的调整

　　用户在制作视频的过程中，如果背景音乐的音量过大，则会让人感觉很杂、很吵；背景音乐的音量过小，也会让人感觉视频不够大气。只有调整至合适的音量，才能制作出优质的声效。

实例 139 通过调音台调整整个音频音量

● **素材文件** | 光盘\素材\第11章\药品广告.ezp
● **效果文件** | 光盘\效果\第11章\药品广告.ezp
● **视频文件** | 光盘\视频\第11章\139通过调音台调整整个音频音量.mp4
● **实例要点** | 通过"调音台（峰值计）"对话框调整整个音频音量。
● **思路分析** | 在EDIUS工作界面中，用户可以统一调整整个音频轨道中的音频音量，该方法既方便，又快捷。下面介绍调整整个音频音量的操作方法。

┨ 操作步骤 ┠

01 单击"文件"|"打开工程"命令，打开一个工程文件，如图11-51所示。
02 在"轨道"面板上方单击"切换调音台显示"按钮，如图11-52所示。

图11-51　打开一个工程文件　　　　图11-52　单击"切换调音台显示"按钮

03 执行操作后，弹出"调音台（峰值计）"对话框，如图11-53所示。
04 单击对话框右下角的"播放"按钮，试听4个音频轨道中的声音大小，此时显示4个音轨中的音量起伏变化，如图11-54所示。

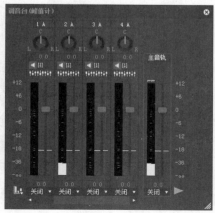
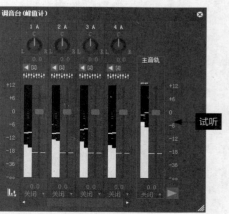

图11-53　弹出"调音台（峰值计）"对话框　　图11-54　显示4个音轨中的音量起伏变化

05 在对话框中，将鼠标指针移至1A音频轨道中的滑块上，按住鼠标左键并向下拖曳，使该轨道中的音频音量变小，如图11-55所示。

06 将鼠标指针移至2A音频轨道中的滑块上，按住鼠标左键并向上拖曳，放大该音频轨道中的音频声音，如图11-56所示。

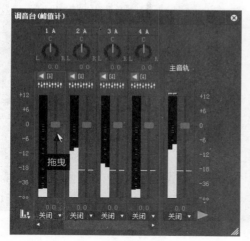

图11-55　将1A音频声音变小

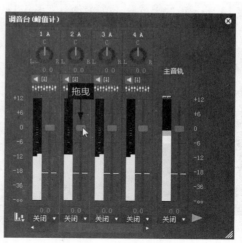

图11-56　放大2A轨道中的音频声音

07 将鼠标指针移至3A音频轨道中的滑块上，按住鼠标左键并向下拖曳，使该轨道中的音频音量比标准的声音小一点，如图11-57所示。

08 将鼠标指针移至主音轨调节滑块上，按住鼠标左键并向下拖曳，将所有轨道中的声音都调小一些，如图11-58所示。至此，完成各轨道中音频音量的调整，单击右上角的"关闭"按钮，退出"调音台（峰值计）"对话框。

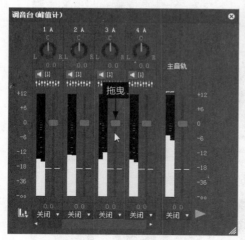

图11-57　将3A音频声音变小

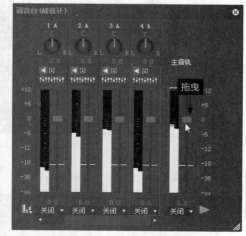

图11-58　将所有轨道声音调小一些

实例 140　通过调节线调整音量

- **素材文件** | 光盘\素材\第11章\音乐8.ezp

- **效果文件** | 光盘\效果\第11章\音乐8.ezp

- **视频文件** | 光盘\视频\第11章\140通过调节线调整音量.mp4

- **实例要点** | 通过"音量/声相"按钮调整音量。

- **思路分析** | 在EDIUS 8.0中，用户不仅可以使用调音台调整不同轨道中音频文件的音量，还可以通过调节线对音频文件的局部声音进行调整。

┨ **操作步骤** ┠

01 单击 "文件" | "打开工程" 命令，打开一个工程文件，如图11-59所示。

02 单击 "音量/声相" 按钮，进入VOL音量控制状态，如图11-60所示。

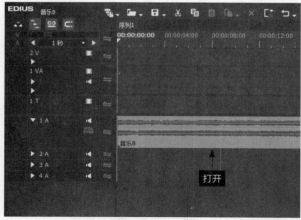
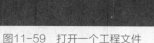

图11-59　打开一个工程文件

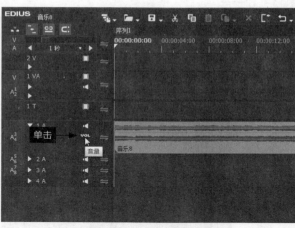

图11-60　进入VOL音量控制状态

03 在橘色调节线的合适位置按住鼠标左键并向下拖曳，添加一个音量控制关键帧，控制音量的大小，如图11-61所示。

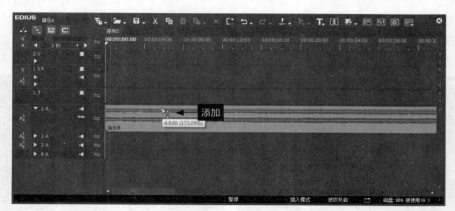

图11-61　添加一个音量控制关键帧

04 再次在调节线上添加第2个关键帧，控制音量的大小，如图11-62所示。

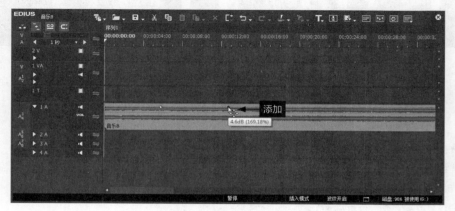

图11-62　添加第2个关键帧

05 在调节线上添加第3个关键帧，控制音量的大小，如图11-63所示，使整段音量的音波起伏变化。

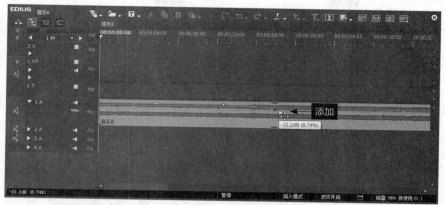

图11-63　添加第3个关键帧

06 在1A音频轨道中单击"音量"按钮，切换至PAN声相控制状态，显示一条蓝色调节线，如图11-64所示。

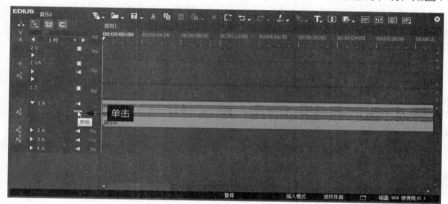

图11-64　切换至PAN声相控制状态

07 在蓝色调节线的合适位置按住鼠标左键并向下拖曳，添加一个声相控制关键帧，控制声相的大小，如图11-65所示。

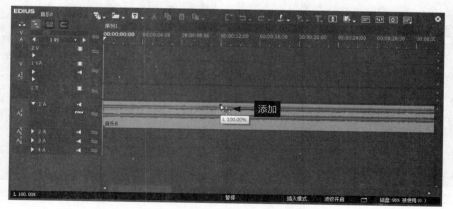

图11-65　添加一个声相控制关键帧

提示

在 EDIUS 工作界面中，当用户切换至 PAN 声相控制状态时，蓝色调节线在中央位置表示声道平衡，移到顶端表示只使用左声道，移到底端表示只使用右声道。

08 用与上述同样的方法，在蓝色调节线上添加第2个关键帧，控制声相的大小，如图11-66所示。单击"播放"按钮，试听调整音量后的声音效果。至此，通过调节线调节音量的操作完成。

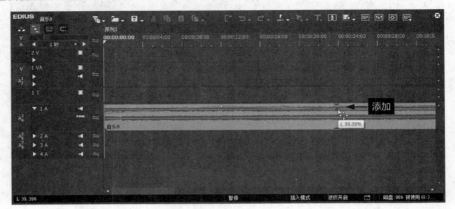

图11-66　添加第2个关键帧

实例 141　**通过按钮设置音频静音**

● **素材文件** ┃ 光盘\素材\第11章\背景音乐9.mp3

● **效果文件** ┃ 光盘\效果\第11章\背景音乐9.ezp

● **视频文件** ┃ 光盘\视频\第11章\141通过按钮设置音频静音.mp4

● **实例要点** ┃ 通过"音频静音"按钮设置音频静音。

● **思路分析** ┃ 为了更好地编辑视频，用户还可以将音频文件设置为静音状态。下面介绍设置音频文件静音的操作方法。

┃ 操作步骤 ┃

01 在1A音频轨道中添加一段音频文件，如图11-67所示。

02 在1A音频轨道中单击"音频静音"按钮，如图11-68所示，将音频文件设置为静音状态。

图11-67　添加一段音频文件

图11-68　单击"音频静音"按钮

11.4　音频素材库的管理

通过对前面知识点的学习，读者已经基本掌握了音频素材的添加与修剪。本节主要介绍管理音频素材的方法，包括重命名素材和删除音频素材，希望读者可以熟练掌握本节内容。

实例 142　通过选项在素材库中重命名素材

- **素材文件** | 光盘\素材\第11章\广告音乐.mp3
- **效果文件** | 光盘\效果\第11章\广告音乐.ezp
- **视频文件** | 光盘\视频\第11章\142通过选项在素材库中重命名素材.mp4
- **实例要点** | 通过"重命名"选项重命名音频文件。
- **思路分析** | 在EDIUS工作界面中，用户可以对"素材库"面板中的音频文件进行重命名操作，以方便音频素材的管理。下面介绍重命名素材的操作方法。

操作步骤

01 在"素材库"面板中导入一段音频文件，如图11-69所示。

02 选择导入的音频文件，单击鼠标右键，在弹出的快捷菜单中选择"重命名"选项，如图11-70所示。

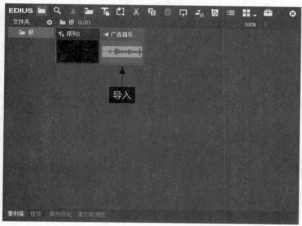

图11-69　导入一段音频文件

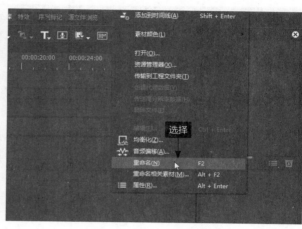

图11-70　选择"重命名"选项

03 执行操作后，音频文件的名称呈可编辑状态，如图11-71所示。

04 重新输入音频文件的名称，按【Enter】键确认，即可完成音频文件的重命名操作，如图11-72所示。

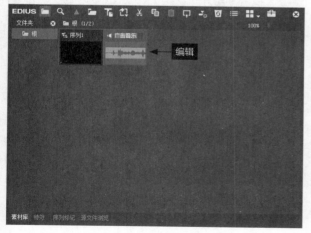

图11-71　名称呈可编辑状态

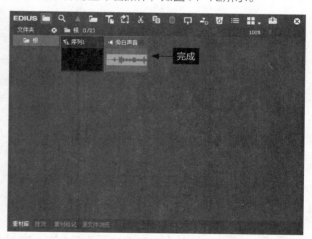

图11-72　完成音频文件的重命名操作

- **素材文件**｜光盘\素材\第11章\婚庆音乐.ezp
- **效果文件**｜光盘\效果\第11章\婚庆音乐.ezp
- **视频文件**｜光盘\视频\第11章\143通过选项删除素材库中的素材.mp4
- **实例要点**｜通过"删除"选项删除素材库中的素材。
- **思路分析**｜"素材库"面板中的某些音频素材不再需要使用时，可以将该音频素材删除。下面介绍删除素材库中音频素材的操作方法。

操作步骤

01 在"素材库"面板中选择需要删除的音频素材，如图11-73所示。

02 在选择的音频素材上单击鼠标右键，在弹出的快捷菜单中选择"删除"选项，如图11-74所示。

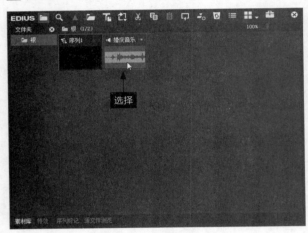
图11-73　选择需要删除的音频素材

图11-74　选择"删除"选项

03 执行操作后，即可将音频素材从"素材库"面板中删除，如图11-75所示。

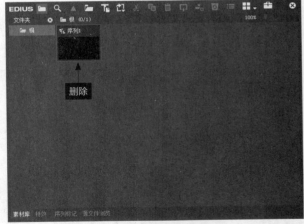
图11-75　删除音频素材

11.5　制作音频声音特效

在EDIUS 8.0中，为声音文件添加不同的特效，可以制作出优美动听的音乐效果。本节主要介绍制作音频声音特效的操作方法。

实例 144 通过低通滤波特效制作"情缘咖啡"文件

- **素材文件** | 光盘\素材\第11章\情缘咖啡.ezp
- **效果文件** | 光盘\效果\第11章\情缘咖啡.ezp
- **视频文件** | 光盘\视频\第11章\144通过低通滤波特效制作"情缘咖啡"文件.mp4
- **实例要点** | 通过"低通滤波"特效处理音频文件。
- **思路分析** | 低通滤波是指声音低于某给定频率的信号时可以有效传输,而高于此频率(滤波器截止频率)的信号将大大衰减。通俗地说,低通滤波可以去除声音中的高音部分(相对)。

操作步骤

01 单击"文件"|"打开工程"命令,打开一个工程文件,如图11-76所示。

图11-76 打开一个工程文件

02 在"轨道"面板中选择需要制作特效的声音文件,如图11-77所示。

03 在"音频滤镜"特效组中选择"低通滤波"特效,如图11-78所示。

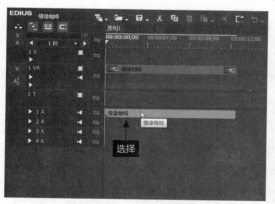

图11-77 选择声音文件

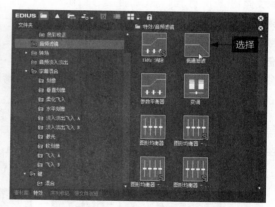

图11-78 选择"低通滤波"特效

04 按住鼠标左键并拖曳至"轨道"面板中的声音文件上,如图11-79所示。

05 在"信息"面板中可以查看已添加的声音特效,如图11-80所示。

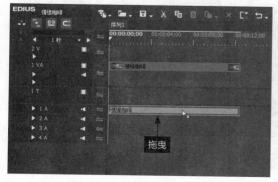

图11-79 拖曳至声音文件上

图11-80 查看添加的声音特效

06 在"信息"面板中的声音特效上单击鼠标右键，在弹出的快捷菜单中选择"打开设置对话框"选项，如图11-81所示。

07 执行操作后，弹出"低通滤波"对话框，在其中设置"截止频率"为483Hz，"Q"为1.4，如图11-82所示。单击"确定"按钮，"低通滤波"声音特效制作完成。单击录制窗口中的"播放"按钮，试听制作的声音特效。

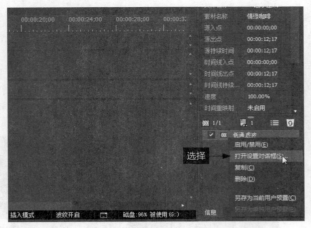

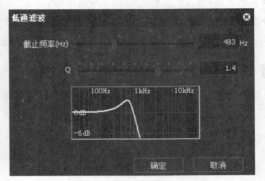

图11-81　选择"打开设置对话框"选项　　　　　图11-82　设置声音的截止频率参数

实例 145　通过参数平衡器特效制作"满满的爱心"文件

- **素材文件** ┃ 光盘\素材\第11章\满满的爱心.ezp
- **效果文件** ┃ 光盘\效果\第11章\满满的爱心.ezp
- **视频文件** ┃ 光盘\视频\第11章\145通过参数平衡器特效制作"满满的爱心"文件.mp4
- **实例要点** ┃ 通过"参数平衡器"特效处理音频文件。
- **思路分析** ┃ 在EDIUS 8.0中，参数平衡器特效可以提升或衰减不同频率的声音信号，以补偿声音中欠缺的频率成分和抑制过多的频率成分。

┃ 操作步骤 ┃

01 单击"文件"|"打开工程"命令，打开一个工程文件，如图11-83所示。

02 在"音频滤镜"特效组中选择"参数平衡器"特效，如图11-84所示。

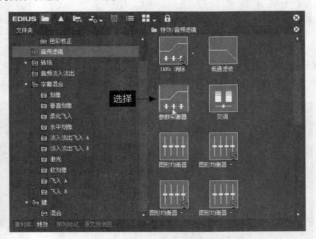

图11-83　打开一个工程文件　　　　　　　　图11-84　选择"参数平衡器"特效

03 在选择的特效上，按住鼠标左键并拖曳至"轨道"面板的声音文件上，如图11-85所示，为声音文件添加"参数平衡器"特效。

04 在"信息"面板中选择添加的"参数平衡器"特效，如图11-86所示。

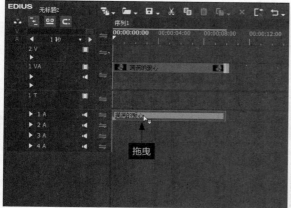

图11-85　拖曳至声音文件上　　　　　　　　　　图11-86　选择添加的声音特效

05 在选择的特效上双击，弹出"参数平衡器"对话框，在"波段1（蓝）"选项区中，设置"频率"为90 Hz，"增益"为-10.0 dB；在"波段2（绿）"选项区中，设置"频率"为970 Hz、"增益"为10.0 dB；在"波段3（红）"选项区中，设置"频率"为7746 Hz，"增益"为-11.0 dB，如图11-87所示。单击"确定"按钮，返回EDIUS工作界面，单击录制窗口中的"播放"按钮，试听制作的声音特效。

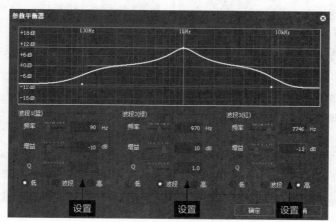

图11-87　设置特效参数

提示

在"参数平衡器"对话框中，用户还可以通过上下拖曳对话框上方窗口中的 3 个节点来调整不同频段中的声音信号。

实例 146　通过图形均衡器特效制作"标志"文件

● **素材文件** | 光盘\素材\第11章\标志.ezp

● **效果文件** | 光盘\效果\第11章\标志.ezp

● **视频文件** | 光盘\视频\第11章\146通过图形均衡器特效制作"标志"文件.mp4

● **实例要点** | 通过"图形均衡器"特效处理音频文件。

● **思路分析** | 在EDIUS 8.0中，图形均衡器特效可以将整个音频频率范围分为若干频段，然后分别对不同频率的声音信号进行编辑操作。

┫ **操作步骤** ┣

01 单击"文件"|"打开工程"命令，打开一个工程文件，如图11-88所示。

02 在"音频滤镜"特效组中选择"图形均衡器"特效，如图11-89所示。

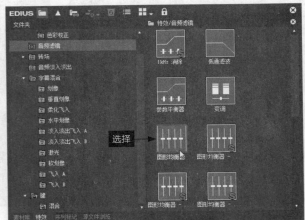

图11-88　打开一个工程文件　　　　　图11-89　选择"图形均衡器"特效

03 将选择的特效拖曳至"轨道"面板的声音文件上，如图11-90所示。

04 在"信息"面板中选择添加的"图形均衡器"特效，如图11-91所示。

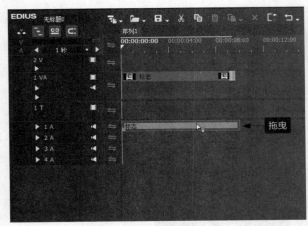

图11-90　拖曳至声音文件上　　　　　图11-91　选择添加的声音特效

05 在选择的特效上双击，弹出"图形均衡器"对话框，在其中拖曳各滑块，调节各频段的参数，如图11-92所示。单击"确定"按钮，返回EDIUS工作界面，单击录制窗口中的"播放"按钮，试听制作的声音特效。

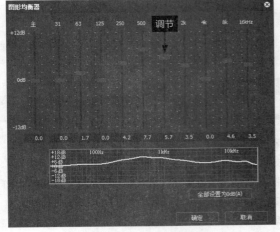

图11-92　调节各频段的参数

实 例
147 通过音调控制器特效制作"夏日餐厅"文件

● **素材文件** | 光盘\素材\第11章\夏日餐厅.ezp

● **效果文件** | 光盘\效果\第11章\夏日餐厅.ezp

● **视频文件** | 光盘\视频\第11章\147通过音调控制器特效制作"夏日餐厅"文件.mp4

● **实例要点** | 通过"音调控制器"特效处理音频文件。

● **思路分析** | 在EDIUS 8.0中，音调控制器特效可以控制不同频段中的声音音调。下面介绍制作音调控制器特效操作方法。

▌操作步骤 ▌

01 单击"文件"|"打开工程"命令，打开一个工程文件，如图11-93所示。

02 在"音频滤镜"特效组中选择"音调控制器"特效，如图11-94所示。

图11-93 打开一个工程文件

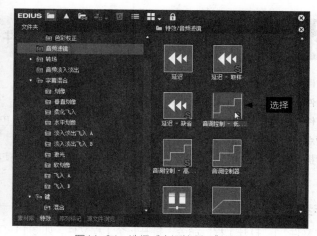

图11-94 选择"音调控制器"特效

03 将选择的特效拖曳至"轨道"面板的声音文件上，如图11-95所示。

04 在"信息"面板中选择添加的"音调控制器"特效，如图11-96所示。

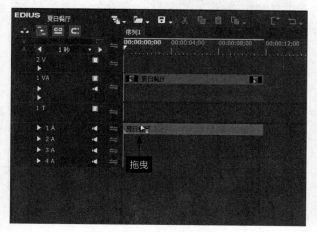

图11-95 拖曳至声音文件上

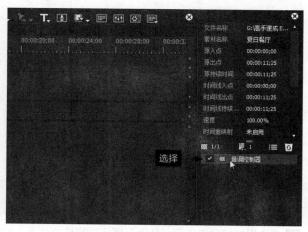

图11-96 选择添加的声音特效

05 在选择的特效上双击，弹出"音调控制器"对话框，在其中设置"低音"为-5.5 dB，"高音"为7.8 dB，如图11-97所示，调整声音中低音与高音的音调增益属性。单击"确定"按钮，返回EDIUS工作界面，单击录制窗口中的"播放"按钮，试听制作的声音特效。

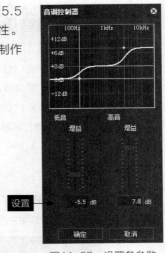

图11-97　设置各参数

实例 **148**　通过变调特效制作"魅力无限"文件

- **素材文件**｜光盘\素材\第11章\魅力无限.ezp
- **效果文件**｜光盘\效果\第11章\魅力无限.ezp
- **视频文件**｜光盘\视频\第11章\148通过变调特效制作"魅力无限"文件.mp4
- **实例要点**｜通过"变调"特效处理音频文件。
- **思路分析**｜在EDIUS 8.0中，变调特效可以改变声音中的部分音调，使其音质更加完美。下面介绍制作变调特效的操作方法。

┃ 操作步骤 ┃

01 单击"文件"｜"打开工程"命令，打开一个工程文件，如图11-98所示。

02 在"音频滤镜"特效组中选择"变调"特效，如图11-99所示。

图11-98　打开一个工程文件

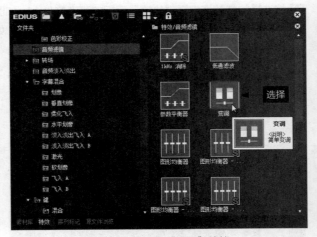

图11-99　选择"变调"特效

03 将选择的特效拖曳至"轨道"面板的声音文件上，如图11-100所示。

04 在"信息"面板中选择添加的"变调"特效，如图11-101所示。

<

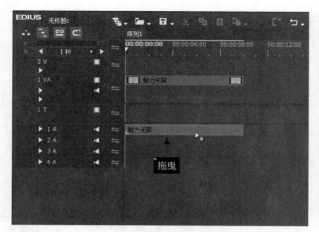

图11-100　拖曳至声音文件上

图11-101　选择添加的声音特效

05 在选择的特效上双击，弹出"变调"对话框，在其中拖动滑块，设置"音高"为90，如图11-102所示。单击"确定"按钮，返回EDIUS工作界面，单击录制窗口中的"播放"按钮，试听制作的声音特效。

图11-102　设置"音高"为90

实例 149　通过延迟特效制作"蛋香奶茶"文件

- **素材文件** | 光盘\素材\第11章\蛋香奶茶.ezp
- **效果文件** | 光盘\效果\第11章\蛋香奶茶.ezp
- **视频文件** | 光盘\视频\第11章\149通过延迟特效制作"蛋香奶茶"文件.mp4
- **实例要点** | 通过"延迟"特效处理音频文件。
- **思路分析** | 在EDIUS 8.0中调节声音的延迟参数，使声音听上去像是有回声一样，可以增加听觉空间上的空旷感。下面介绍制作延迟特效的操作方法。

操作步骤

01 单击"文件"|"打开工程"命令，打开一个工程文件，如图11-103所示。

02 在"音频滤镜"特效组中选择"延迟"特效，如图11-104所示。

图11-103　打开一个工程文件

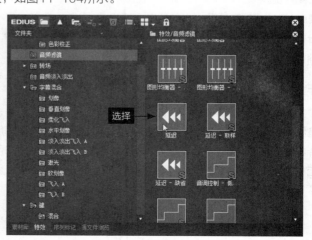

图11-104　选择"延迟"特效

03 将选择的特效拖曳至"轨道"面板的声音文件上，如图11-105所示。

04 在"信息"面板中选择添加的"延迟"特效，如图11-106所示。

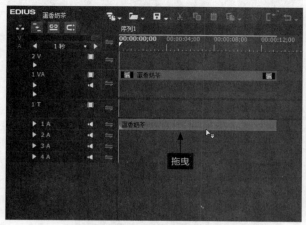

图11-105 拖曳至声音文件上

图11-106 选择添加的声音特效

05 在选择的特效上双击，弹出"延迟"对话框，在其中设置"延迟时间"为1348毫秒，"延迟增益"为50%，"反馈增益"为65%，"主音量"为42%，如图11-107所示。单击"确定"按钮，返回EDIUS工作界面，单击录制窗口中的"播放"按钮，试听制作的声音特效。

图11-107 设置延迟各参数值

实例 150 通过高通滤波特效制作"手机广告"文件

- **素材文件**｜光盘\素材\第11章\手机广告.ezp
- **效果文件**｜光盘\效果\第11章\手机广告.ezp
- **视频文件**｜光盘\视频\第11章\150通过高通滤波特效制作"手机广告"文件.mp4
- **实例要点**｜通过"高通滤波"特效处理音频文件。
- **思路分析**｜高通滤波与低通滤波的作用刚好相反，高通滤波是指高于某给定频率的信号可以有效传输，而低于此频率（滤波器截止频率）的信号将会大大衰减。

操作步骤

01 单击"文件"|"打开工程"命令，打开一个工程文件，如图11-108所示。

02 在"音频滤镜"特效组中选择"高通滤波"特效，如图11-109所示。

03 将选择的特效拖曳至"轨道"面板的声音文件上，如图11-110所示。

04 在"信息"面板中选择添加的"高通滤波"特效，如图11-111所示。

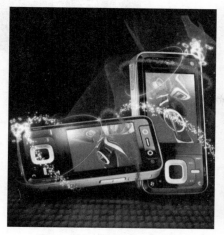

图11-108　打开一个工程文件

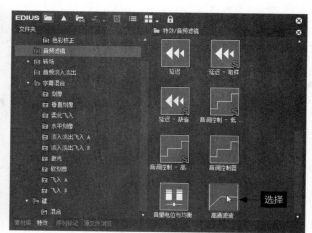

图11-109　选择"高通滤波"特效

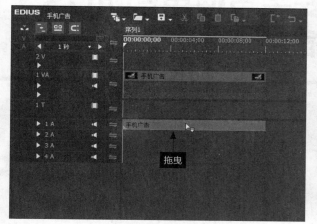

图11-110　拖曳至声音文件上

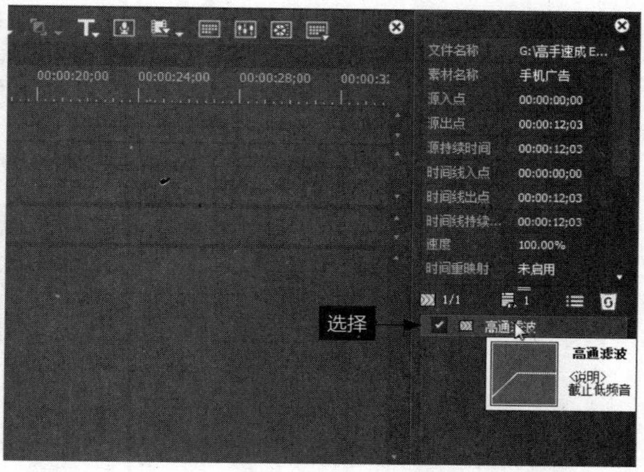

图11-111　选择添加的声音特效

05 在选择的特效上双击，弹出"高通滤波"对话框，在其中设置"截止频率"为441 Hz，"Q"为1.1，如图11-112所示。单击"确定"按钮，返回EDIUS工作界面，单击录制窗口中的"播放"按钮，试听制作的声音特效。

> **提示**
>
> 在"高通滤波"对话框中，用户不仅可以通过左右拖动滑块的方式设置各参数值，还可以在右侧的数值框中输入相应的参数值。

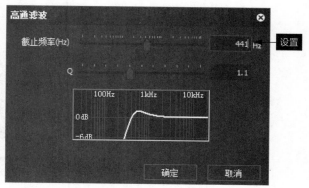

图11-112　设置特效参数

第 **12** 章

安装与使用EDIUS
插件

插件（Plug-in，又称addin、add-in、addon或add-on，
又译"外挂"）是一种使用遵循一定规范的应用程序接口编
写出来的程序。很多软件都有插件，插件有无数种。例如，
安装相关的插件后，EDIUS能够直接调用插件程序来制作
特定转场与视频滤镜特效。因EDIUS 8。软件插件还没出
来，为了方便读者了解，本章以EDIUS 7。软件插件来介
绍安装与使用EDIUS插件的操作方法，希望读者可以熟练
掌握。

12.1 Vitascene滤镜插件

ProDAD视频滤镜中的Vitascene是一款扫光插件，支持EDIUS 软件。本节主要向读者介绍安装与使用Vitascene滤镜插件处理素材的方法。

实例 151 安装Vitascene滤镜插件

- **视频文件** | 光盘\视频\第12章\151安装Vitascene滤镜插件.mp4
- **实例要点** | ProDAD视频滤镜中的Vitascene是一款扫光插件，支持EDIUS 软件
- **思路分析** | 用户使用Vitascene滤镜插件处理素材之前，首先需要安装Vitascene滤镜插件。下面向读者介绍安装Vitascene滤镜插件的方法。

操作步骤

01 进入Vitascene滤镜插件文件夹，选择".exe"格式的安装文件，单击鼠标右键，在弹出的快捷菜单中选择"打开"选项，如图12-1所示。

02 执行操作后，弹出相应对话框，显示插件运行信息，如图12-2所示。

图12-1 选择"打开"选项

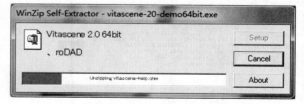

图12-2 显示插件运行信息

03 稍等片刻，弹出"安装proDAD产品Vitascene"对话框，显示插件的产品与版权信息，单击"下一步"按钮，如图12-3所示。

04 进入"许可协议"界面，在其中请用户仔细阅读插件的许可协议内容，单击"我接受本许可协议的条款"按钮，如图12-4所示。

图12-3 单击"下一步"按钮

图12-4 单击相应按钮

05 进入"选择目标目录"界面，在其中用户可根据需要设置插件的安装路径，如图12-5所示。

06 单击"下一步"按钮，进入"选择插件"界面，其中各选项为默认设置，单击"下一步"按钮，如图12-6所示。

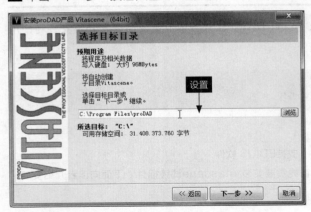

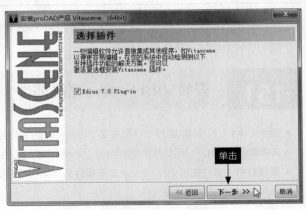

图12-5　设置插件的安装路径　　　　　　　　　　　　　图12-6　单击"下一步"按钮

07 进入"您准备好安装了吗"界面，显示了插件的安装配置信息，单击"安装"按钮，如图12-7所示。

08 开始安装Vitascene滤镜插件，安装完成后，进入"安装Vitascene已完成"界面，提示用户插件已经安装完成，单击"完成，退出"按钮，如图12-8所示。

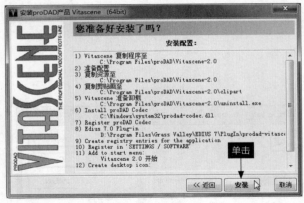

图12-7　单击"安装"按钮　　　　　　　　　　　　　　图12-8　单击"完成，退出"按钮

09 执行操作后，即可完成Vitascene滤镜插件的安装操作。进入EDIUS工作界面，在"特效"面板中可以查看安装的Vitascene滤镜插件，如图12-9所示。

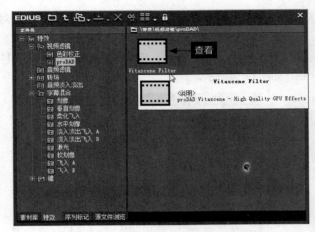

图12-9　查看安装的Vitascene滤镜插件

实例 152　使用Vitascene滤镜插件

┤操作步骤┠

01 进入EDIUS工作界面，在视频轨中导入一张素材图像，如图12-10所示。

02 在录制窗口中，用户可以预览视频的画面效果，如图12-11所示。

图12-10　导入一幅素材图像

图12-11　预览视频的画面效果

03 在"特效"面板中展开"视频滤镜"｜"proDAD"滤镜特效组，在其中选择"Vitascene Filter"滤镜特效，如图12-12所示。

04 在选择的滤镜特效上，单击鼠标左键并拖曳至视频轨中的素材图像上，如图12-13所示。

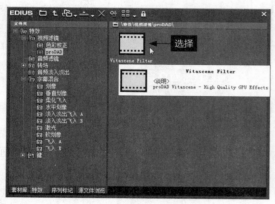

图12-12　选择相应滤镜特效

图12-13　拖曳至视频轨中的素材图像上

05 添加"Vitascene Filter"滤镜特效后，此时录制窗口中的视频画面效果如图12-14所示。

06 在"信息"面板中，选择"Vitascene Filter"滤镜特效，单击鼠标右键，在弹出的快捷菜单中选择"打开设置对话框"选项，如图12-15所示。

图12-14　录制窗口中的画面效果

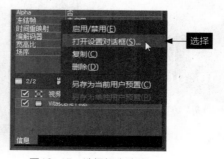

图12-15　选择相应选项

07 弹出"Vitascene"对话框，在中间的下拉列表框中选择"电影感-极限"文件夹图标，如图12-16所示。

08 在文件夹图标上双击鼠标左键，即可打开该文件夹，在相应的滤镜特效上双击鼠标左键，如图12-17所示。

图12-16 选择"电影感-极限"文件夹图标　　　　　　　图12-17 在滤镜上双击鼠标左键

09 执行操作后，即可应用滤镜特效，单击对话框右上角的"关闭"按钮，弹出提示信息框，单击"是"按钮，如图12-18所示。

10 即可应用"Vitascene Filter"滤镜特效，此时录制窗口中的视频画面色彩将发生变化，如图12-19所示。

图12-18 单击"是"按钮　　　　　　　　　　图12-19 应用滤镜特效

11 在"Vitascene"对话框中，用户还可以通过双击的方式应用其他的滤镜效果，制作出不一样的视频画面色彩，如图12-20所示。

图12-20 应用其他滤镜效果

12.2 Mercalli防抖插件

Mercalli插件可以让用户消除用摄像机拍摄视频时产生的抖动、颠簸和颤抖，提高视频画面质量。本节主要向读者介绍安装与使用Mercalli插件的操作方法。

实例 153 安装Mercalli防抖插件

- **视频文件** 光盘\视频\第12章\153安装Mercalli防抖插件.mp4
- **实例要点** 在使用Mercalli插件处理视频之前，用户首先需要将Mercalli插件安装至计算机中。
- **思路分析** 下面向读者介绍安装Mercalli插件的操作方法。

操作步骤

01 进入Mercalli滤镜插件文件夹，选择".exe"格式的安装文件，单击鼠标右键，在弹出的快捷菜单中选择"打开"选项，如图12-21所示。

02 执行操作后，弹出相应对话框，显示插件运行信息，如图12-22所示。

图12-21 选择"打开"选项

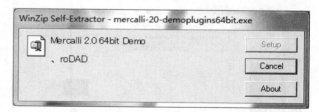

图12-22 显示插件运行信息

03 稍等片刻，弹出"安装proDAD产品Mercalli"对话框，显示插件的产品与版权信息，如图12-23所示。

04 单击"下一步"按钮，进入"许可协议"界面，在其中请用户仔细阅读插件的许可协议内容，单击"我接受本许可协议的条款"按钮，如图12-24所示。

图12-23 显示插件的产品与版权信息

图12-24 单击相应按钮

05 进入"选择目标目录"界面，在其中用户可根据需要设置插件的安装路径，如图12-25所示。

06 单击"下一步"按钮，进入"选择插件"界面，其中各选项为默认设置，如图12-26所示。

图12-25　设置插件的安装路径

图12-26　"选择插件"界面

07 单击"下一步"按钮，进入"您准备好安装了吗"界面，显示了插件的安装配置信息，单击"安装"按钮，如图12-27所示。

08 开始安装Mercalli滤镜插件，安装完成后，进入"安装Mercalli已完成"界面，提示用户插件已经安装完成，单击"完成，退出"按钮，如图12-28所示。

图12-27　单击"安装"按钮

图12-28　单击"完成，退出"按钮

09 执行操作后，即可完成Mercalli滤镜插件的安装操作。进入EDIUS工作界面，在"特效"面板中可以查看安装的Mercalli滤镜插件，如图12-29所示。

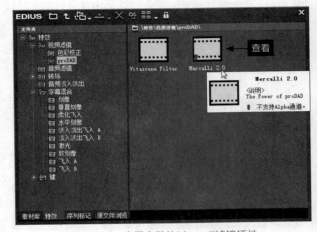
图12-29　查看安装的Mercalli滤镜插件

实例 154 使用Mercalli防抖插件

▌ 操作步骤 ▐

01 进入EDIUS工作界面，在视频轨中导入一段视频素材，如图12-30所示。

02 在"特效"面板中展开"视频滤镜" | "pro DAD"滤镜特效组，在其中选择"Mercalli 2.0"滤镜特效，如图12-31所示。

图12-30 导入一段视频素材

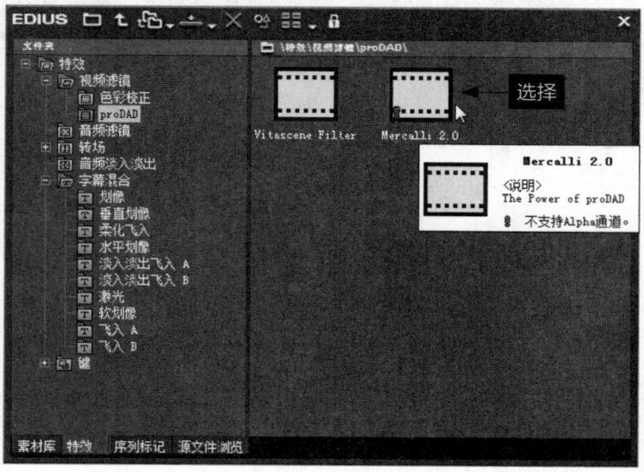

图12-31 选择"Mercalli 2.0"滤镜特效

03 在选择的滤镜特效上，单击鼠标左键并拖曳至视频轨中的视频素材上，添加Mercalli滤镜特效。在"信息"面板中选择Mercalli 2.0滤镜特效，单击鼠标右键，在弹出的快捷菜单中选择"打开设置对话框"选项，如图12-32所示。

04 执行操作后，弹出相应对话框，在右上方选择"通用相机"选项，如图12-33所示。

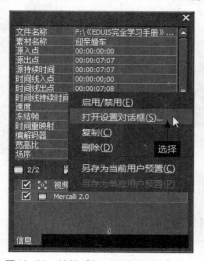

图12-32 选择"打开设置对话框"选项

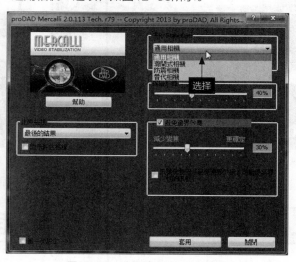

图12-33 选择"通用相机"选项

05 选中对话框左下方的"进一步设定"复选框，展开相应选项，在其中选中相应复选框，并设置相应参数，如图12-34所示。

06 设置完成后，单击"套用"按钮，开始套用视频滤镜，并显示操作进度，如图12-35所示。

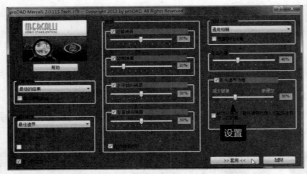

图12-34 设置相应参数

图12-35 显示操作进度

07 稍等片刻，返回对话框，单击"关闭"按钮，如图12-36所示，退出对话框。

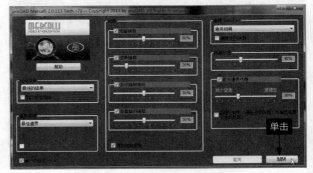

图12-36 单击"关闭"按钮

08 在录制窗口中单击"播放"按钮，预览应用Mercalli滤镜插件处理视频后的画面效果，如图12-37所示。

图12-37 预览视频画面效果

12.3 使用PorDAD转场插件

　　PorDAD转场特效是指画面B以圆形闪光的方式慢慢覆盖画面A的运动效果。下面向读者介绍使用PorDAD转场插件制作视频转场过渡特效的操作方法。

┃ 操作步骤 ┃

01 进入EDIUS工作界面，在视频轨中导入两张静态图像，如图12-38所示。

02 在"特效"面板中展开"转场"｜"proDAD"转场特效组，在其中选择"Vitascene Transition"转场特效，如图12-39所示。

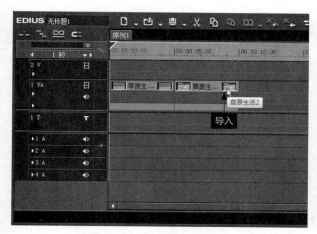

图12-38　导入两张静态图像

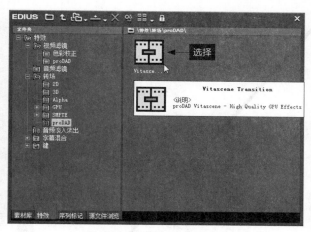

图12-39　选择相应转场特效

03 将选择的转场特效添加至视频轨中的两幅静态图像之间，添加转场效果，如图12-40所示。

图12-40　添加转场效果

04 在录制窗口中单击"播放"按钮，预览添加的转场效果，如图12-41所示。

图12-41　预览添加的转场效果

> **提示**
>
> 在 EDIUS 工作界面中，插件的安装与使用方法大同小异。值得用户注意的是，EDIUS 中的插件，安装环境必须适合 64 位操作系统，32 位的插件程序是无法在 EDIUS 软件中使用的，因为 EDIUS 是一款原生态 64 位操作系统下的软件。

第

13

章

输出与刻录视频文件

通过EDIUS 8.0提供的输出和渲染功能，用户可以将编辑完成的视频画面进行渲染并输出成视频文件。本章主要介绍渲染视频与音频文件的各种操作方法，包括输出视频文件、渲染视频文件以及刻录DVD光盘等内容。希望读者可以熟练掌握本章内容，全面了解视频输出过程。

13.1 输出与渲染视频文件

用户在创建并保存编辑完成的视频文件后，可将其渲染并输出到计算机的硬盘中。本节主要介绍输出视频文件的各种操作方法，包括设置视频输出属性、输出AVI视频文件、输出MPEG视频文件以及输出入出点间的视频等内容。

实例 155 通过对话框设置视频输出属性

- **素材文件** | 光盘\素材\第13章\荷和天下.ezp
- **效果文件** | 光盘\效果\第13章\荷和天下.WMV
- **视频文件** | 光盘\视频\第13章\155通过对话框设置视频输出属性.mp4
- **实例要点** | 通过"输出到文件"对话框设置视频输出属性。
- **思路分析** | 在输出视频文件之前，首先要设置相应的视频输出属性，这样才能得到满意的视频文件。下面介绍设置视频输出属性的操作方法。

操作步骤

01 单击"文件"|"打开工程"命令，打开一个工程文件，如图13-1所示。

02 在录制窗口下方单击"输出"按钮，在弹出的列表框中选择"输出到文件"选项，如图13-2所示。

图13-1 打开一个工程文件

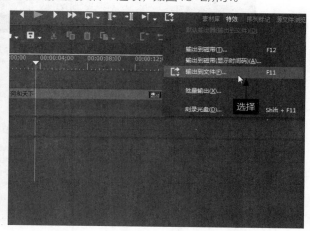

图13-2 选择"输出到文件"选项

03 弹出"输出到文件"对话框，单击下方的"输出"按钮，如图13-3所示。

提示

单击"输出"按钮，弹出的列表框中的各主要选项含义如下。
➤ 输出到磁带：可以将 EDIUS "轨道"面板中的视频效果输出到磁带上。
➤ 输出到文件：可以将 EDIUS 中的视频输出为各种格式的视频文件。
➤ 批量输出：可以批量输出视频中各区间段的视频文件。

图13-3 单击"输出"按钮

04 执行操作后，弹出对话框，在"文件名"文本框中输入视频输出的名称；在"保存类型"列表框中设置视频的保存类型，如图13-4所示。

05 在对话框的下方"视频设置"选项卡中设置相应属性，如图13-5所示。

图13-4　设置名称与类型

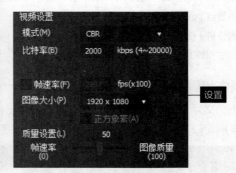

图13-5　设置视频输出属性

06 在"音频设置"选项卡中设置相应属性，如图13-6所示。

> **提示**
>
> 在 EDIUS 工作界面中按【F11】键，也可以弹出"输出到文件"对话框，用户在其中根据需要设置相应的输出属性即可。

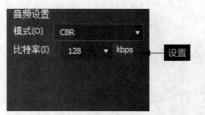

图13-6　设置相应属性

实例 156　通过输出AVI视频制作"最美风景"文件

- **素材文件** | 光盘\素材\第13章\最美风景.ezp
- **效果文件** | 光盘\效果\第13章\最美风景.avi
- **视频文件** | 光盘\视频\第13章\156通过输出AVI视频制作"最美风景"文件.mp4
- **实例要点** | 通过AVI选项输出AVI视频。
- **思路分析** | AVI主要应用在多媒体光盘上，用来保存电视、电影等各种影像信息，它的优点是兼容性好，图像质量好，只是输出的文件有些偏大。

| 操作步骤 |

01 单击"文件"|"打开工程"命令，打开一个工程文件，如图13-7所示。

图13-7　打开一个工程文件

02 在录制窗口下方单击"输出"按钮，在弹出的列表框中选择"输出到文件"选项，如图13-8所示。

03 执行操作后，弹出"输出到文件"对话框，在左侧窗口中选择"AVI"选项，如图13-9所示，表示输出的格式为AVI。

图13-8　选择"输出到文件"选项

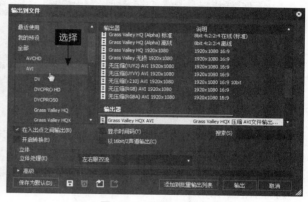

图13-9　选择AVI选项

提示

在"输出到文件"对话框中的左侧窗口中选择"AVI"选项后，在右侧的"输出器"列表框中提供了多种AVI格式的输出器，用户可根据需要选择。

04 单击下方的"输出"按钮，弹出"Grass Valley HQX AVI"对话框，在其中设置"文件名"为"最美风景"，并设置视频的保存类型为"AVI"，如图13-10所示。

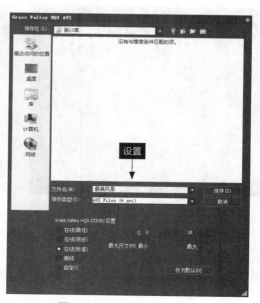

图13-10　设置文件名与类型

05 单击"保存"按钮，弹出"渲染"对话框，开始输出AVI视频文件，并显示输出进度，如图13-11所示。

06 稍等片刻，待视频文件输出完成后，在"素材库"面板中，即可显示输出的AVI视频文件，如图13-12所示。

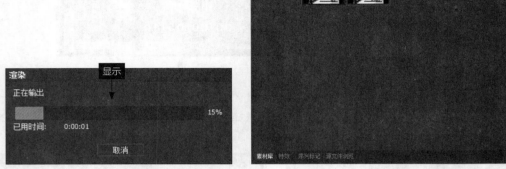

图13-11　显示输出进度　　　　　　　　　　　　　图13-12　显示输出的AVI视频文件

实 例
157 通过输出MPEG视频制作"手表广告"文件

- **素材文件** | 光盘\素材\第13章\手表广告.ezp
- **视频文件** | 光盘\视频\第13章\157通过输出MPEG视频制作手表"广告文件".mp4
- **实例要点** | 通过MPEG选项输出MPEG视频。
- **思路分析** | 在EDIUS工作界面中，用户不仅可以输出AVI视频文件，还可以输出MPEG视频文件。下面介绍输出MPEG视频文件的操作方法。

┤操作步骤├

01 单击"文件"|"打开工程"命令，打开一个工程文件，如图13-13所示。

02 在录制窗口下方单击"输出"按钮，在弹出的列表框中选择"输出到文件"选项，弹出"输出到文件"对话框，在左侧窗口中选择"MPEG"选项，如图13-14所示，表示输出的格式为MPEG2基本流格式。

图13-13　打开一个工程文件

图13-14　选择"MPEG"选项

03 单击"输出"按钮，弹出"MPEG2基本流"对话框，在"目标"选项区中，单击"视频"右侧的"选择"按钮，如图13-15所示。

04 执行操作后，弹出"另存为"对话框，在其中设置文件的保存名称和保存类型，如图13-16所示。

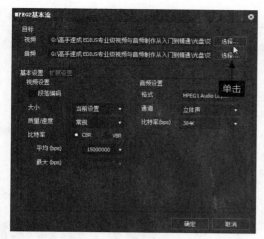

图13-15 单击"选择"按钮

图13-16 设置文件名与类型

05 单击"保存"按钮,返回"MPEG2基本流"对话框,在"视频"文本框中显示视频文件的输出路径。单击"音频"右侧的"选择"按钮,弹出"另存为"对话框,在其中设置音频文件的保存名称与保存类型,单击"保存"按钮,再次返回"MPEG2基本流"对话框,在"音频"文本框中也显示音频文件的输出路径,如图13-17所示。

06 设置完成后,单击"确定"按钮,弹出"渲染"对话框,显示视频文件的输出进度,如图13-18所示。

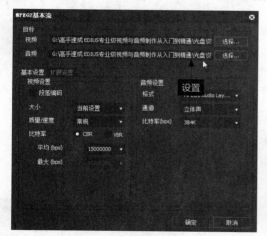

图13-17 设置输出选项

图13-18 显示输出进度

07 稍等片刻,待视频文件输出完成后,在"素材库"面板中即可显示输出的视频文件与音频文件,如图13-19所示。

提示

在"素材库"面板中已输出的视频文件上单击鼠标右键,在弹出的快捷菜单中选择"资源管理器"选项,即可打开该视频文件输出的磁盘文件夹。

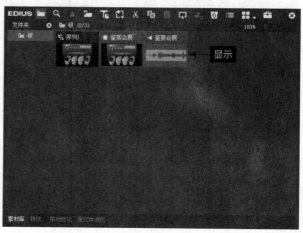

图13-19 显示输出的视频文件与音频文件

<table>
<tr><td>实例
158</td><td>通过输出入出点间视频制作"可爱宝贝"文件</td></tr>
</table>

- **素材文件** | 光盘\素材\第13章\可爱宝贝.ezp
- **视频文件** | 光盘\视频\第13章\158通过输出入出点间视频制作"可爱宝贝"文件.mp4
- **实例要点** | 通过"在入出点之间输出"复选框输出入出点间视频。
- **思路分析** | 在EDIUS工作界面中，用户不仅可以输出不同格式的视频文件，还可以单独输出工程文件中入点与出点部分的视频区间。

┃ 操作步骤 ┃

01 单击"文件"|"打开工程"命令，打开一个工程文件，如图13-20所示。

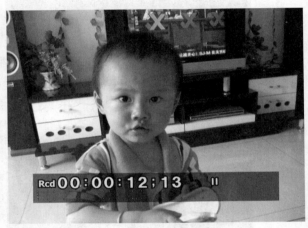

图13-20　打开一个工程文件

02 在"轨道"面板中的视频文件上创建入点和出点标记，如图13-21所示。

03 按【F11】键，弹出"输出到文件"对话框，在左侧窗口中选择QuickTime相应选项，在下方选中"在入出点之间输出"复选框，如图13-22所示，单击"输出"按钮。

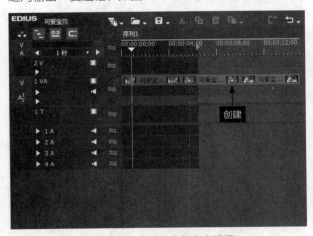
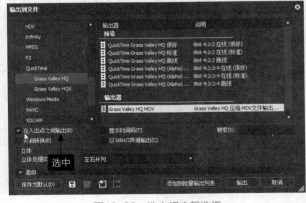

图13-21　创建入点与出点标记　　　　　　　　图13-22　选中相应复选框

04 弹出相应对话框，在其中设置视频保存的文件名，如图13-23所示。

05 单击"保存"按钮，弹出"渲染"对话框，渲染视频，如图13-24所示。

图13-23 设置视频保存的文件名

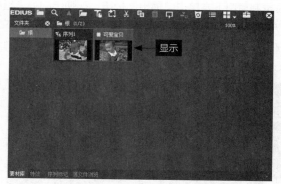

图13-24 开始渲染视频

06 稍等片刻，待视频文件输出完成后，在"素材库"面板中即可显示输出的入出点间视频文件，如图13-25所示。

图13-25 显示输出的入点与出点间的视频文件

实例 159 通过批量输出视频制作"老有所乐"文件

● **素材文件** | 光盘\素材\第13章\老有所乐.ezp

● **视频文件** | 光盘\视频\第13章\159通过批量输出视频制作"老有所乐"文件.mp4

● **实例要点** | 通过"批量输出"选项批量输出视频。

● **思路分析** | 在EDIUS 8.0中，用户不仅可以单独输出视频，还可以批量输出多段不同区间内的视频文件。下面介绍批量输出视频文件的操作方法。

┃操作步骤┃

01 单击"文件"|"打开工程"命令，打开一个工程文件，如图13-26所示。

图13-26 打开一个工程文件

图13-26　打开一个工程文件（续）

02 在录制窗口下方单击"输出"按钮，在弹出的列表框中选择"批量输出"选项，弹出"批量输出"对话框，单击上方的"添加到批量输出列表"按钮，添加一个序列文件，如图13-27所示。

03 在"序列1"文件的"入点"与"出点"时间码上，上下滚动鼠标，设置视频入点与出点的时间，如图13-28所示。

 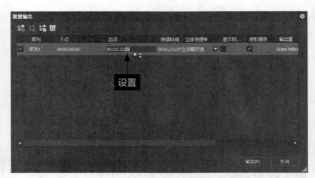

图13-27　添加一个序列文件　　　　　　　　图13-28　设置视频入点与出点的时间

04 用与上述同样的方法，再次在"批量输出"对话框下方创建两个不同的视频区间序列，如图13-29所示。

05 创建完成后，单击"输出"按钮，开始批量输出视频区间。稍等片刻，待视频输出完成后，单击"关闭"按钮，退出"批量输出"对话框。在"素材库"面板中，显示已批量输出的3个不同区间视频片段，如图13-30所示。

 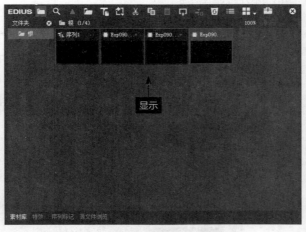

图13-29　创建两个不同的视频区间序列　　　　图13-30　显示3个不同区间的视频片段

实例 160 通过渲染全部视频制作"饮料广告"文件

- **素材文件** | 光盘\素材\第13章\饮料广告.ezp
- **效果文件** | 光盘\效果\第13章\饮料广告.ezp
- **视频文件** | 光盘\视频\第13章\160通过渲染全部视频制作"饮料广告"文件.mp4
- **实例要点** | 通过"渲染全部"选项渲染全部视频。
- **思路分析** | 用户可以对整个"轨道"面板中的视频文件进行快速渲染。下面介绍渲染全部视频的操作方法。

▌操作步骤 ▌

01 单击"文件"|"打开工程"命令,打开一个工程文件,如图13-31所示。

02 在"轨道"面板上方单击"渲染入/出点间"按钮右侧的下三角按钮,在弹出的列表框中选择"渲染全部"|"渲染满载区域"选项,如图13-32所示。

图13-31 打开一个工程文件

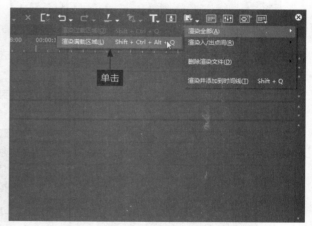

图13-32 单击"渲染满载区域"选项

03 执行操作后,弹出"渲染-序列1"对话框,对序列文件进行快速渲染操作,如图13-33所示,待渲染完成后即可。

提示

在 EDIUS 工作界面中按【Shift + Ctrl + Alt + Q】组合键,也可以快速渲染序列文件中的全部视频。

图13-33 对序列文件进行快速渲染操作

实例 161 通过渲染入出点视频制作"手机广告"文件

- **素材文件** | 光盘\素材\第13章\手机广告.ezp
- **效果文件** | 光盘\效果\第13章\手机广告.ezp
- **视频文件** | 光盘\视频\第13章\161通过渲染入出点视频制作"手机广告"文件.mp4
- **实例要点** | 通过"渲染入点/出点"选项渲染入出点视频。
- **思路分析** | 在EDIUS 8.0中,用户可以对序列文件中入点与出点之间的视频进行快速渲染。下面介绍渲染入点与出点间视频的操作方法。

┨ 操作步骤 ┠

01 单击"文件"|"打开工程"命令，打开一个工程文件，如图13-34所示。

02 运用前面所学的知识，在"轨道"面板中标记视频的入点和出点部分，如图13-35所示。

图13-34　打开一个工程文件　　　　　　　　图13-35　标记视频的入点和出点部分

03 在"轨道"面板上方单击"渲染入/出点间"按钮右侧的下三角按钮，在弹出的列表框中选择"渲染入点/出点"|"全部"选项，如图13-36所示。

04 执行操作后，弹出"渲染-序列1"对话框，对入点与出点间的视频文件进行快速渲染，如图13-37所示，待渲染完成后即可。

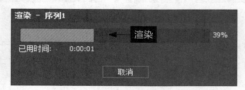

图13-36　选择"全部"选项　　　　　　　　图13-37　对入出点间视频进行快速渲染

> **提示**
>
> 在EDIUS工作界面中按【Shift + Alt + Q】组合键，也可以快速渲染序列文件中入点与出点间的全部视频。

**实例
162**　**通过选项删除已渲染的文件**

● **视频文件** ┃ 光盘\视频\第13章\162通过选项删除已渲染的文件.mp4

● **实例要点** ┃ 通过"删除渲染文件"选项删除渲染后的视频文件。

● **思路分析** ┃ 如果渲染出来的文件达不到用户的要求，则可以删除渲染的文件。下面介绍删除渲染文件的操作方法。

┨ 操作步骤 ┠

01 在"轨道"面板上方单击"渲染入/出点间"按钮 右侧的下三角按钮，在弹出的列表框中选择"删除渲染文件"|"全部文件"选项，如图13-38所示。

02 弹出提示信息框，如图13-39所示，单击"是"按钮，即可删除文件。

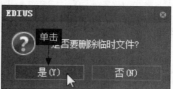

图13-38 选择"全部文件"选项　　　　　　　图13-39 单击"是"按钮

13.2 刻录EDIUS成品到DVD光盘

视频编辑完成后，最后的工作就是刻录了，EDIUS 8.0提供了多种刻录方式，以适合不同的需要。用户可在EDIUS 8.0中直接刻录视频，如刻录DVD或蓝光光盘，也可以使用专业的刻录软件刻录光盘。本章主要介绍刻录DVD光盘的各种操作方法。

实例 163 设置光盘属性

- **视频文件** | 光盘\视频\第13章\163设置光盘属性.mp4
- **实例要点** | 通过"刻录光盘"对话框设置光盘属性。
- **思路分析** | 刻录DVD光盘前，首先需要选择光盘的刻录类型，并设置好刻录属性，这样才能刻录出需要的DVD光盘。下面介绍刻录光盘前的准备工作。

┃ 操作步骤 ┃

01 在录制窗口下方单击"输出"按钮，在弹出的列表框中选择"刻录光盘"选项，如图13-40所示。

02 执行操作后，弹出"刻录光盘"对话框，在"光盘"选项区中，选中"DVD"单选按钮；在"编解码器"选项区中，选中"MPEG2"单选按钮；在"菜单"选项区中，选中"使用菜单"单选按钮，如图13-41所示，完成刻录选项的设置。

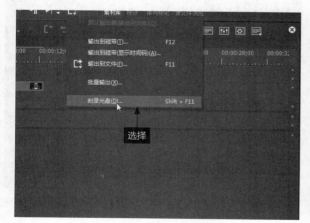

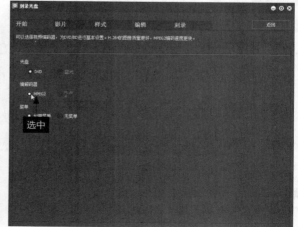

图13-40 选择"刻录光盘"选项　　　　　　　图13-41 选中相应单选按钮

实 例	
164	**导入影片素材**

- ● **素材文件** ┃ 光盘\素材\第13章\漓江之旅\漓江之旅1.mpg、漓江之旅2.mpg、漓江之旅3.mpg
- ● **视频文件** ┃ 光盘\视频\第13章\164导入影片素材.mp4
- ● **实例要点** ┃ 通过"添加文件"按钮导入影片素材。
- ● **思路分析** ┃ 设置完刻录选项后，接下来在对话框中导入需要刻录的影片素材。

┃ 操作步骤 ┃

01 在"刻录光盘"对话框中单击"影片"标签，如图13-42所示，切换至"影片"选项卡。

02 删除现有的影片文件，然后单击"添加文件"按钮，如图13-43所示。

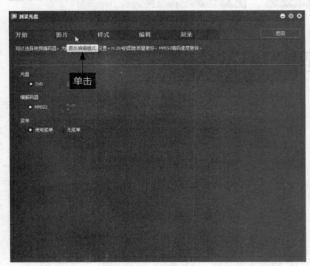

图13-42　单击"影片"标签　　　　　　　　图13-43　单击"添加文件"按钮

03 执行操作后，弹出"添加段落"对话框，在其中选择需要导入的影片文件，如图13-44所示。

04 单击"打开"按钮，即可将选择的影片文件导入"刻录光盘"对话框中，如图13-45所示。

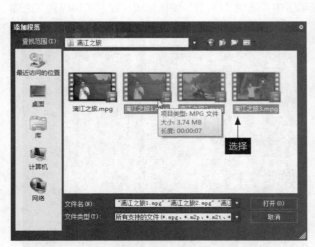

图13-44　选择需要导入的影片文件

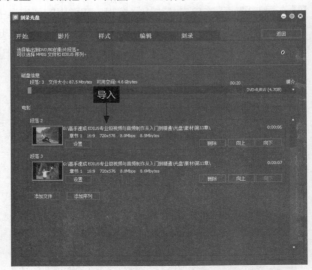

图13-45　导入"刻录光盘"对话框

设置光盘画面样式

- **视频文件** | 光盘\视频\第13章\165设置光盘画面样式.mp4
- **实例要点** | 通过"样式"选项卡设置光盘画面样式。
- **思路分析** | 在"刻录光盘"对话框中导入需要刻录的影片文件后，接下来需要设置光盘刻录的画面样式，使刻录的视频界面更加美观。

操作步骤

01 在"刻录光盘"对话框中单击"样式"标签，如图13-46所示。

02 执行操作后，切换至"样式"选项卡，在中间的预览窗口中显示了当前视频的界面样式，如图13-47所示。

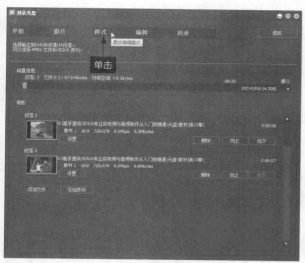

图13-46 单击"样式"标签

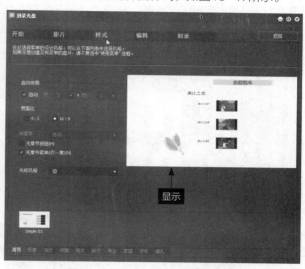

图13-47 显示当前视频的界面样式

03 在对话框的下方单击"旅行"标签，切换至"旅行"选项卡，在其中选择相应的旅行画面样式，如图13-48所示。

04 执行操作后，即可将界面样式设置为旅行样式，在预览窗口中预览样式效果，如图13-49所示，完成画面样式的设置。

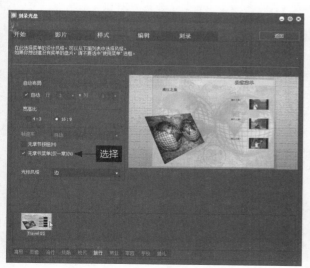

图13-48 选择旅行画面样式

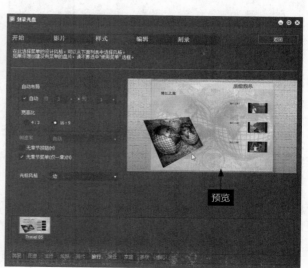

图13-49 预览旅行样式效果

实 例 166　编辑图像文本对象

- **素材文件**｜光盘\素材\第13章\背景画面.jpg
- **视频文件**｜光盘\视频\第13章\166编辑图像文本对象.mp4
- **实例要点**｜通过"编辑"选项卡编辑图像文本对象。
- **思路分析**｜如果画面样式中的文本信息无法满足用户的要求，则可以编辑画面中的图像文本，使制作的视频效果更具吸引力。

操作步骤

01 在"刻录光盘"对话框中单击"编辑"标签，如图13-50所示。

02 执行操作后，切换至"编辑"选项卡，在右侧窗格中显示了可以编辑的图像文本项目，如图13-51所示。

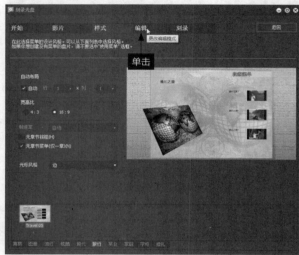 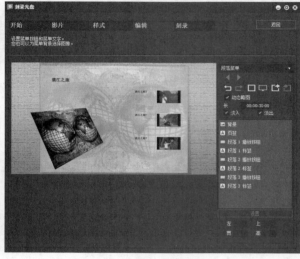

图13-50　单击"编辑"标签　　　　　　　　图13-51　切换至"编辑"选项卡

03 在窗格中选择"背景"选项，单击鼠标右键，在弹出的快捷菜单中选择"设置"选项，如图13-52所示。

04 弹出"菜单项设置"对话框，单击"选择要打开的图像文件"按钮，如图13-53所示。

图13-52　选择"设置"选项　　　　　　　　图13-53　单击相应按钮

05 弹出"打开图像"对话框，在其中选择背景图像文件，如图13-54所示。

06 单击"打开"按钮，返回"菜单项设置"对话框。在中间的预览窗口中显示了当前视频的背景图像效果，如图13-55所示，并在下方显示背景图像导入的路径信息。

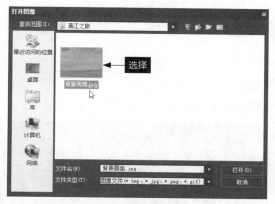

图13-54　选择背景图像文件

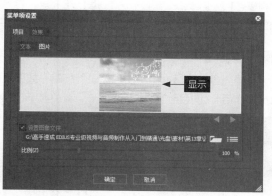

图13-55　显示背景图像效果

07 单击"确定"按钮，返回"刻录光盘"对话框，即可应用选择的背景图像，在预览窗口中预览背景图像效果，如图13-56所示。

08 在预览窗口中选择"漓江之旅"文本内容，按住鼠标左键并向右拖曳，移动文本内容，并设置文本的颜色、大小、字体与间距等属性，效果如图13-57所示。

图13-56　应用背景图像

图13-57　设置文本属性

09 用与上述同样的方法，在预览窗口中通过鼠标拖曳的方式移动图像与文本对象，并对图像与文本对象进行适当的编辑操作，使其更加符合画面需求，调整后的画面效果如图13-58所示。

图13-58　调整图像与文本内容

实例 167 快速刻录DVD光盘

- **实例要点** | 通过"刻录"选项卡快速刻录DVD光盘。
- **思路分析** | 当编辑完视频画面效果后，即可开始刻录DVD光盘。下面介绍刻录DVD光盘的操作方法。

操作步骤

01 在"刻录光盘"对话框中单击"刻录"标签，如图13-59所示。

02 执行操作后，切换至"刻录"选项卡，其中显示了相关的刻录属性，如图13-60所示。

图13-59 单击"刻录"标签

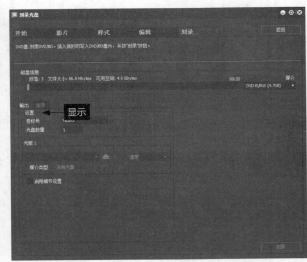

图13-60 显示相关刻录属性

03 在"设置"选项区中设置"卷标号"为"漓江之旅"，如图13-61所示。

04 设置完成后，单击右下角的"刻录"按钮，如图13-62所示，即可开始刻录DVD光盘，待刻录完成后即可。

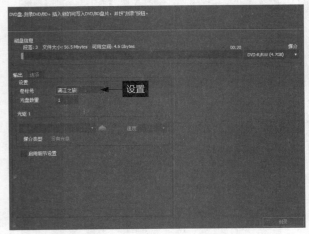

图13-61 设置卷标号信息

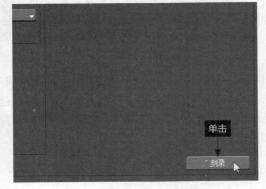

图13-62 单击"刻录"按钮

提示

在 EDIUS 工作界面中按【Shift + F11】组合键，也可以弹出"刻录光盘"对话框，对视频文件进行刻录操作。

第 **14** 章

制作节目片头
——《智勇向前冲》

随着电视媒体行业的不断发展，节目片头的种类越来越多，所涉及的方面也越来越广泛，从最初的电影片头，到现今的广告片头、栏目包装片头、电视节目片头等。本章主要介绍制作节目片头——《智勇向前冲》实例的操作方法，希望读者可以熟练掌握片头文字特效的制作方法。

效果欣赏

本实例介绍如何制作节目片头——《智勇向前冲》，其效果如图14-1所示。

图14-1 制作节目片头——《智勇向前冲》

技术提炼

首先进入EDIUS 8.0工作界面，在视频轨中导入节目片头背景素材，调整素材的区间长度。然后通过字幕窗口制作片头文字效果，运用"视频布局"对话框制作片头文字的运动效果。最后添加背景音乐，输出视频，完成节目片头效果的制作。

实例 168 **导入节目片头背景**

● **素材文件** | 光盘\素材\第14章\节目片头素材.jpg
● **视频文件** | 光盘\视频\第14章\168导入节目片头背景.mp4
● **实例要点** | 通过"添加素材"选项将片头背景素材导入视频轨中。
● **思路分析** | 在制作节目片头实例前，首先需要导入相应的节目片头背景素材。下面介绍导入节目片头背景效果的操作方法。

操作步骤

01 进入EDIUS工作界面，在"轨道"面板中选择1VA视音频轨道，如图14-2所示。
02 在选择的轨道上单击鼠标右键，在弹出的快捷菜单中选择"添加素材"选项，如图14-3所示。

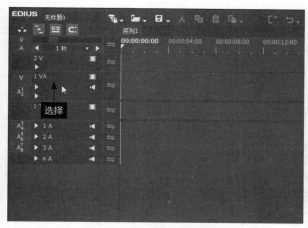

图14-2　选择1VA视音频轨道

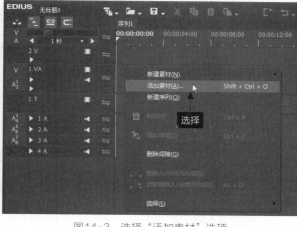

图14-3　选择"添加素材"选项

03 执行操作后，弹出"打开"对话框，在其中选择需要导入的节目片头素材，如图14-4所示。

04 单击"打开"按钮，将选择的节目片头素材导入1VA视音频轨中，如图14-5所示。

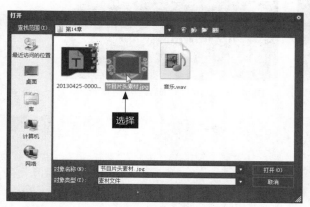

图14-4　选择需要导入的节目片头素材

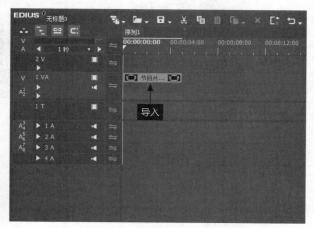

图14-5　将素材导入1VA视频轨中

实例 169　制作节目片头背景

- **素材文件**｜光盘\素材\第14章\节目片头素材.jpg
- **视频文件**｜光盘\视频\第14章\169制作节目片头背景.mp4
- **实例要点**｜设置素材的持续时间。
- **思路分析**｜导入相应的节目片头背景素材后，可设置它的持续时间。下面介绍制作节目片头背景效果的操作方法。

┃操作步骤┃

01 在导入的素材文件上单击鼠标右键，在弹出的快捷菜单中选择"持续时间"选项，如图14-6所示。

02 执行操作后，弹出"持续时间"对话框，在其中设置时间为00:00:12:01，如图14-7所示。

03 单击"确定"按钮，更改素材的持续时间长度，如图14-8所示。

04 在录制窗口下方单击"播放"按钮，预览制作的节目片头背景效果，如图14-9所示。

图14-6　选择"持续时间"选项　　　　图14-7　设置素材的持续时间

图14-8　更改素材的持续时间长度

图14-9　预览制作的节目片头背景效果

实例 170　制作标题文字对象

● 视频文件▮光盘\视频\第14章\170制作标题文字对象.mp4

● 实例要点▮通过"添加字幕"选项制作标题文字对象。

● 思路分析▮如今，在各种各样的节目片头中，字幕的应用越来越频繁，精美的字幕能够达到为影视增色的目的。下面介绍制作标题文字对象的操作方法。

▮操作步骤▮

01 在"素材库"面板中的空白位置上单击鼠标右键，在弹出的快捷菜单中选择"添加字幕"选项，如图14-10所示。

02 执行操作后，打开字幕窗口，在工具箱中选取横向文本工具，如图14-11所示。

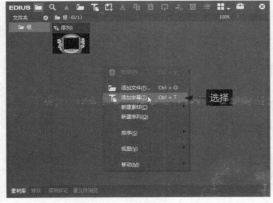

图14-10　选择"添加字幕"选项

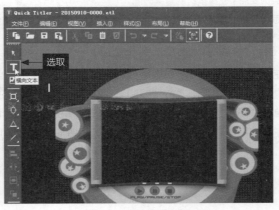

图14-11　选取横向文本工具

03 在预览窗口中的适当位置单击，确定光标位置，然后输入文本"智勇向前冲"，如图14-12所示。

04 在"文本属性"面板的"变换"选项区中，设置"字距"为20；在"字体"选项区中，设置"字体"为"方正大黑简体"，"字号"为160，如图14-13所示。

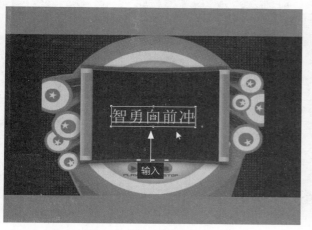

图14-12 输入相应文本内容

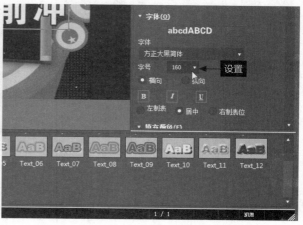

图14-13 设置文本字体属性

实例 171 设置标题文字颜色

- **视频文件** ┃ 光盘\视频\第14章\171设置标题文字颜色.mp4
- **案例要点** ┃ 通过"填充颜色"选项区设置标题文字颜色。
- **思路分析** ┃ 用字体、字号以色彩搭配制作出的精美字幕能够达到为影视增色的目的。下面介绍设置标题文字颜色的操作方法。

操作步骤

01 在"填充颜色"选项区中，设置"颜色"为2，单击下方的白色色块，如图14-14所示。

02 弹出"色彩选择-709"对话框，在其中设置"红"为255，"绿"为254，"蓝"为39，如图14-15所示，设置颜色为黄色。

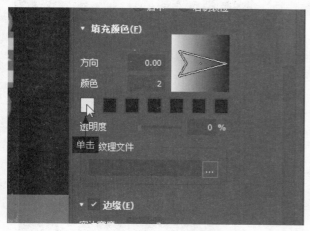

图14-14 单击下方的白色色块

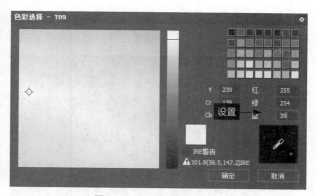

图14-15 设置颜色为黄色

03 单击"确定"按钮，返回字幕窗口，在"填充颜色"选项区中单击第2个黑色色块，弹出"色彩选择-709"对话框，在其中设置"红"为248，"绿"为33，"蓝"为0，如图14-16所示，设置颜色为红色。

04 单击"确定"按钮，返回字幕窗口，在"填充颜色"选项区中查看设置的填充颜色，如图14-17所示。

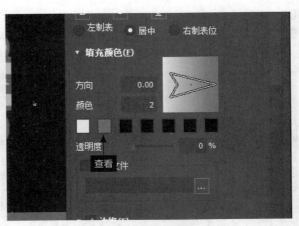

图14-16　设置颜色为红色　　　　　　　　　　　　图14-17　查看设置的填充颜色

05 在"文本属性"面板中选中"阴影"复选框，在下方设置"实边宽度"为10，"横向"为15，"纵向"为-7，然后单击白色色块，如图14-18所示。

06 弹出"色彩选择-709"对话框，在其中设置"红""绿"和"蓝"参数均为128，如图14-19所示，设置颜色为银灰色。

图14-18　单击白色色块　　　　　　　　　　　　　图14-19　设置颜色为银灰色

07 单击"确定"按钮，返回字幕窗口，在"阴影"选项区中查看设置的阴影颜色效果，如图14-20所示。

08 字体属性设置完成后，预览窗口中的文本效果如图14-21所示。

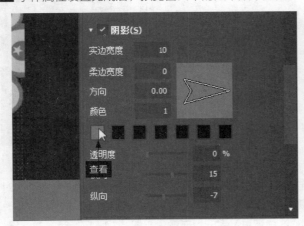

图14-20　查看设置的阴影颜色　　　　　　　　　　图14-21　预览窗口中的文本效果

09 在字幕窗口上方单击"保存"按钮，如图14-22所示。

10 执行操作后，即可保存字幕文件。退出字幕窗口。在"素材库"面板中显示了刚才创建的字幕对象，如图14-23所示。

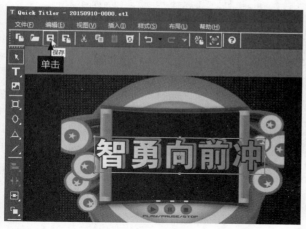

图14-22　单击"保存"按钮

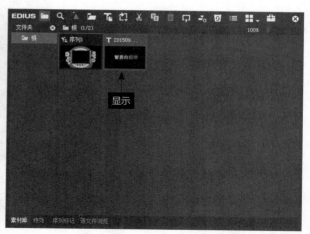

图14-23　显示刚才创建的字幕对象

实 例 **172**	制作文字运动效果1

- **视频文件**┃光盘\视频\第14章\172制作文字运动效果1.mp4
- **实例要点**┃通过"持续时间"对话框，制作文字运动效果。
- **思路分析**┃在EDIUS工作界面中，为视频制作漂亮的标题字幕运动效果，可以使视频更具有吸引力和感染力。下面介绍制作文字运动效果1的操作方法。

┃ 操作步骤 ┃

01 在"素材库"面板中选择刚才创建的字幕对象，按住鼠标左键并拖曳至2V视频轨中的开始位置，添加标题字幕文件，如图14-24所示。

02 单击"素材"|"持续时间"命令，如图14-25所示。

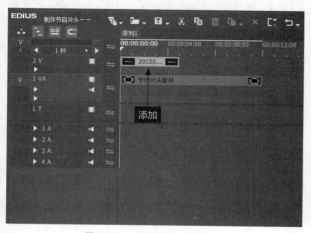

图14-24　添加标题字幕文件

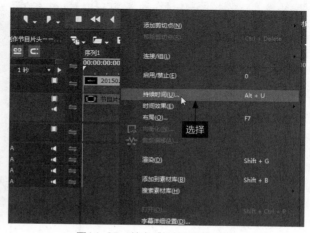

图14-25　单击"持续时间"命令

03 执行操作后，弹出"持续时间"对话框，在其中设置时间为00:00:12:01，如图14-26所示。

04 单击"确定"按钮，更改字幕文件的持续时间长度，如图14-27所示。

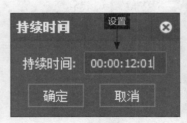

图14-26　设置字幕文件持续时间　　　　　　图14-27　更改字幕文件持续时间

<table>
<tr><td>实 例
173</td><td>制作文字运动效果2</td></tr>
</table>

● **视频文件** ┃ 光盘\视频\第14章\173制作文字运动效果2.mp4

● **实例要点** ┃ 通过"视频布局"对话框添加相应的关键帧，制作文字运动效果。

● **思路分析** ┃ 在EDIUS工作界面中为视频制作漂亮的标题字幕运动效果，可以使视频更具有吸引力和感染力。下面介绍制作文字运动效果2的操作方法。

┃ 操作步骤 ┃

01 单击"素材"｜"视频布局"命令，如图14-28所示。

02 执行操作后，弹出"视频布局"对话框，单击上方的"3D模式"按钮，如图14-29所示。

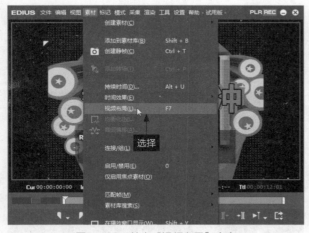

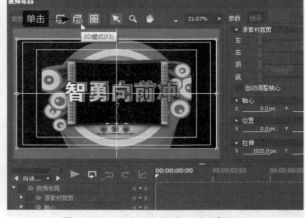

图14-28　单击"视频布局"命令　　　　　　图14-29　单击上方的"3D模式"按钮

03 进入3D模式编辑界面，在"参数"面板的"拉伸"选项区中，设置"X"为1500px；在"旋转"选项区中，设置"X"和"Y"均为0°，"Z"为-7.60°；在"可见度和颜色"选项区中，设置"源素材"为0%，如图14-30所示。

04 在下方"效果控制"面板中，分别选中"伸展""旋转"和"可见度和颜色"复选框，如图14-31所示。

05 分别单击各复选框右侧的"添加/删除关键帧"按钮，添加一组关键帧，如图14-32所示。

06 在"效果控制"面板中将时间线移至00:00:01:06位置处，如图14-33所示。

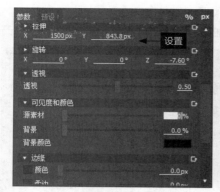

图14-30　设置各参数

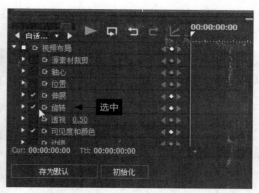

图14-31　选中相应的复选框

图14-32　添加一组关键帧

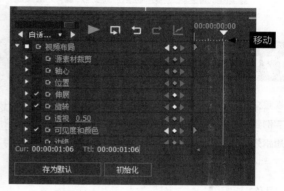

图14-33　移动时间线的位置

实例 174　制作文字运动效果3

● **视频文件**▎光盘\视频\第14章\174制作文字运动效果3.mp4

● **实例要点**▎通过"视频布局"对话框添加相应的关键帧，制作文字运动效果。

● **思路分析**▎在EDIUS工作界面中，为视频制作漂亮的标题字幕运动效果，可以使视频更具有吸引力和感染力。下面介绍制作文字运动效果3的操作方法。

▌操作步骤▐

01 在"参数"面板的"拉伸"选项区中，设置"X"为1600px；在"旋转"选项区中，设置X为0°，"Y"为360°，"Z"为-9.00°；在"可见度和颜色"选项区中，设置"源素材"为100%，如图14-34所示。

02 此时，在"效果控制"面板中的时间线位置自动添加第二组关键帧，如图14-35所示。

图14-34　设置各参数

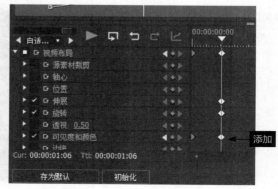

图14-35　自动添加第二组关键帧

03 在"效果控制"面板中将时间线移至00:00:01:21位置处，如图14-36所示。

04 单击"伸展"复选框右侧的"添加/删除关键帧"按钮，添加第3个"伸展"关键帧，如图14-37所示。

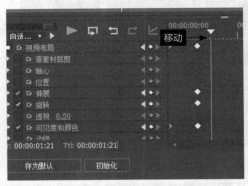 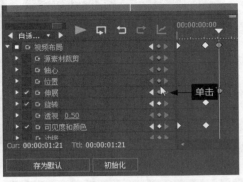

图14-36　移动时间线的位置　　　　　图14-37　添加第3个"伸展"关键帧

实例 175　制作文字运动效果4

- **视频文件** | 光盘\视频\第14章\175制作文字运动效果4.mp4
- **实例要点** | 通过"视频布局"对话框添加相应的关键帧，制作文字运动效果。
- **思路分析** | 在EDIUS工作界面中，为视频制作漂亮的标题字幕运动效果，可以使视频更具有吸引力和感染力。下面介绍制作文字运动效果4的操作方法。

操作步骤

01 在"效果控制"面板中，将时间线移至00:00:02:03位置处，如图14-38所示。

02 在"参数"面板的"拉伸"选项区中，设置"X"和"Y"均为1700px，如图14-39所示。

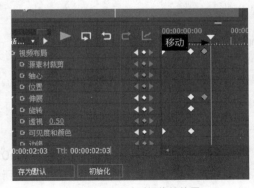 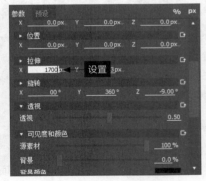

图14-38　移动时间线的位置　　　　　图14-39　设置"拉伸"参数值

03 在"效果控制"面板中的时间线位置，自动添加第4个"伸展"关键帧，如图14-40所示。

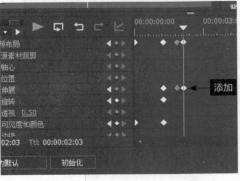

图14-40　添加第4个"伸展"关键帧

实　例

176　制作文字运动效果5

- **视频文件** | 光盘\视频\第14章\176制作文字运动效果5.mp4
- **实例要点** | 通过"视频布局"对话框添加相应的关键帧，制作文字运动效果。
- **思路分析** | 在EDIUS工作界面中，为视频制作漂亮的标题字幕运动效果，可以使视频更具有吸引力和感染力。下面介绍制作文字运动效果5的操作方法。

▌操作步骤▐

01 在"效果控制"面板中将时间线移至00:00:02:15位置处，如图14-41所示。

02 在"参数"面板的"拉伸"选项区中，设置"X"为1800px，如图14-42所示。

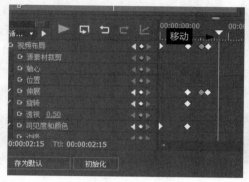
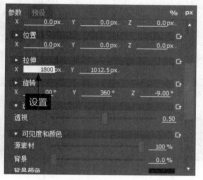

图14-41　移动时间线的位置　　　　　图14-42　设置"拉伸"参数值

03 在"效果控制"面板中的时间线位置，自动添加第5个"伸展"关键帧，如图14-43所示。

04 在00:00:03:00位置设置"拉伸"参数为1900px；在00:00:04:05位置，设置"拉伸"参数为2000px，再次添加2个"伸展"关键帧，如图14-44所示。

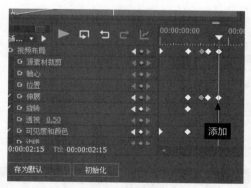
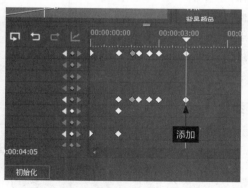

图14-43　添加第5个"伸展"关键帧　　　　图14-44　再次添加2个"伸展"关键帧

05 设置完成后，单击"确定"按钮，返回EDIUS工作界面，在"轨道"面板中将时间线移至素材的开始位置，如图14-45所示。

图14-45　将时间线移至素材的开始位置

06 单击录制窗口下方的"播放"按钮，预览制作的文字运动效果，如图14-46所示。

图14-46　预览制作的文字运动效果

实 例
177　制作节目背景声音

● **素材文件** ┃ 光盘\素材\第14章\音乐.wav

● **视频文件** ┃ 光盘\视频\第14章\177制作节目背景声音.mp4

● **实例要点** ┃ 通过"添加素材"选项导入背景音乐素材。

● **思路分析** ┃ 将声音或背景音乐添加到声音轨道后，用户可以根据影片的需要编辑和修剪音频素材。下面介绍制作节目背景
声音特效的操作方法。

┃ **操作步骤** ┃

01 在"轨道"面板中选择1A音频轨道，如图14-47所示。

02 在"轨道"面板中的空白位置上单击鼠标右键，在弹出的快捷菜单中选择"添加素材"选项，如图14-48所示。

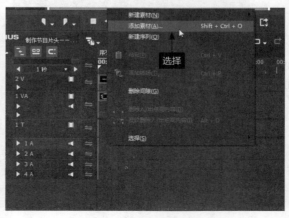

图14-47　选择1A音频轨道　　　　　　　　　图14-48　选择"添加素材"选项

03 执行操作后，弹出"打开"对话框，在其中选择需要导入的音乐文件，如图14-49所示。

04 单击"打开"按钮，将音乐文件导入1A音频轨道中，如图14-50所示。

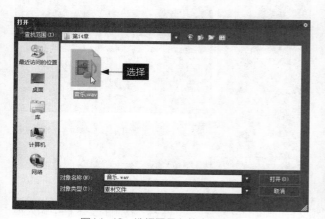

图14-49　选择要导入的音乐文件

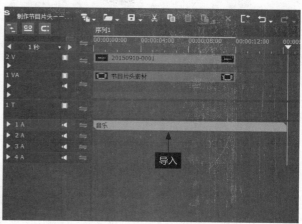

图14-50　将音乐导入1A音频轨道中

05 在"轨道"面板中将时间线移至00:00:12:01位置处，按【Shift＋C】组合键，将音乐文件剪切成两段，如图14-51所示。

06 选择后段音乐文件，按【Delete】键，删除音乐文件，如图14-52所示。

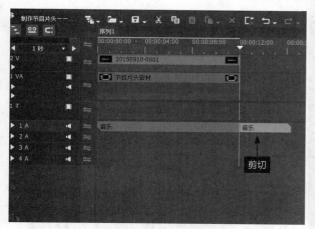

图14-51　将音乐文件剪切成两段

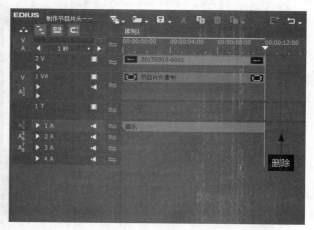

图14-52　删除音乐文件

实 例 178　输出节目片头文件

● **效果文件**┃光盘\效果\第14章\制作节目片头——《智勇向前冲》.ezp

● **视频文件**┃光盘\视频\第14章\178输出节目片头文件.mp4

● **实例要点**┃通过"输出到文件"命令输出节目片头视频文件。

● **思路分析**┃在EDIUS工作界面中，用户可以将编辑完成的视频画面进行渲染并输出成视频文件。下面介绍输出节目片头视频文件的操作方法。

┃操作步骤┃

01 单击"文件"|"输出"|"输出到文件"命令，如图14-53所示。

02 执行操作后，弹出"输出到文件"对话框，在左侧窗口中选择相应选项，在右侧窗口中选择相应的预设输出方式，如图14-54所示。

图14-53 单击"输出到文件"命令

图14-54 选择QuickTime选项

03 单击"输出"按钮，弹出相应对话框，在其中设置视频文件的输出路径，在"文件名"右侧的文本框中输入视频的保存名称，如图14-55所示。

04 单击"保存"按钮，弹出"渲染"对话框，显示视频输出进度，如图14-56所示。待视频输出完成后，在"素材库"面板中，即可显示输出后的视频文件，单击"播放"按钮，预览输出后的视频画面效果。

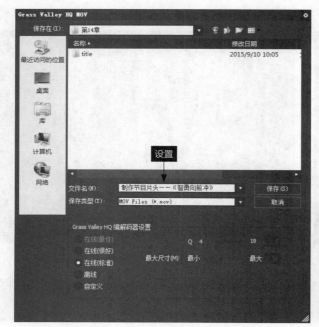

图14-55 输入视频的保存名称

图14-56 显示视频输出进度

第 **15** 章

制作婚纱广告
——《钟爱一生》

本章重点

制作广告运动特效

制作广告文字效果

制作背景声音特效

本章主要介绍如何制作婚纱广告——《钟爱一生》。在作品的视觉设计上，通过时尚的服装，表现出高贵与典雅，体现尊贵与风情。并通过创意性的文字画龙点睛，让效果更加强烈、醒目，使整个影片散发出朦胧而又浪漫的情感。再加上欢快而又动感的音乐，更是给整个影片增添了爱的情调。

▐ 效果欣赏 ▐

本实例介绍如何制作婚纱广告——《钟爱一生》，其效果如图15-1所示。

图15-1　制作婚纱广告——《钟爱一生》

▐ 技术提炼 ▐

　　首先进入EDIUS 8.0工作界面，在"素材库"面板中导入婚纱广告素材；在视频轨中的开始位置制作色块效果；然后将导入的婚纱素材添加至视频轨道中，调整背景素材的区间长度；通过"视频布局"对话框，制作婚纱广告的运动特效，最后添加背景音乐，输出视频，完成婚纱广告效果的制作。

实例 179　制作背景画面效果

- ● 素材文件 ▏光盘\素材\第15章\背景.jpg、人物1.jpg、人物2.jpg、人物3.jpg、人物4.jpg等
- ● 视频文件 ▏光盘\视频\第15章\179制作背景画面效果.mp4
- ● 实例要点 ▏通过导入素材、制作色块、添加背景素材以及转场效果，制作广告背景画面。
- ● 思路分析 ▏在制作婚纱电视广告之前，首先需要将婚纱素材导入EDIUS工作界面中，然后通过"色块"命令，在"轨道"面板中创建色块素材，制作广告背景画面效果。

▐ 操作步骤 ▐

01 在"素材库"面板中单击鼠标右键，在弹出的快捷菜单中选择"添加文件"选项，如图15-2所示。

02 弹出"打开"对话框，选择需要导入的婚纱素材，如图15-3所示。

图15-2　选择"添加文件"选项　　　　　　　　图15-3　选择导入的婚纱素材

03 单击"打开"按钮，将素材导入"素材库"面板中，如图15-4所示。

04 单击"素材"|"创建素材"命令，在弹出的子菜单中单击"色块"命令，如图15-5所示。

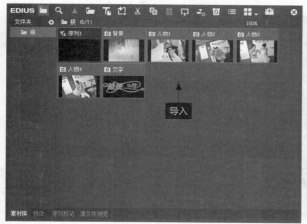

图15-4　导入到"素材库"面板中　　　　　　　图15-5　单击"色块"命令

05 弹出"色块"对话框，在其中设置"颜色"为1，"色块颜色"为黑色，如图15-6所示。

06 单击"确定"按钮，在"素材库"面板中显示刚才创建的色块素材，如图15-7所示。

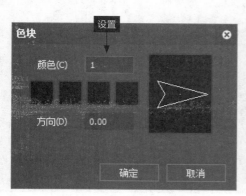

图15-6　设置色块的属性　　　　　　　　　　图15-7　显示刚才创建的色块素材

07 在"素材库"面板中的色块素材上，按住鼠标左键并拖曳至视频轨中的开始位置，此时显示虚线框，表示色块素材将要放置的位置，如图15-8所示。

08 释放鼠标左键，即可在视频轨中添加色块素材，如图15-9所示。

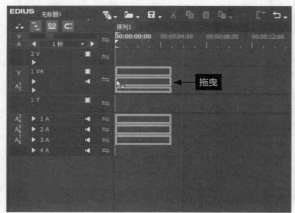 

图15-8　拖曳至视频轨道中的开始位置　　　　　　　　图15-9　在视频轨道中添加色块素材

09 在视频轨中的色块素材上单击鼠标右键，在弹出的快捷菜单中选择"持续时间"选项，如图15-10所示。

10 弹出"持续时间"对话框，在其中设置"持续时间"为00:00:02:00，如图15-11所示。

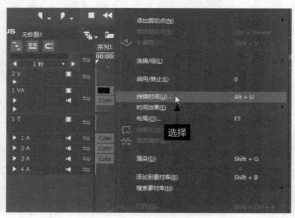 

图15-10　选择"持续时间"选项　　　　　　　图15-11　设置色块的"持续时间"

11 单击"确定"按钮，调整色块的持续时间长度，如图15-12所示，色块效果制作完成。

12 在"素材库"面板中选择"背景"素材，如图15-13所示。

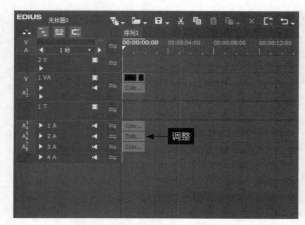 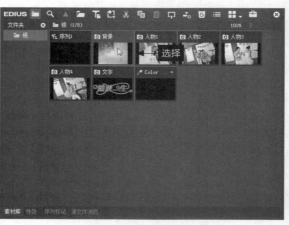

图15-12　调整色块的持续时间　　　　　　　　　图15-13　选择"背景"素材

13 在选择的"背景"素材上，按住鼠标左键并拖曳至视频轨中色块素材的结尾处，此时显示呈虚线，表示素材将要放置的位置，如图15-14所示。

14 释放鼠标左键，即可在视频轨中添加"背景"素材，如图15-15所示。

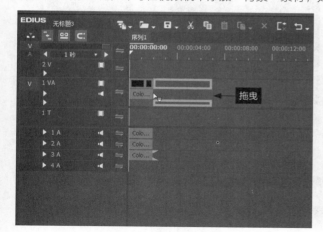

图15-14　拖曳至色块素材的结尾处

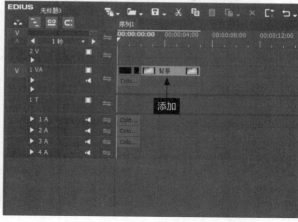

图15-15　在视频轨中添加"背景"素材

15 在视频轨中添加的"背景"素材上单击鼠标右键，在弹出的快捷菜单中选择"持续时间"选项，如图15-16所示。

16 弹出"持续时间"对话框，在其中设置"持续时间"为00:00:27:22，如图15-17所示。

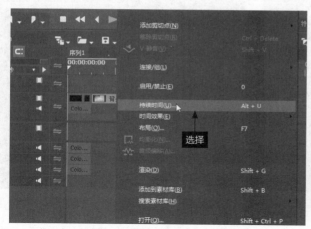

图15-16　选择"持续时间"选项

图15-17　设置素材的持续时间

17 单击"确定"按钮，调整"背景"素材的持续时间长度，在"轨道"面板中查看调整持续时间后的素材区间长度，如图15-18所示。

图15-18　查看调整持续时间后的素材区间长度

18 在录制窗口下方单击"播放"按钮，预览制作的婚纱广告背景画面效果，如图15-19所示。

图15-19　预览制作的婚纱广告背景画面效果

19 切换至"特效"面板，在其中依次展开Alpha转场特效组，在其中选择"Alpha自定义图像"转场效果，如图15-20所示。

20 在选择的转场效果上，按住鼠标左键并拖曳至视频轨中的黑色色块与"背景"素材之间，释放鼠标左键，即可添加转场效果，如图15-21所示。

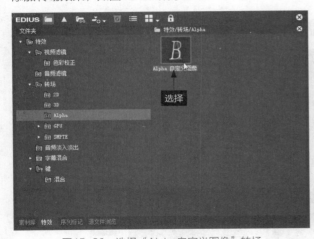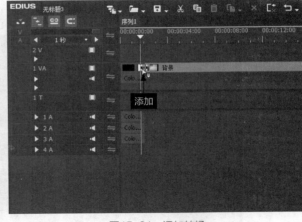

图15-20　选择"Alpha自定义图像"转场　　　　　　图15-21　添加转场

21 在录制窗口下方单击"播放"按钮，预览添加"Alpha自定义图像"转场效果后的视频画面特效，如图15-22所示。

图15-22　预览添加的"Alpha自定义图像"转场效果

实例

实例 180 制作广告运动特效

- **视频文件** ┃ 光盘\视频\第15章\180制作广告运动特效.mp4
- **实例要点** ┃ 通过"视频布局"对话框制作广告运动特效。
- **思路分析** ┃ 在EDIUS 8.0中，使用"视频布局"对话框，可以制作图像的各类运动效果，使制作的视频动画更加丰富多彩，增强视频画面的吸引力。

┃操作步骤┃

01 在"轨道"面板中选择2V视频轨道，如图15-23所示。

02 在选择的轨道上单击鼠标右键，在弹出的快捷菜单中选择"添加"｜"在上方添加视频轨道"选项，如图15-24所示。

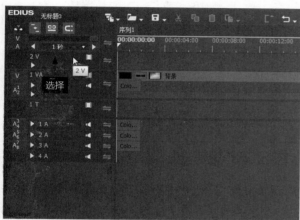
图15-23　选择2V视频轨道

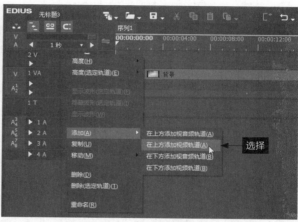
图15-24　选择相应的选项

03 执行操作后，弹出"添加轨道"对话框，在其中设置"数量"为5，如图15-25所示。

04 单击"确定"按钮，在面板中添加5条视频轨道，如图15-26所示。

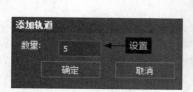
图15-25　设置"数量"为5

图15-26　添加5条视频轨道

05 在"轨道"面板中将时间线移至00:00:03:07位置处，如图15-27所示。

06 在"素材库"面板中选择"人物1"婚纱素材，如图15-28所示。

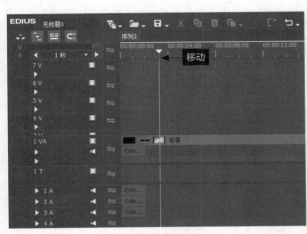

图15-27 移动时间线的位置

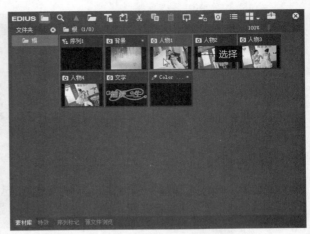

图15-28 选择"人物1"婚纱素材

07 按住鼠标左键并拖曳至2V视频轨中的时间线位置，如图15-29所示。

08 在添加的"人物1"素材上单击鼠标右键，在弹出的快捷菜单中选择"持续时间"选项，如图15-30所示。

图15-29 拖曳至2V视频轨中

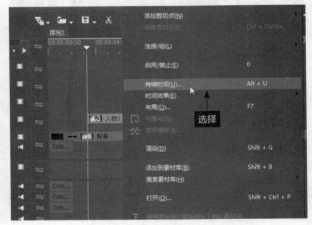

图15-30 选择"持续时间"选项

09 执行操作后，弹出"持续时间"对话框，在其中设置"持续时间"为00:00:26:15，如图15-31所示。

10 单击"确定"按钮，调整"人物1"素材的持续时间，如图15-32所示。

图15-31 设置素材持续时间

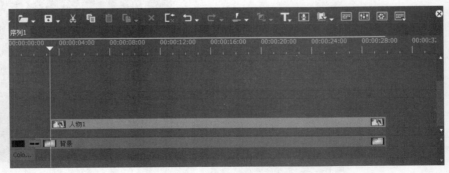

图15-32 调整素材持续时间

11 单击"素材"|"视频布局"命令，如图15-33所示。

12 弹出"视频布局"对话框，在"参数"面板的"位置"和"拉伸"选项区中可以设置相应参数，如图15-34所示。

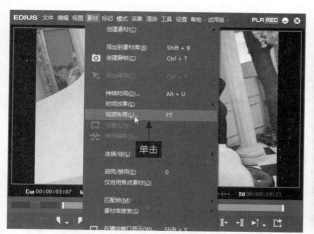

图15-33　单击"视频布局"命令

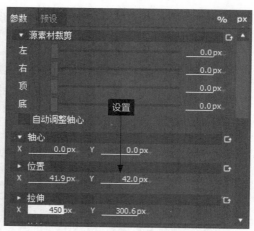

图15-34　设置"位置"与"拉伸"参数

13 在"参数"面板的"可见度和颜色"选项区中，设置"源素材"为0%；在"边缘"选项区中，选中"颜色"复选框，设置"大小"为0 px，如图15-35所示。

14 在下方"效果控制"面板中，分别选中"位置""伸展""可见度和颜色"以及"边缘"复选框，如图15-36所示。

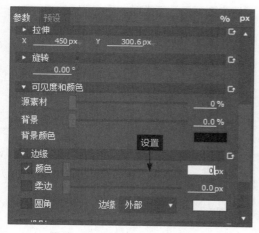

图15-35　设置可见度与边缘属性

图15-36　分别选中相应复选框

15 分别单击各复选框右侧的"添加/删除关键帧"按钮，添加一组关键帧，如图15-37所示。

16 在"效果控制"面板中将时间线移至00:00:02:07位置处，如图15-38所示。

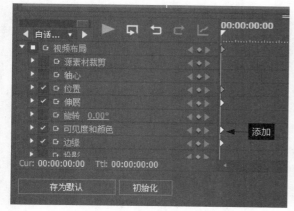

图15-37　添加一组关键帧

图15-38　移动时间线的位置

17 在"参数"面板的"位置""拉伸""明度和颜色"等选项区中设置相应参数，如图15-39所示。

18 设置完成后，在"效果控制"面板中的时间线位置自动添加第二组关键帧，如图15-40所示。

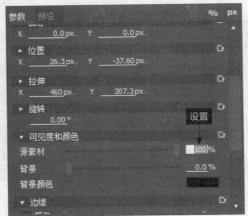

图15-39 设置各参数

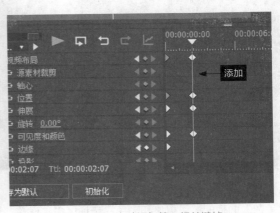

图15-40 自动添加第二组关键帧

19 在"效果控制"面板中将时间线移至00:00:04:09位置处，如图15-41所示。

20 在"参数"面板中设置相应参数，如图15-42所示。

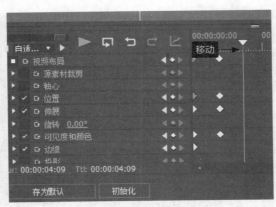

图15-41 移动时间线的位置

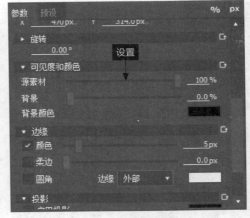

图15-42 设置各参数

21 设置完成后，在"效果控制"面板中的时间线位置自动添加第三组关键帧，如图15-43所示。

22 设置完成后，单击"确定"按钮，返回EDIUS工作界面，在"轨道"面板中将时间线移至00:00:03:07位置处，如图15-44所示。

图15-43 自动添加第三组关键帧

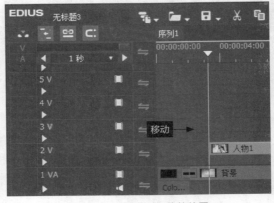

图15-44 移动时间线的位置

23 单击录制窗口下方的"播放"按钮，预览"人物1"素材运动效果，如图15-45所示。

图15-45 预览"人物1"素材运动效果

24 在"轨道"面板中将时间线移至00:00:07:20位置处，如图15-46所示。

25 在"素材库"面板中选择"人物2"婚纱素材，如图15-47所示。

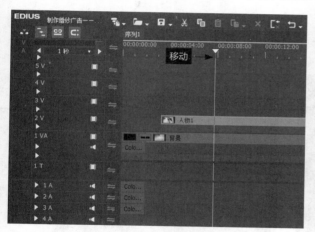

图15-46 移动时间线的位置

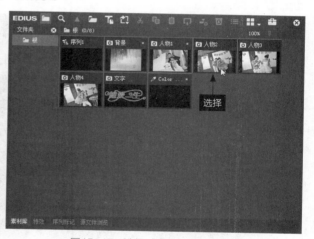

图15-47 选择"人物2"婚纱素材

26 将选择的"人物2"素材拖曳至3V视频轨中的时间线位置，释放鼠标左键，在3V视频轨中添加"人物2"婚纱素材，如图15-48所示。

27 在3V视频轨中添加的素材上单击鼠标右键，在弹出的快捷菜单中选择"持续时间"选项，如图15-49所示。

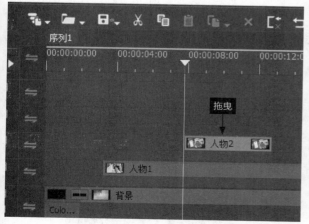

图15-48 添加"人物2"婚纱素材

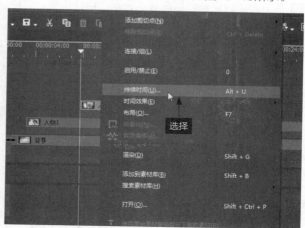

图15-49 选择"持续时间"选项

28 弹出"持续时间"对话框，在其中设置"持续时间"为00:00:22:02，如图15-50所示。

29 单击"确定"按钮，调整"人物2"婚纱素材的持续时间，如图15-51所示。

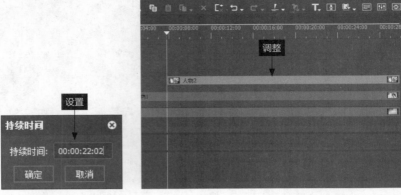

图15-50　设置素材的持续时间　　　　　图15-51　调整素材的持续时间

30 在"信息"面板中的"视频布局"选项上单击鼠标右键，在弹出的快捷菜单中选择"打开设置对话框"选项，如图15-52所示。

31 弹出"视频布局"对话框，在"参数"面板的"位置"选项区中，设置"X"为-40.90px，"Y"为43.70 px；在"拉伸"选项区中，设置"X"为300 px；在"可见度和颜色"选项区中，设置"源素材"为0%，如图15-53所示。在"边缘"选项区中，选中"颜色"复选框。

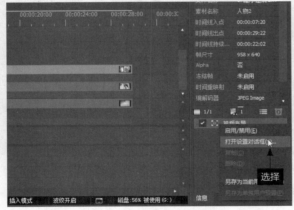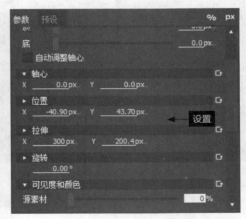

图15-52　选择"打开设置对话框"选项　　　　　图15-53　设置各参数

32 在下方"效果控制"面板中分别选中"位置""伸展""可见度和颜色"以及"边缘"复选框，如图15-54所示。

33 分别单击各复选框右侧的"添加/删除关键帧"按钮，添加一组关键帧，如图15-55所示。

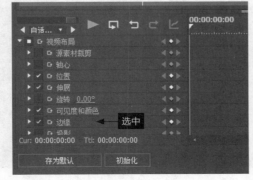

图15-54　选中相应的复选框　　　　　图15-55　添加一组关键帧

34 在"效果控制"面板中将时间线移至00:00:02:07位置处，如图15-56所示。

35 在"参数"面板的"位置"选项区中，设置"X"为-412.9 px，"Y"为-300.8 px；在"拉伸"选项区中，设置"X"为310px；在"可见度和颜色"选项区中，设置"源素材"12为100%，如图15-57所示。

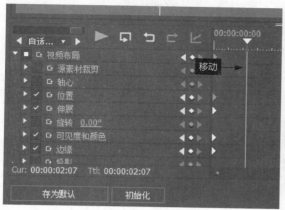

图15-56　移动时间线的位置

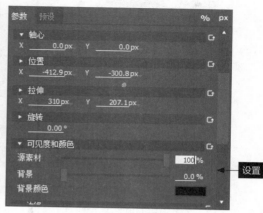

图15-57　设置各参数

36 设置完成后，在"效果控制"面板中的时间线位置，自动添加第二组关键帧，如图15-58所示。

37 在"效果控制"面板中将时间线移至00:00:04:04位置处，如图15-59所示。

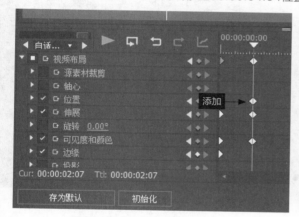

图15-58　自动添加第二组关键帧

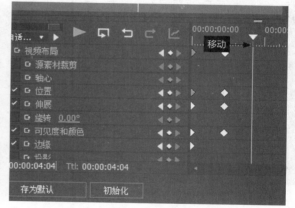

图15-59　移动时间线的位置

38 在"参数"面板的"位置"选项区中，设置"X"为479.3px，"Y"为26.7px；在"拉伸"选项区中，设置"X"为460.0px；在"边缘"选项区中，设置"颜色"为5.0 px，如图15-60所示，边缘颜色设置为白色，。

39 设置完成后，在"效果控制"面板中的时间线位置，自动添加第三组关键帧，如图15-61所示。

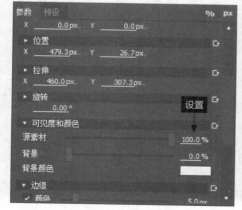

图15-60　设置各参数

图15-61　自动添加第三组关键帧

40 单击"确定"按钮，返回EDIUS工作界面，单击录制窗口下方的"播放"按钮，预览"人物2"素材运动效果，如图15-62所示。

图15-62　预览"人物2"素材运动效果

41 在"轨道"面板中将时间线移至00:00:12:07位置处，如图15-63所示。

42 在"素材库"面板中选择"人物3"婚纱素材，如图15-64所示。

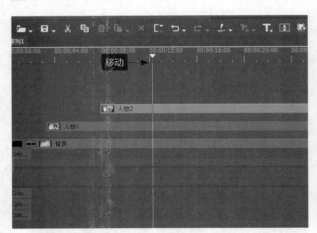

图15-63　移动时间线的位置　　　　　　　　　图15-64　选择"人物3"婚纱素材

43 将选择的"人物3"素材拖曳至4V视频轨中的时间线位置，释放鼠标左键，即可在4V视频轨中添加"人物3"婚纱素材，如图15-65所示。

44 在4V视频轨中选择"人物3"素材，单击"素材"|"持续时间"命令，如图15-66所示。

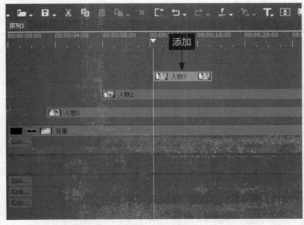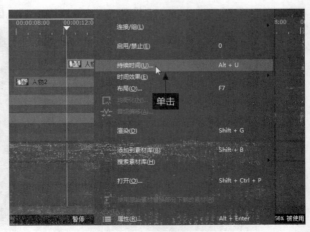

图15-65　添加"人物3"婚纱素材　　　　　　　图15-66　单击"持续时间"命令

45 弹出"持续时间"对话框，在其中设置"持续时间"为00:00:17:15，如图15-67所示。

46 单击"确定"按钮，调整"人物3"婚纱素材的持续时间，如图15-68所示。

图15-67　设置素材的持续时间　　　　　　图15-68　　调整素材的持续时间

47 在"信息"面板中的"视频布局"选项上单击鼠标右键，在弹出的快捷菜单中选择"打开设置对话框"选项，如图15-69所示。

48 弹出"视频布局"对话框，在"参数"面板中设置相应参数和选项，如图15-70所示。

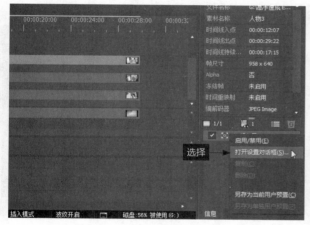
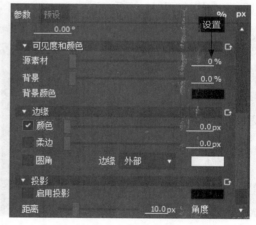

图15-69　选择"打开设置对话框"选项　　　　　　图15-70　　设置各参数和选项

49 在下方"效果控制"面板中，分别选中"位置""伸展""旋转""可见度和颜色"以及"边缘"复选框，如图15-71所示。

50 分别单击各复选框右侧的"添加/删除关键帧"按钮，添加一组关键帧，如图15-72所示。

图15-71　选中相应复选框　　　　　　图15-72　添加一组关键帧

51 在"效果控制"面板中将时间线移至00:00:02:13位置处，如图15-73所示。

52 在"参数"面板的"位置"选项区中，设置"X"为290.0px，"Y"为-341.8px；在"拉伸"选项区中，设置"X"为510px；在"旋转"选项区中设置-360°；在"可见度和颜色"选项区中，设置"源素材"为100%，如图15-74所示。在"边缘"选项区中，设置"颜色"为5.0 px，边缘颜色为白色。

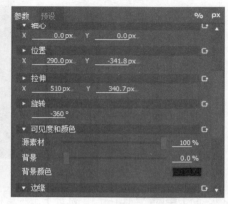

图15-73　移动时间线的位置　　　　　　　　　　图15-74　设置各参数

53 设置完成后，在"效果控制"面板中的时间线位置，自动添加第二组关键帧，如图15-75所示。

54 此时，"视频布局"对话框的预览窗口中的图像效果如图15-76所示。

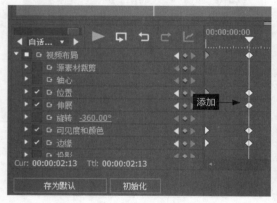

图15-75　自动添加第二组关键帧　　　　　　　　图15-76　预览设置后的图像效果

55 单击"确定"按钮，返回EDIUS工作界面，单击录制窗口下方的"播放"按钮，预览"人物3"素材运动效果，如图15-77所示。

图15-77　预览"人物3"素材运动效果

56 在"轨道面板"中将时间线移至00:00:15:05位置处,如图15-78所示。

57 在"素材库"面板中选择"人物4"婚纱素材,如图15-79所示。

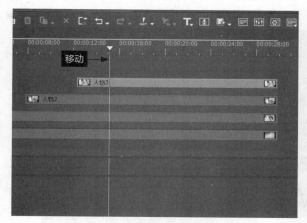

图15-78　移动时间线的位置

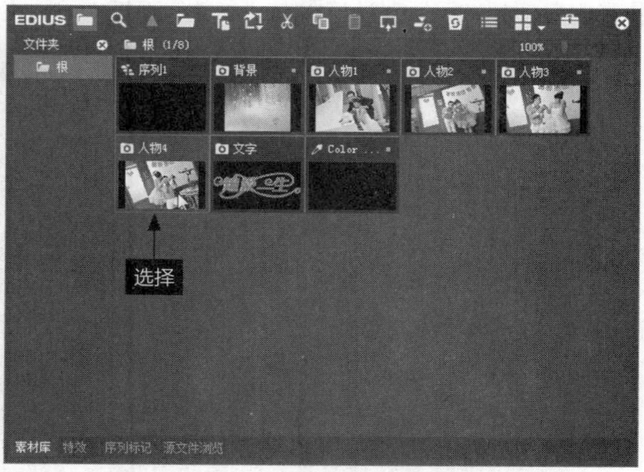

图15-79　选择"人物4"婚纱素材

58 将选择的"人物4"素材拖曳至5V视频轨中的时间线位置,释放鼠标左键,在5V视频轨中添加"人物4"婚纱素材,如图15-80所示。

59 在5V视频轨中添加的素材上单击鼠标右键,在弹出的快捷菜单中选择"持续时间"选项,如图15-81所示。

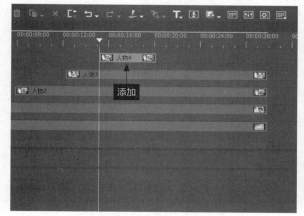

图15-80　添加"人物4"婚纱素材

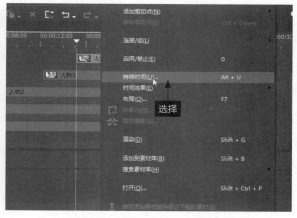

图15-81　选择"持续时间"选项

60 弹出"持续时间"对话框,在其中设置"持续时间"为00:00:14:17,如图15-82所示。

61 单击"确定"按钮,调整"人物4"婚纱素材的持续时间,如图15-83所示。

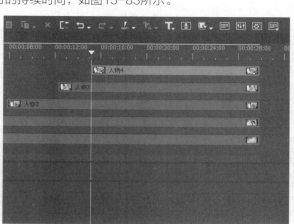

图15-82　设置素材的持续时间

图15-83　调整素材的持续时间

62 在"信息"面板中的"视频布局"选项上单击鼠标右键，在弹出的快捷菜单中选择"打开设置对话框"选项，如图15-84所示。

63 弹出"视频布局"对话框，在"参数"面板中可以设置相应参数，如图15-85所示。

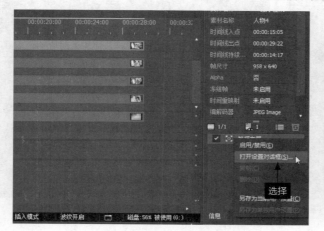

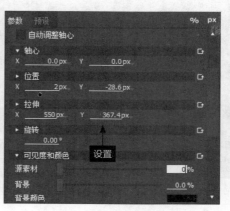

图15-84　选择"打开设置对话框"选项　　　　　　　　图15-85　设置各参数

64 在下方"效果控制"面板中，分别选中"位置""伸展"以及"可见度和颜色"复选框，如图15-86所示。

65 分别单击各复选框右侧的"添加/删除关键帧"按钮，添加一组关键帧，如图15-87所示。

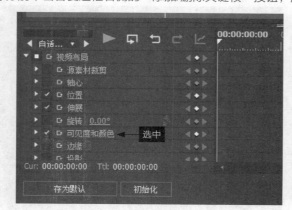

图15-86　选中相应复选框　　　　　　　　　　　　图15-87　添加一组关键帧

66 在"效果控制"面板中将时间线移至00:00:02:01位置处，如图15-88所示。

67 在"参数"面板的"位置"选项区中，设置相应参数；在"拉伸"选项区中，设置相应参数；在"可见度和颜色"选项区中，设置"源素材"为100.0%，如图15-89所示。

图15-88　移动时间线的位置　　　　　　　　　　　图15-89　设置各参数

68 设置完成后，在"效果控制"面板中的时间线位置，自动添加第二组相关键帧，如图15-90所示。

69 "视频布局"对话框的预览窗口中的图像效果如图15-91所示。

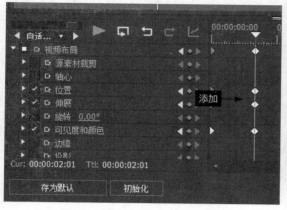

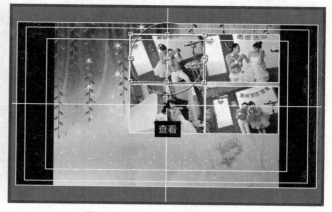

图15-90　自动添加第二组关键帧　　　　　　　　　　　图15-91　预览设置后的图像效果

70 单击"确定"按钮，返回EDIUS工作界面，单击录制窗口下方的"播放"按钮，预览"人物4"素材运动效果，如图15-92所示。

图15-92　预览"人物4"素材运动效果

实例
181　　制作广告文字效果

● **素材文件** ┃ 光盘\视频\第15章\文字.png

● **视频文件** ┃ 光盘\视频\第15章\181制作广告文字效果.mp4

● **实例要点** ┃ 通过"视频布局"对话框设置文字动态效果。

● **思路分析** ┃ 文字是广告画面中的核心元素，可以起到画龙点睛的作用，并传递作品的主题。下面介绍制作广告文字效果的操作方法。

┃ **操作步骤** ┃

01 在"轨道"面板中将时间线移至00:00:18:02位置处，如图15-93所示。

02 在"素材库"面板中选择"文字效果"素材，如图15-94所示。

03 将选择的"文字效果"素材拖曳至6V视频轨中的时间线位置，释放鼠标左键，在6V视频轨中添加"文字效果"素材，如图15-95所示。

04 在6V视频轨中添加的素材上单击鼠标右键，在弹出的快捷菜单中选择"持续时间"选项，如图15-96所示。

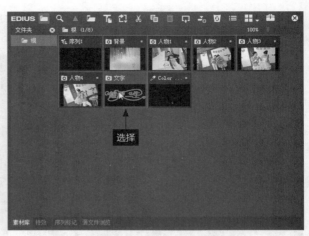

图15-93　移动时间线的位置　　　　　　　　　　　图15-94　选择"文字效果"素材

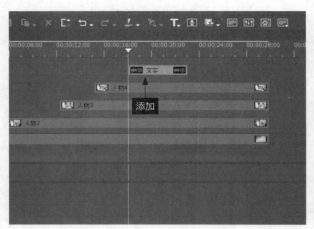
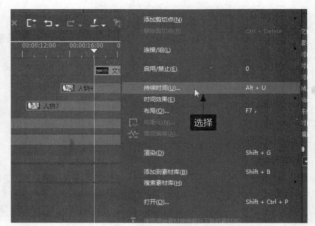

图15-95　添加"文字效果"素材　　　　　　　　　　图15-96　选择"持续时间"选项

05 在弹出的"持续时间"对话框中，设置"持续时间"为00:00:11:20，如图15-97所示。

06 单击"确定"按钮，调整"文字效果"素材的持续时间，如图15-98所示。

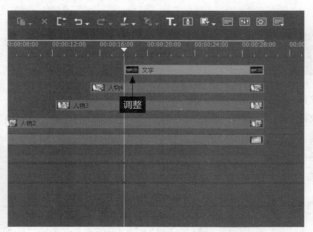

图15-97　设置素材的持续时间　　　　　　　　　　图15-98　调整素材的持续时间

07 在"信息"面板中的"视频布局"选项上单击鼠标右键，在弹出的快捷菜单中选择"打开设置对话框"选项，如图15-99所示。

08 弹出"视频布局"对话框，在"参数"面板的"位置"选项区中设置相应参数，如图15-100所示。

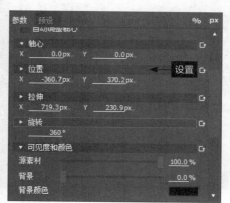

图15-99　选择"打开设置对话框"选项　　　　　图15-100　设置各参数

09 在下方"效果控制"面板中，分别选中"位置""伸展""旋转"以及"可见度和颜色"复选框，如图15-101所示。

10 分别单击各复选框右侧的"添加/删除关键帧"按钮，添加一组关键帧，如图15-102所示。

图15-101　选中相应复选框　　　　　　　图15-102　添加一组关键帧

11 在"效果控制"面板中将时间线移至00:00:01:08位置处，如图15-103所示。

12 在"参数"面板的"位置"选项区中设置相应参数，如图15-104所示。

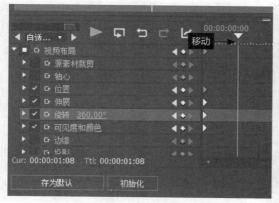

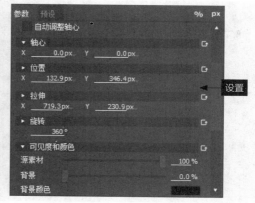

图15-103　移动时间线的位置　　　　　　　图15-104　设置各参数

13 设置完成后，在"效果控制"面板中的时间线位置，自动添加第二组关键帧，如图15-105所示。

14 在"效果控制"面板中将时间线移至00:00:02:24位置处，如图15-106所示。

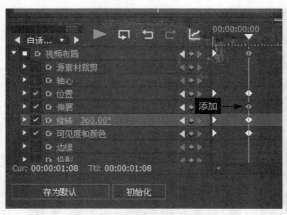

图15-105　自动添加第二组关键帧

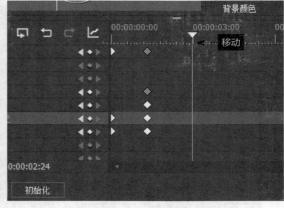

图15-106　移动时间线的位置

15 在"参数"面板的"位置"选项区中，设置"X"为-56.9px，"Y"为-303.7px；在"拉伸"选项区中，设置"X"为719.3px，"Y"为230.9px，如图15-107所示。在"旋转"选项区中设置数值为720°。

16 设置完成后，在"效果控制"面板中的时间线位置，自动添加第三组关键帧，如图15-108所示。

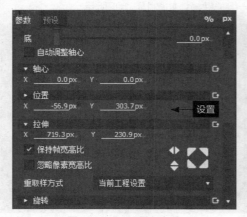

图15-107　设置各参数

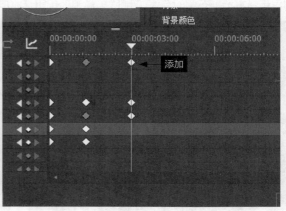

图15-108　自动添加第三组关键帧

17 在"效果控制"面板中将时间线移至00:00:03:16位置处，如图15-109所示。

18 单击"伸展"右侧的"添加/删除关键帧"按钮，添加第4个伸展关键帧，如图15-110所示。

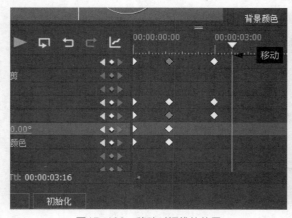

图15-109　移动时间线的位置

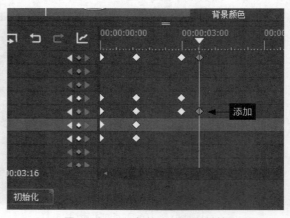

图15-110　添加第4个伸展关键帧

19 在"效果控制"面板中将时间线移至00:00:03:21位置处，如图15-111所示。

20 在"参数"面板的"拉伸"选项区中设置相应参数，如图15-112所示。

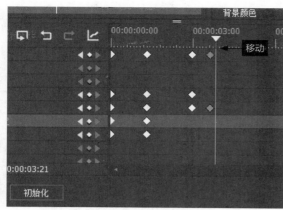

图15-111　移动时间线的位置

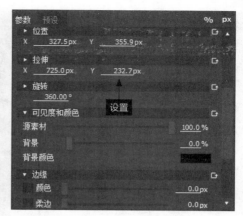

图15-112　设置相应参数

21 在"效果控制"面板中的时间线位置，自动添加第5个伸展关键帧，如图15-113所示。

22 用与上述同样的方法在"效果控制"面板中添加其他伸展关键帧，并设置相应的伸展参数，此时面板如图15-114所示。

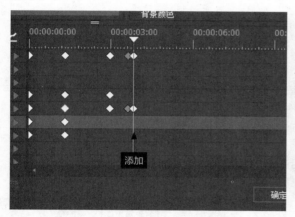

图15-113　自动添加第5个伸展关键帧

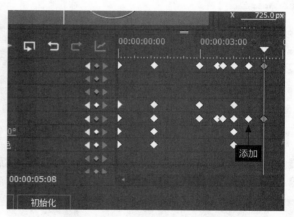

图15-114　设置相应的伸展参数

> **提示**
>
> 在"效果控制"面板中，如果用户对某些关键帧不满意，则可以删除相应关键帧，方法为按【Delete】键。

23 单击"确定"按钮，返回EDIUS工作界面，单击录制窗口下方的"播放"按钮，预览"文字效果"素材运动画面，如图15-115所示。

图15-115　预览"文字效果"素材运动画面

图15-115　预览"文字效果"素材运动画面（续）

实 例 182	制作背景声音特效

- **素材文件** ┃ 光盘\素材\第15章\背景音乐.mp3
- **视频文件** ┃ 光盘\视频\第15章\182制作背景声音特效.mp4
- **实例要点** ┃ 通过"添加素材"命令添加背景声音文件。
- **思路分析** ┃ 在EDIUS 8.0中，背景声音是指可以持续播放一段时间的含有各种音乐音响效果的声音。下面介绍制作背景声音特效的操作方法。

┃ 操作步骤 ┃

01 在"轨道"面板中将时间线移至素材的开始位置，然后选择1A音频轨道，如图15-116所示。

02 在轨道上单击鼠标右键，在弹出的快捷菜单中选择"添加素材"选项，如图15-117所示。

 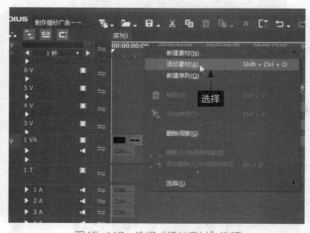

图15-116　选择1A音频轨道　　　　　图15-117　选择"添加素材"选项

03 执行操作后，弹出"打开"对话框，在其中选择需要导入的背景音乐素材，如图15-118所示。

04 单击"打开"按钮，将选择的背景音乐导入1A音频轨道中，如图15-119所示。

05 在轨道面板中将时间线移至00:00:29:22位置处，如图15-120所示。

06 按【Shift+C】组合键，对音频素材进行剪切操作，如图15-121所示。

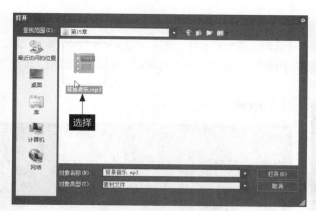

图15-118　选择相应背景音乐

图15-119　将音乐导入1A音频轨

图15-120　移动时间线的位置

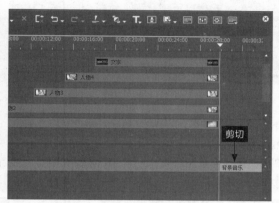

图15-121　对音频素材进行剪切操作

07 选择剪切后的音频文件，按【Delete】键将音频文件删除，如图15-122所示。

08 将时间线移至音频素材的开始位置，单击"播放"按钮，试听制作的背景音乐效果，如图15-123所示。

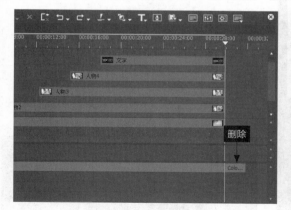

图15-122　删除音频文件

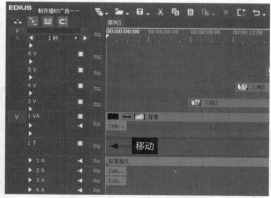

图15-123　试听制作的背景音乐效果

实例 183　输出婚纱广告文件

- **效果文件**｜光盘\效果\第15章\制作婚纱广告——《钟爱一生》.ezp
- **视频文件**｜光盘\视频\第15章\183输出婚纱广告文件.mp4
- **实例要点**｜通过"输出到文件"选项输出婚纱广告文件。
- **思路分析**｜婚纱广告制作完成后，可以输出婚纱广告视频文件，将其永久保存到计算机的硬盘中。

┃操作步骤┃

01 在录制窗口下方单击"输出"按钮 🔁，在弹出的列表框中选择"输出到文件"选项，如图15-124所示。

02 执行操作后，弹出"输出到文件"对话框，在左侧窗口中选择AVI选项，在右侧窗口中选择相应的预设输出方式，如图15-125所示。

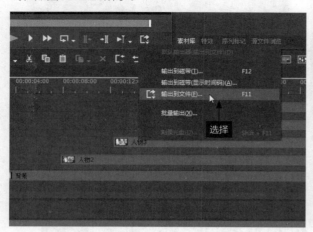

图15-124　选择"输出到文件"选项　　　　　　　　　　图15-125　选择相应的预设输出方式

03 单击"输出"按钮，弹出"Gross valley HQ AVI"对话框，在其中设置视频文件的输出路径，在"文件名"文本框中输入视频的保存名称，如图15-126所示。

04 单击"保存"按钮，弹出"渲染"对话框，显示视频输出进度，如图15-127所示。待视频输出完成后，在"素材库"中即可显示输出后的视频文件，单击"播放"按钮，可以预览输出后的视频画面效果。

图15-126　输入视频的保存名称

图15-127　显示视频输出进度

第 **16** 章

制作电视片头
——《音乐达人》

电视片头是电视栏目的重要组成部分，它对节目起着形象化包装的作用，对定位起着有效诠释的作用。一个好的节目片头，一定要突出栏目的特性，吸引观众群体第一时间的欣赏视线。运用EDIUS 8.0制作电视片头，是影视编辑的常用手法之一。本章主要介绍制作电视片头实例的操作方法。

效果欣赏

本实例介绍如何制作电视片头——《音乐达人》，其效果如图16-1所示。

图16-1　制作电视片头——《音乐达人》

技术提炼

首先进入EDIUS 8.0工作界面，在"素材库"面板中导入电视片头素材；然后将电视片头素材分别拖曳至视频轨道中，在相应素材之间添加转场特效，在片头与片尾部分制作标题字幕特效；最后添加背景音乐，输出视频，完成电视片头效果的制作。

实例 184　制作电视画面效果

● **素材文件** | 光盘\素材\第16章\素材1.tif、素材2.tif、素材3.tif、素材4.tif、素材5.tif等

● **视频文件** | 光盘\视频\第16章\184制作电视画面效果.mp4

● **实例要点** | 通过"添加文件"选项，导入素材；通过鼠标拖曳的方式，将素材添加至"轨道"面板中。

● **思路分析** | 制作电视画面效果时，要注意各视频之间衔接的流畅性，这样，视频画面才更具有吸引力。下面介绍制作电视画面效果的操作方法。

操作步骤

01 在"素材库"面板中单击鼠标右键，在弹出的快捷菜单中选择"添加文件"选项，如图16-2所示。

02 弹出"打开"对话框，选择需要导入的电视片头素材，如图16-3所示。

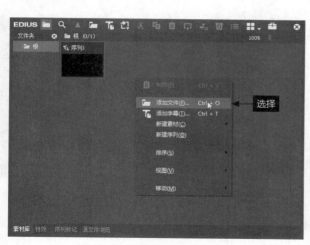

图16-2　选择"添加文件"选项

图16-3　选择导入的电视片头素材

03 单击"打开"按钮，弹出"正在载入文件"对话框，其中显示了素材文件的导入进度，如图16-4所示。

04 稍等片刻，即可将电视片头素材导入"素材库"面板中，如图16-5所示。

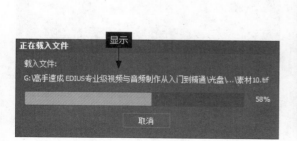

图16-4　显示素材导入进度

图16-5　将素材导入"素材库"面板

05 在"素材库"面板中双击相应的素材文件，可以在播放窗口中预览导入的视频画面效果，如图16-6所示。

图16-6　预览导入的视频画面效果

图16-6　预览导入的视频画面效果（续）

06 在"素材库"面板中选择"音乐片头"视频素材，如图16-7所示。

07 在选择的"音乐片头"素材上，按住鼠标左键并拖曳至视频轨中的开始位置，此时显示呈虚线，表示素材将要放置的位置，如图16-8所示。

图16-7　选择"音乐片头"素材

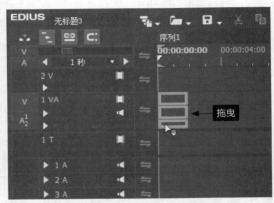

图16-8　拖曳至视频轨中的开始位置

08 释放鼠标左键，即可在视频轨中添加"音乐片头"素材，如图16-9所示。

09 在"素材库"面板上方单击"新建素材"按钮，在弹出的列表框中选择"色块"选项，如图16-10所示。

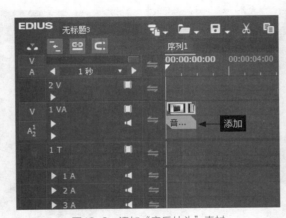

图16-9　添加"音乐片头"素材

图16-10　选择"色块"选项

10 弹出"色块"对话框，在其中设置"颜色"为1，"色块颜色"为黑色，如图16-11所示。

11 单击"确定"按钮，此时在"素材库"面板中显示刚才创建的色块素材，如图16-12所示。

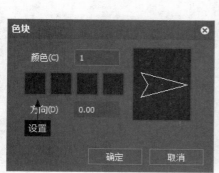

图16-11 设置色块的属性

图16-12 显示刚才创建的色块素材

12 在"素材库"面板中的色块素材上，按住鼠标左键并拖曳至视频轨中"音乐片头"素材的结尾处，释放鼠标左键，在视频轨中添加色块素材，如图16-13所示。

13 在视频轨中的色块素材上单击鼠标右键，在弹出的快捷菜单中选择"持续时间"选项，如图16-14所示。

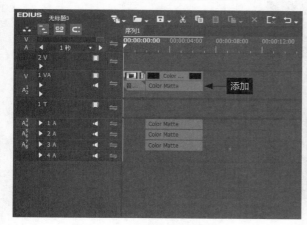

图16-13 在视频轨中添加色块素材

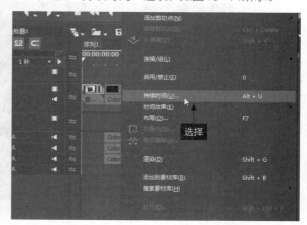

图16-14 选择"持续时间"选项

14 弹出"持续时间"对话框，在其中设置"持续时间"为00:00:01:00，如图16-15所示。

15 单击"确定"按钮，调整色块的"持续时间"长度，如图16-16所示，色块效果制作完成。

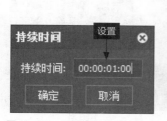

图16-15 设置素材的"持续时间"

图16-16 调整色块的"持续时间"长度

16 在"素材库"面板中选择"素材1"，如图16-17所示。

17 在选择的"素材1"上，按住鼠标左键并拖曳至视频轨中色块素材的结尾处，释放鼠标左键，在视频轨中添加"素材1"，如图16-18所示。

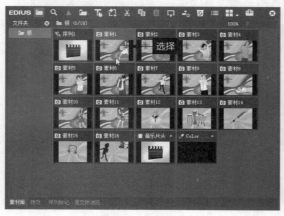

图16-17 选择"素材1" 图16-18 添加"素材1"

18 选择"素材1"，单击"素材"|"持续时间"命令，如图16-19所示。

19 弹出"持续时间"对话框，在其中设置"持续时间"为00:00:00:15，如图16-20所示。

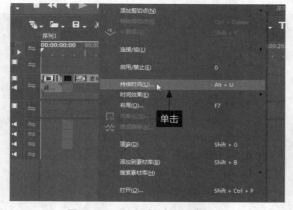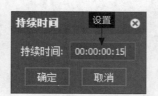

图16-19 单击"持续时间"命令 图16-20 设置素材持续时间

20 单击"确定"按钮，调整"素材1"的持续时间长度，在"轨道"面板中查看调整持续时间后的素材区间长度，如图16-21所示。

21 在"轨道"面板中单击"1秒"右侧的下拉按钮，在弹出的列表框中选择"10帧"选项，如图16-22所示。

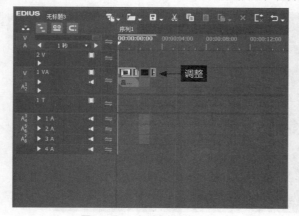

图16-21 查看素材区间长度 图16-22 选择"10帧"选项

22 执行操作后，即可调整"轨道"面板的显示方式，如图16-23所示。

23 在"素材库"面板中选择"素材2"，如图16-24所示。

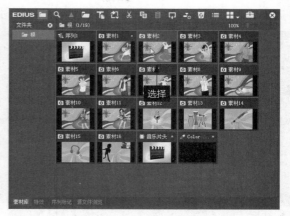

图16-23　调整"轨道"面板的显示方式　　　　　图16-24　选择"素材2"

24 在选择的"素材2"上，按住鼠标左键并拖曳至视频轨中"素材1"的结尾处，即可添加素材，如图16-25所示。

25 选择添加的素材文件，按【Alt + U】组合键，弹出"持续时间"对话框，在其中设置"持续时间"为00:00:00:10，如图16-26所示。

图16-25　添加"素材2"　　　　　图16-26　调整"素材2"的"持续时间"

26 单击"确定"按钮，调整"素材2"的"持续时间"长度，在"轨道"面板中查看调整"持续时间"后的素材区间长度，如图16-27所示。

27 在"素材库"面板中选择"素材3"，如图16-28所示。

图16-27　查看素材区间长度　　　　　图16-28　选择"素材3"

28 在选择的"素材3"上，按住鼠标左键并拖曳至视频轨中"素材2"的结尾处，释放鼠标左键，添加素材，如图16-29所示。

29 调整"素材3"的持续时间为00:00:00:10，调整素材的区间长度，如图16-30所示。

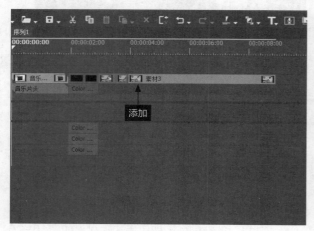

图16-29 添加"素材3"

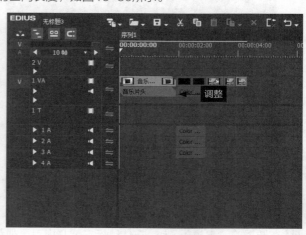

图16-30 调整素材的区间长度

30 在"素材库"面板中选择"素材4"，如图16-31所示。

31 在选择的"素材4"上，按住鼠标左键并拖曳至视频轨中"素材3"的结尾处，释放鼠标左键，添加素材，如图16-32所示。

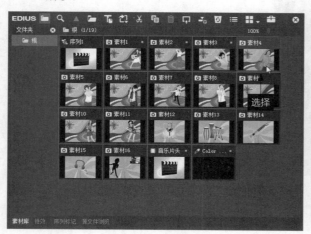

图16-31 选择"素材4"

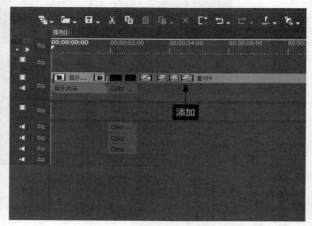

图16-32 添加"素材4"

32 调整"素材4"的持续时间为00:00:00:10，调整素材的区间长度，如图16-33所示。

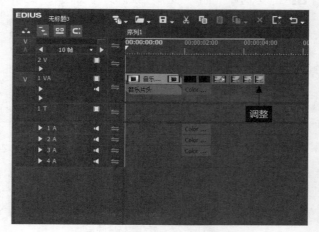

图16-33 调整"素材4"的区间长度

33 用与上述同样的方法，在视频轨中的其他位置添加相应的视频素材与色块素材，并调整素材与色块的区间长度，此时"轨道"面板如图16-34所示。

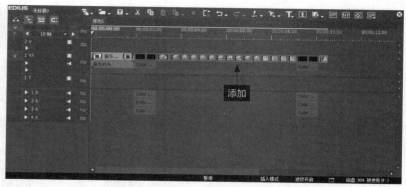

图16-34　制作视频画面后的"轨道"面板

34 将时间线移至素材的开始位置，单击录制窗口下方的"播放"按钮，预览制作的视频画面效果。如图16-35所示。

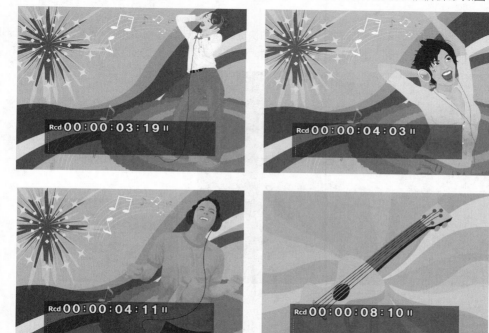

图16-35　预览制作的视频画面效果

实例 185　制作画面转场特效

- **视频文件** | 光盘\视频\第16章\185制作画面转场特效.mp4
- **实例要点** | 通过"特效"面板在素材之间添加相应的转场特效。
- **思路分析** | 转场主要利用一些特殊的效果，在素材与素材之间产生自然、平滑、美观以及流畅的过渡效果。下面介绍制作画面转场特效的操作方法。

操作步骤

01 切换至"特效"面板，依次展开Alpha转场特效组，在其中选择"Alpha自定义图像"转场效果，如图16-36所示。

02 在选择的转场效果上，按住鼠标左键并拖曳至视频轨中的"音乐片头"与黑色色块之间，释放鼠标左键，添加转场效果，如图16-37所示。

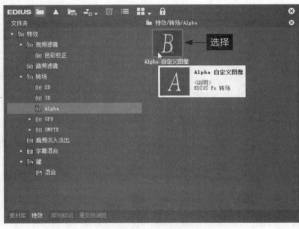

图16-36 选择转场效果

图16-37 添加转场效果

03 在视频轨中选择黑色色块，单击鼠标右键，在弹出的快捷菜单中选择"持续时间"选项，如图16-38所示。

04 执行操作后，弹出"持续时间"对话框，在其中设置"持续时间"为00:00:03:00，如图16-39所示。

图16-38 选择"持续时间"选项

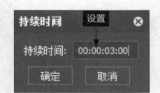

图16-39 设置色块持续时间

05 单击"确定"按钮，更改色块的持续时间，如图16-40所示。

06 在"特效"面板中，依次展开"波浪（纵深）"转场特效组，在其中选择"垂直波浪（纵深）-从下"转场效果，如图16-41所示。

图16-40 更改色块的持续时间

图16-41 选择"垂直波浪（纵深）-从下"转场

07 将选择的"垂直波浪（纵深）-从下"转场效果拖曳至视频轨中黑色色块与"素材1"之间，释放鼠标左键，添加"垂直波浪（纵深）-从下"转场效果，如图16-42所示。

08 在转场效果上单击鼠标右键，在弹出的快捷菜单中选择"持续时间"选项，如图16-43所示。

图16-42　添加相应转场效果

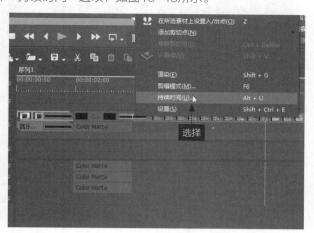

图16-43　选择"持续时间"选项

09 弹出"持续时间"对话框，在其中设置转场效果的"持续时间"为00:00:00:10，如图16-44所示。

10 单击"确定"按钮，更改转场效果的持续时间长度，如图16-45所示。

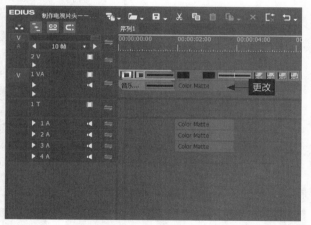

图16-44　设置转场持续时间

图16-45　更改转场持续时间

11 单击录制窗口下方的"播放"按钮，预览添加的转场效果，如图16-46所示。

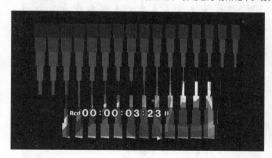
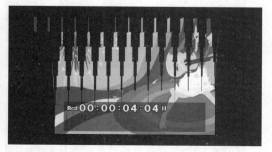

图16-46　预览添加的转场效果

12 在"特效"面板中，依次展开"波浪（纵深）"转场特效组，在其中选择"垂直波浪（纵深）-从下"转场效果，如图16-47所示。

13 将选择的转场效果拖曳至"素材11"与"素材12"文件之间，释放鼠标左键，添加转场效果，如图16-48所示。

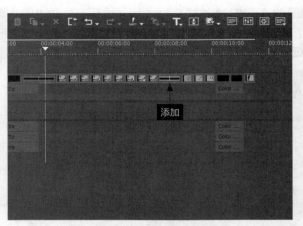

图16-47　选择相应转场效果　　　　　　　　　图16-48　添加相应转场效果

14 选择添加的转场效果，按【Alt＋U】组合键，弹出"持续时间"对话框，在其中设置转场效果的"持续时间"为00:00:00:10，如图16-49所示。

15 单击"确定"按钮，更改转场效果的"持续时间"长度，如图16-50所示。

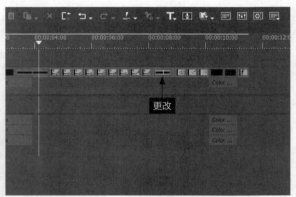

图16-49　设置转场"持续时间"　　　　　　　图16-50　更改转场"持续时间"

16 单击录制窗口下方的"播放"按钮，预览添加的转场效果，如图16-51所示。

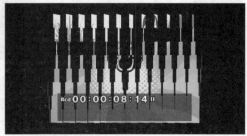

图16-51　预览添加的转场效果

17 在"特效"面板中，依次展开Alpha转场特效组，在其中选择"Alpha自定义图像"转场效果，如图16-52所示。

18 将选择的转场效果拖曳至"素材15"与黑色色块之间，释放鼠标左键，添加转场效果，如图16-53所示。

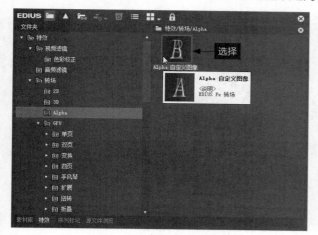

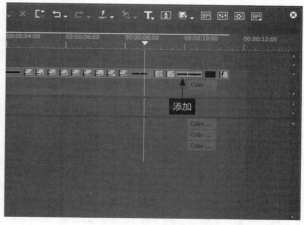

图16-52　选择相应转场效果

图16-53　添加相应转场效果

19 选择添加的转场效果，按【Alt＋U】组合键，弹出"持续时间"对话框，在其中设置转场效果的"持续时间"为00:00:00:10，如图16-54所示。

20 单击"确定"按钮，更改转场效果的"持续时间"长度，如图16-55所示。

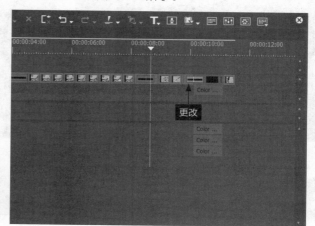

图16-54　设置转场"持续时间"

图16-55　更改转场"持续时间"

21 单击录制窗口下方的"播放"按钮，预览添加的转场效果，如图16-56所示。

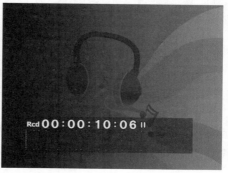

图16-56　预览添加的转场效果

22 在"特效"面板中，依次展开"涟漪"|"3D"转场特效组，在其中选择"3D涟漪"转场效果，如图16-57所示。

23 将选择的转场效果拖曳至黑色色块与"素材16"之间，释放鼠标左键，添加转场效果，如图16-58所示。

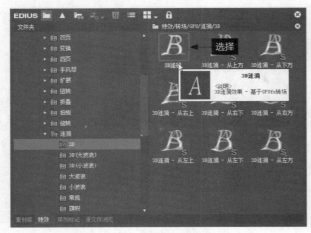

图16-57 选择相应转场效果

图16-58 添加相应转场效果

24 单击录制窗口下方的"播放"按钮，预览添加的转场效果，如图16-59所示。

图16-59 预览添加的转场效果

实例 186 制作电视片头文字

- **视频文件** | 光盘\视频\第16章\186制作电视片头文字.mp4
- **实例要点** | 通过"在1T轨道上创建字幕"选项创建标题字幕效果。
- **思路分析** | 在各种影视画面中，字幕是不可缺少的一个重要组成部分，起着解释画面、补充内容的作用。下面介绍制作电视片头文字的操作方法。

┃ 操作步骤 ┃

01 在"轨道"面板中将时间线移至素材的开始位置，如图16-60所示。

02 在"轨道"面板上方单击"创建字幕"按钮，在弹出的列表框中选择"在1T轨道上创建字幕"选项，如图16-61所示。

03 执行操作后，打开字幕窗口，运用横向文本工具在预览窗口中输入相应文本内容，如图16-62所示。

04 在"文本属性"面板的"变换"选项区中设置相应参数，如图16-63所示。

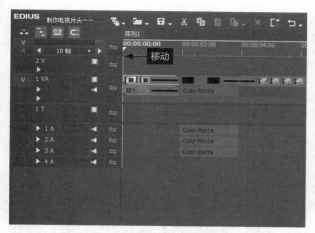

图16-60　将时间线移至素材的开始位置

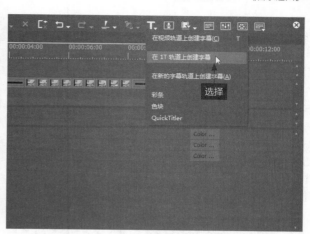

图16-61　选择"在1T轨道上创建字幕"选项

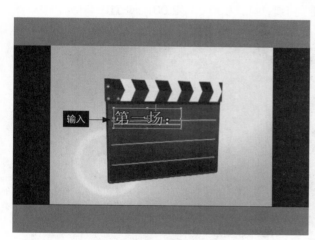

图16-62　输入相应文本内容

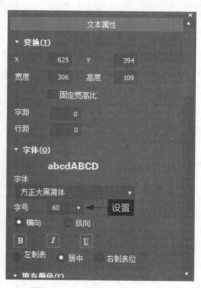

图16-63　设置文本字体属性

05 执行操作后，即可更改文本字体效果，在预览窗口中预览文本效果，如图16-64所示。

06 在字幕窗口上方单击"保存"按钮，如图16-65所示，退出字幕窗口。

图16-64　预览设置后的文本效果

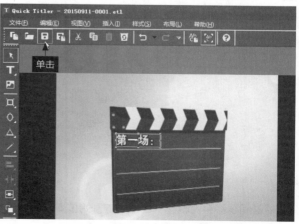

图16-65　单击"保存"按钮

07 在1T字幕轨道中查看创建的标题字幕内容，如图16-66所示。

08 在创建的标题字幕上单击鼠标右键，在弹出的快捷菜单中选择"持续时间"选项，如图16-67所示。

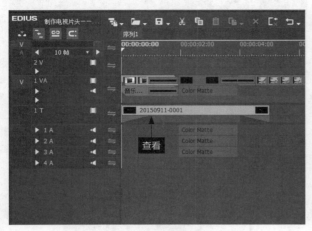

图16-66　查看创建的标题字幕内容　　　　　　　　图16-67　选择"持续时间"选项

09 弹出"持续时间"对话框，在其中设置字幕的"持续时间"为00:00:02:00，如图16-68所示。

10 单击"确定"按钮，更改字幕的"持续时间"长度，如图16-69所示。

图16-68　设置字幕的"持续时间"　　　　　　　　图16-69　更改字幕的"持续时间"长度

11 单击录制窗口下方的"播放"按钮，预览创建的字幕动画效果，如图16-70所示。

图16-70　预览创建的字幕动画效果

12 将时间线移至"轨道"面板中的开始位置，单击"创建字幕"按钮，在弹出的列表框中选择"在新的字幕轨道上创建字幕"选项，如图16-71所示。

13 执行操作后，打开字幕窗口，运用横向文本工具在预览窗口中输入相应文本内容，如图16-72所示。

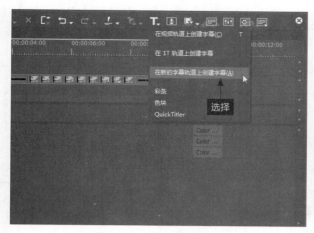

图16-71　选择相应的选项　　　　　　　　图16-72　输入相应文本内容

14 在"文本属性"面板的"变换"选项区中，设置"X"为891，"Y"为496；在"字体"选项区中，设置"字体"为"方正大黑简体"，"字号"为70，如图16-73所示。

15 执行操作后，即可更改文本字体效果，在预览窗口中预览文本效果，如图16-74所示。

图16-73　设置文本字体属性　　　　　　　图16-74　预览设置后的文本效果

16 在字幕窗口上方单击"保存"按钮，退出字幕窗口，在2T字幕轨道中查看创建的标题字幕内容，如图16-75所示。

17 在创建的标题字幕上单击鼠标右键，在弹出的快捷菜单中选择"持续时间"选项，弹出"持续时间"对话框，在其中设置字幕的"持续时间"为00:00:02:00，单击"确定"按钮，更改字幕的持续时间长度，如图16-76所示。

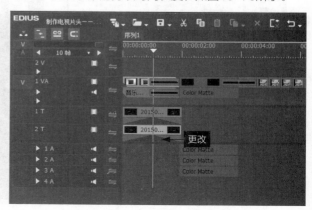

图16-75　查看创建的标题字幕　　　　　　图16-76　更改标题字幕持续时间

18 单击录制窗口下方的"播放"按钮，预览创建的字幕动画效果，如图16-77所示。

图16-77　预览创建的字幕动画效果

19 在"轨道"面板中将时间线移至合适位置处，如图16-78所示。

20 在"素材库"面板中的空白位置上单击鼠标右键，在弹出的快捷菜单中选择"添加文件"选项，如图16-79所示。

图16-78　移动时间线的位置　　　　　　　　　　图16-79　选择"添加文件"选项

21 执行操作后，弹出"打开"对话框，在其中选择需要添加的字幕文件，如图16-80所示。

22 单击"打开"按钮，将"片尾文字"字幕文件导入"素材库"面板中，如图16-81所示。

图16-80　选择相应的字幕文件　　　　　　　　　图16-81　导入相应的字幕文件

23 在"素材库"面板中选择导入的字幕文件,按住鼠标左键并拖曳至2V视频轨中的时间线位置,如图16-82所示。

24 向左拖曳素材结尾处的黄色标记,更改字幕文件的区间长度,如图16-83所示。

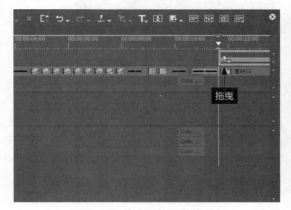

图16-82 拖曳至2V视频轨道中   图16-83 更改字幕文件的区间长度

25 单击"素材"|"视频布局"命令,如图16-84所示。

26 弹出"视频布局"对话框,在"参数"面板的"位置"选项区中,即可设置相应参数,如图16-85所示。

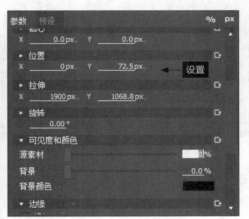

图16-84 单击"视频布局"命令   图16-85 设置各参数

27 在下方"效果控制"面板中,分别选中"位置""伸展""旋转"复选框,如图16-86所示。

28 分别单击各复选框右侧的"添加/删除关键帧"按钮,添加一组关键帧,如图16-87所示。

图16-86 选中相应复选框   图16-87 添加一组关键帧

29 在"效果控制"面板中将时间线移至00:00:01:18位置处,如图16-88所示。

30 在"参数"面板的"位置"选项区中设置相应参数,如图16-89所示。

图16-88　移动时间线的位置

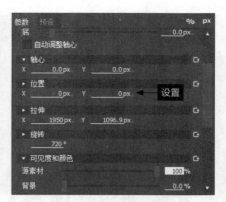

图16-89　设置各参数

31 设置完成后，在"效果控制"面板中的时间线位置，自动添加第二组关键帧，如图16-90所示。

32 在预览窗口中预览制作的文字画面效果，如图16-91所示。

图16-90　自动添加第二组关键帧

图16-91　预览制作的文字画面效果

33 单击"确定"按钮，返回EDIUS工作界面，单击录制窗口下方的"播放"按钮，预览制作的文字运动效果，如图16-92所示。

图16-92　预览制作的文字运动效果

实例 187 制作电视背景音乐

- **素材文件**┃光盘\素材\第16章\音乐.mp3
- **视频文件**┃光盘\视频\第16章\187制作电视背景音乐.mp4
- **实例要点**┃通过"添加文件"选项导入电视背景音乐。
- **思路分析**┃人类听到的所有声音，如对话、歌曲以及乐器发出的声音等都可以称为音频，但这些声音都需要通过一定的处理方可使用。下面主要介绍添加与处理背景音乐的操作方法。

┃操作步骤┃

01 在"素材库"面板中的空白位置上单击鼠标右键，在弹出的快捷菜单中选择"添加文件"选项，如图16-93所示。

02 执行操作后，弹出"打开"对话框，在其中选择需要导入的音乐素材，如图16-94所示。

图16-93 选择"添加文件"选项

图16-94 选择需要导入的音乐素材

03 单击"打开"按钮，将选择的音乐素材导入"素材库"面板中，如图16-95所示。

04 选择导入的音乐素材，按住鼠标左键并拖曳至1A音频轨中的开始位置，如图16-96所示。

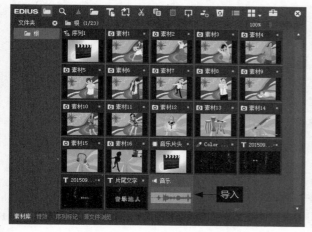

图16-95 导入"素材库"面板中

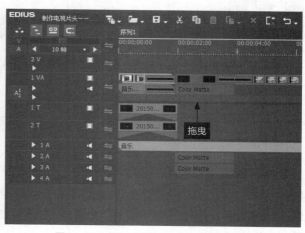

图16-96 拖曳至1A音频轨中的开始位置

05 在"轨道"面板中将时间线移至合适位置处，如图16-97所示。

06 对音乐素材进行复制、粘贴操作，然后对粘贴后的素材进行合理的剪切操作，如图16-98所示。

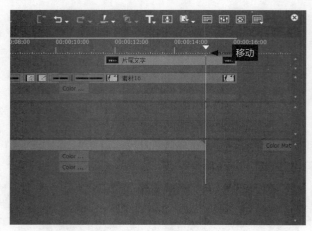

图16-97　移动时间线的位置　　　　　　　　　　图16-98　对音乐素材进行剪切操作

07 选择剪切的后段音乐文件，单击鼠标右键，在弹出的快捷菜单中选择"删除"选项，如图16-99所示。

08 执行操作后，即可删除后段音乐文件，如图16-100所示。单击录制窗口下方的"播放"按钮，试听制作的音乐效果。

图16-99　选择"删除"选项　　　　　　　　　　图16-100　删除后段音乐文件

实例 188　输出电视片头文件

● **效果文件**｜光盘\效果\第16章\制作电视片头——《音乐达人》.ezp

● **视频文件**｜光盘\视频\第16章\188输出电视片头文件.mp4

● **实例要点**｜通过"输出到文件"选项输出电视片头文件。

● **思路分析**｜完成一段影视内容的编辑，并且对编辑的效果满意时，可以将其输出成各种格式的文件。下面介绍输出电视片头文件的方法。

操作步骤

01 在录制窗口下方单击"输出"按钮，在弹出的列表框中选择"输出到文件"选项，如图16-101所示。

02 执行操作后，弹出"输出到文件"对话框，在左侧窗口中选择相应选项，在右侧窗口中选择相应的预设输出方式，如图16-102所示。

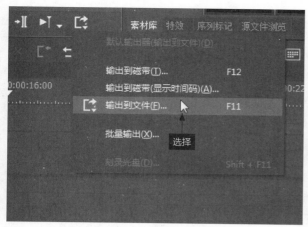

图16-101 选择"输出到文件"选项

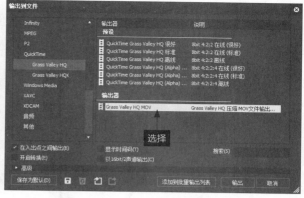

图16-102 选择相应的预设输出方式

03 单击"输出"按钮,弹出"QuickTime"对话框,在其中设置视频文件的输出路径,在"文件名"文本框中,输入视频的保存名称,如图16-103所示。

04 单击"保存"按钮,弹出"渲染"对话框,显示视频输出进度,如图16-104所示。待视频输出完成后,在"素材库"面板中显示输出后的视频文件。单击"播放"按钮,可以预览输出后的视频画面效果。

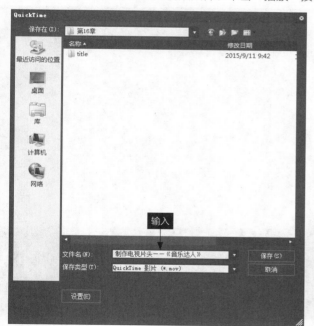

图16-103 输入视频的保存名称

图16-104 显示视频输出进度

第 **17** 章

制作公益宣传
——《爱护环境》

湘江是我们的"母亲河",多少年来,她滋润着江岸百姓,滋润着我们的生活。现在我们的"母亲河"——湘江正在遭受着痛苦,"母亲河"需要我们的关爱,只要人人都献出一份爱,"母亲河"就能恢复年轻的面貌。本章主要介绍制作公益宣传——《爱护环境》视频效果的操作方法。

效果欣赏

本实例介绍如何制作公益宣传——《爱护环境》，效果如图17-1所示。

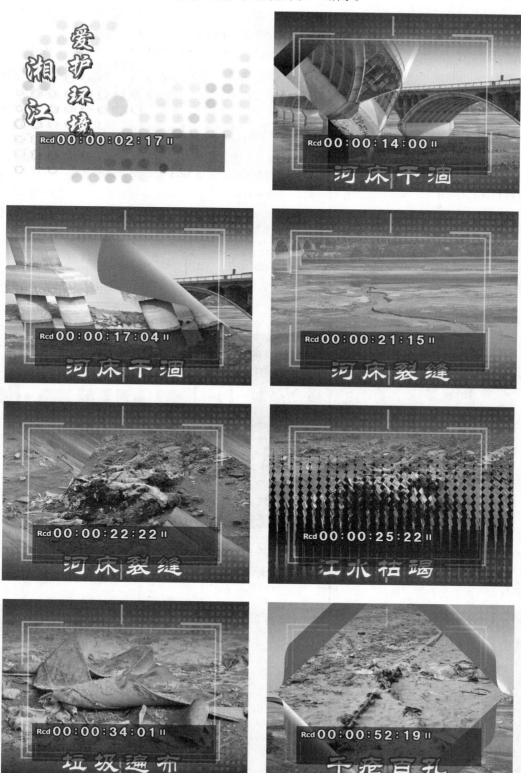

图17-1 制作公益宣传——《爱护环境》

┃ 技术提炼 ┃

　　首先进入EDIUS 8.0工作界面，在"素材库"面板中导入公益宣传素材文件；然后将素材分别拖曳至视频轨道中，在相应素材之间添加转场特效，并为素材制作相应的边框特效，在视频中的适当位置制作美观的标题字幕特效；最后添加背景音乐，输出视频，完成公益宣传实例的制作。

实例 189　制作视频画面效果

- **素材文件┃**光盘\素材\第17章\素材1.jpg、素材2.jpg、素材3.jpg、素材4.jpg、素材5.jpg等
- **视频文件┃**光盘\视频\第17章\189制作视频画面效果.mp4
- **实例要点┃**通过导入素材、创建色块、调整色块区间、将素材分别拖曳至视频轨中，制作背景画面。
- **思路分析┃**在EDIUS 8.0中，用户可以使用视频素材、图像素材以及色块素材制作视频画面效果。下面介绍制作视频画面效果的操作方法。

┃ 操作步骤 ┃

01 在"素材库"面板中单击鼠标右键，在弹出的快捷菜单中选择"添加文件"选项，如图17-2所示。
02 执行操作后，弹出"打开"对话框，选择需要导入的公益宣传素材，如图17-3所示。

图17-2　选择"添加文件"选项　　　　图17-3　选择导入的电视素材

03 单击"打开"按钮，将素材导入"素材库"面板中，如图17-4所示。
04 在"素材库"面板中选择"片头"视频素材，如图17-5所示。

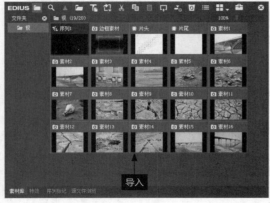
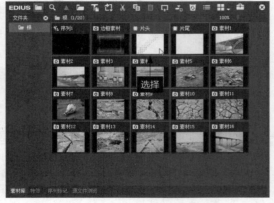

图17-4　导入"素材库"面板中　　　　图17-5　选择"片头"视频素材

05 在选择的"片头"视频素材上，按住鼠标左键并拖曳至视频轨中的开始位置，释放鼠标左键，在视频轨中添加"片头"视频素材，如图17-6所示。

06 在"素材库"面板上方单击"新建素材"按钮，在弹出的列表框中选择"色块"选项，如图17-7所示。

图17-6　添加"片头"视频素材　　　　图17-7　选择"色块"选项

07 弹出"色块"对话框，在其中设置"颜色"为1，"色块颜色"为黑色，如图17-8所示。

08 单击"确定"按钮，在"素材库"面板中显示刚才创建的色块素材，如图17-9所示。

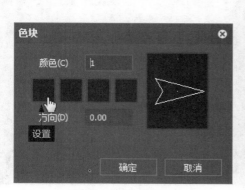
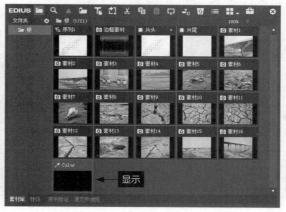

图17-8　设置色块的属性　　　　图17-9　显示刚才创建的色块素材

09 在"素材库"面板中的色块素材上，按住鼠标左键并拖曳至视频轨中"片头"素材的结尾处，释放鼠标左键，在视频轨中添加色块素材，如图17-10所示。

10 在视频轨中的色块素材上单击鼠标右键，在弹出的快捷菜单中选择"持续时间"选项，如图17-11所示。

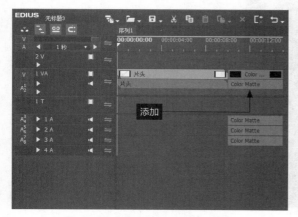
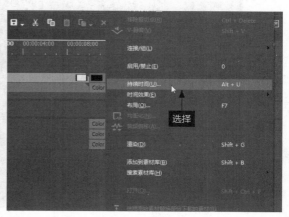

图17-10　在视频轨中添加色块素材　　　　图17-11　选择"持续时间"选项

11 弹出"持续时间"对话框，在其中设置"持续时间"为00:00:01:00，如图17-12所示。

12 单击"确定"按钮，调整色块的"持续时间"长度，如图17-13所示，色块效果制作完成。

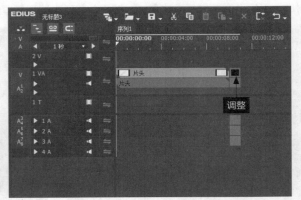

图17-12 设置素材的"持续时间"　　　　图17-13 调整色块的"持续时间"长度

13 在"素材库"面板中选择"素材1"，如图17-14所示。

14 在选择的"素材1"上，按住鼠标左键并拖曳至视频轨中色块素材的结尾处，释放鼠标左键，在视频轨中添加"素材1"，如图17-15所示。

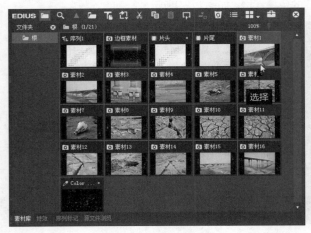

图17-14 选择"素材1"　　　　　　　　图17-15 添加"素材1"

15 选择"素材1"，单击"素材"|"持续时间"命令，如图17-16所示。

16 弹出"持续时间"对话框，在其中设置"持续时间"为00:00:03:00，如图17-17所示。

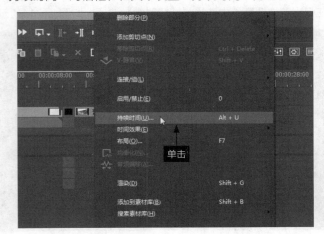
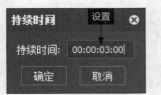

图17-16 单击"持续时间"命令　　　　图17-17 设置素材"持续时间"

17 单击"确定"按钮，调整"素材1"的"持续时间"长度，在"轨道"面板中查看调整持续时间后的素材区间长度，如图17-18所示。

18 在"素材库"面板中选择"素材2"，如图17-19所示。

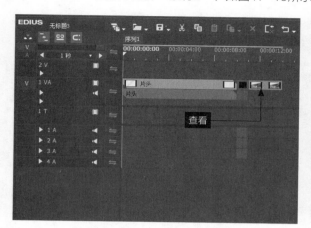

图17-18 查看素材区间长度

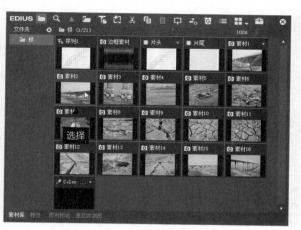

图17-19 选择"素材2"

19 在选择的"素材2"上，按住鼠标左键并拖曳至视频轨中"素材1"的结尾处，释放鼠标左键，添加素材，如图17-20所示。

20 在"素材2"上单击鼠标右键，在弹出的快捷菜单中选择"持续时间"选项，如图17-21所示。

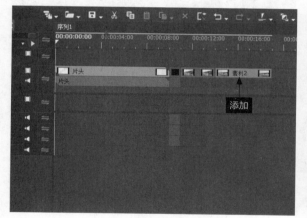

图17-20 添加"素材2"

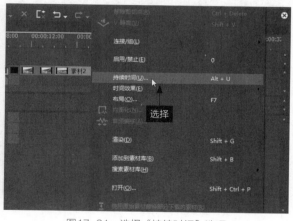

图17-21 选择"持续时间"选项

21 弹出"持续时间"对话框，在其中设置"持续时间"为00:00:03:00，如图17-22所示。

22 单击"确定"按钮，调整"素材2"的持续时间长度，在"轨道"面板中查看调整"持续时间"后的素材区间长度，如图17-23所示。

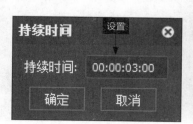

图17-22 设置素材"持续时间"

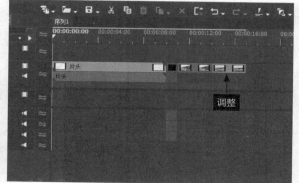

图17-23 调整素材"持续时间"

23 在"素材库"面板中选择"素材3"，如图17-24所示。

24 在选择的"素材3"上，按住鼠标左键并拖曳至视频轨中"素材2"的结尾处，释放鼠标左键，添加素材，如图17-25所示。

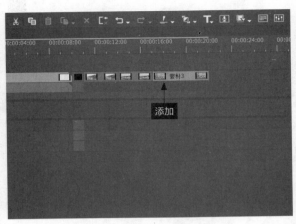

图17-24 选择"素材3" 图17-25 添加"素材3"

25 调整"素材3"的持续时间为00:00:03:00，调整素材的区间长度，如图17-26所示。

26 在"素材库"面板中选择"素材4"，如图17-27所示。

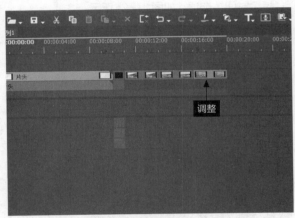
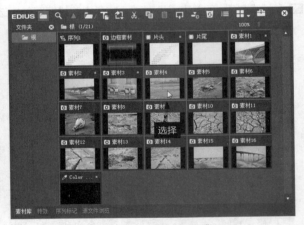

图17-26 调整素材的区间长度 图17-27 选择"素材4"

27 在选择的"素材4"上，按住鼠标左键并拖曳至视频轨中"素材3"的结尾处，释放鼠标左键，添加素材，如图17-28所示。

28 调整"素材4"的持续时间为00:00:03:00，调整素材的区间长度，如图17-29所示。

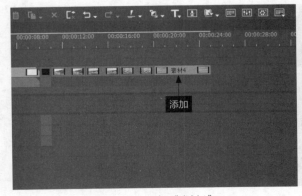

图17-28 添加"素材4" 图17-29 调整素材的区间长度

29 用与上述同样的方法，在视频轨中的其他位置添加相应的视频素材与色块素材，并调整素材与色块的区间长度，此时"轨道"面板如图17-30所示。

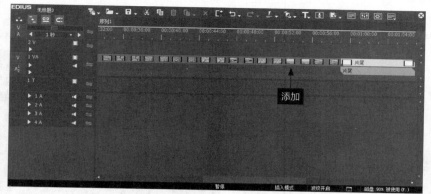

图17-30　添加相应的视频素材与色块素材

30 将时间线移至素材的开始位置，单击录制窗口下方的"播放"按钮，预览制作的视频画面效果，如图17-31所示。

图17-31　预览制作的视频画面效果

实例 190　制作视频转场特效

- **视频文件** | 光盘\视频\第17章\190制作视频转场特效.mp4
- **实例要点** | 通过"特效"面板将相应的转场效果拖曳至各素材之间，制作视频转场特效。
- **思路分析** | 在制作视频的过程中，用户可以将视频转场效果运用在需要的视频素材之间，使视频效果更具有吸引力。下面介绍制作视频转场特效的操作方法。

┃ 操作步骤 ┃

01 在"轨道"面板中单击"1秒"右侧的下拉按钮，在弹出的列表框中选择"10帧"选项，如图17-32所示，调整"轨道"面板的显示方式。

02 切换至"特效"面板，依次展开Alpha转场特效组，在其中选择"Alpha自定义图像"转场效果，如图17-33所示。

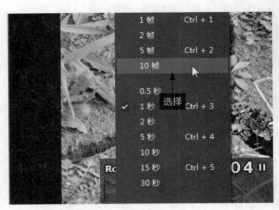

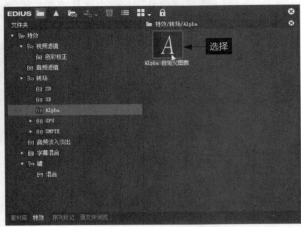

图17-32　选择"10帧"选项　　　　　　　　　　　　　图17-33　选择相应的转场效果

03 在选择的转场效果上，按住鼠标左键并拖曳至视频轨中"片头"素材的结尾处，此时显示虚线框，表示转场将要放置的位置，如图17-34所示。

04 释放鼠标左键，在"片头"素材的结尾处添加转场效果，如图17-35所示。

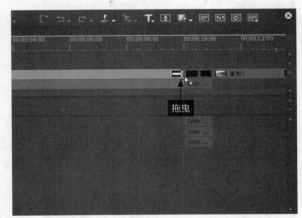

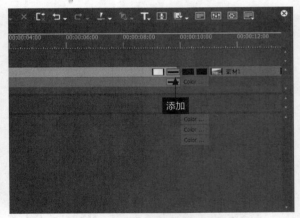

图17-34　拖曳至"片头"素材的结尾处　　　　　　　　图17-35　添加相应的转场效果

05 单击"播放"按钮，预览添加的"Alpha自定义图像"转场效果，如图17-36所示。

图17-36　预览添加的"Alpha自定义图像"转场效果

06 用与上述同样的方法，将"Alpha自定义图像"转场效果再次添加在视频轨中的黑色色块与"素材1"之间，添加转场效果，如图17-37所示。

07 在"特效"面板中展开3D转场特效组，选择"卷页飞出"转场效果，如图17-38所示。

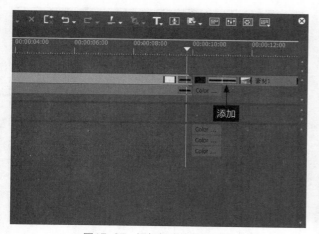

图17-37　添加相应的转场效果

图17-38　选择"卷页飞出"转场

08 在选择的转场效果上，按住鼠标左键并拖曳至视频轨中的"素材1"与"素材2"之间，此时显示虚线框，表示转场将要放置的位置，如图17-39所示。

09 释放鼠标左键，添加"卷页飞出"转场效果，如图17-40所示。

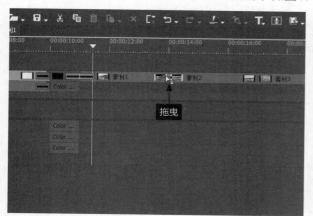
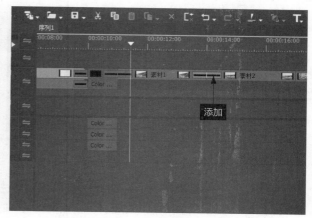

图17-39　将转场拖曳至相应素材之间

图17-40　添加"卷页飞出"转场效果

10 单击"播放"按钮，预览添加的"卷页飞出"转场效果，如图17-41所示。

图17-41　预览添加的"卷页飞出"转场效果

11 在"特效"面板中展开"3D翻动"转场特效组，在其中选择"3D翻入-从左下"转场效果，如图17-42所示。

12 在选择的转场效果上，按住鼠标左键并拖曳至视频轨中的"素材2"与"素材3"之间，释放鼠标左键，添加"3D翻入-从左下"转场效果，如图17-43所示。

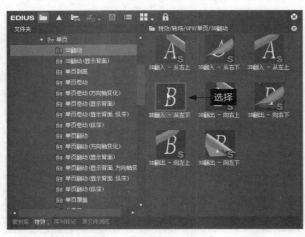

图17-42　选择"3D翻入-从左下"转场效果　　　　图17-43　添加"3D翻入-从左下"转场效果

13 单击"播放"按钮，预览添加的"3D翻入-从左下"转场效果，如图17-44所示。

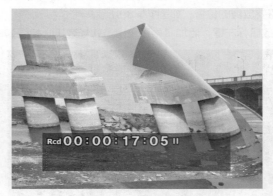

图17-44　预览添加的"3D翻入-从左下"转场效果

14 在"特效"面板中展开"2D"转场特效组，在其中选择"圆形"转场效果，如图17-45所示。

15 在选择的特效上，按住鼠标左键并拖曳至视频轨中的"素材3"与"素材4"之间，释放鼠标左键，添加"圆形"转场效果，如图17-46所示。

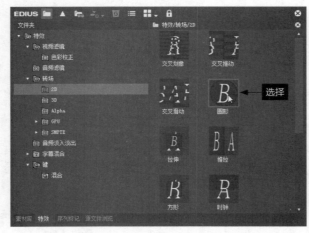
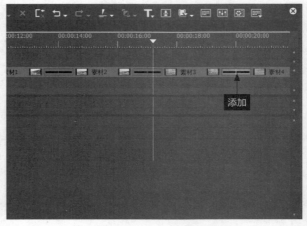

图17-45　选择"圆形"转场效果　　　　图17-46　添加"圆形"转场效果

16 单击"播放"按钮，预览添加的"圆形"转场效果，如图17-47所示。

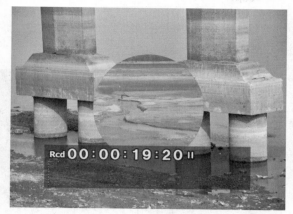 

图17-47　预览添加的"圆形"转场效果

17 在"特效"面板中展开"分割"转场特效组，在其中选择"分割旋转转出-顺时针"转场效果，如图17-48所示。

18 在选择的转场效果上，按住鼠标左键并拖曳至视频轨中的"素材4"与"素材5"之间，释放鼠标左键，添加"分割旋转转出-顺时针"转场效果，如图17-49所示。

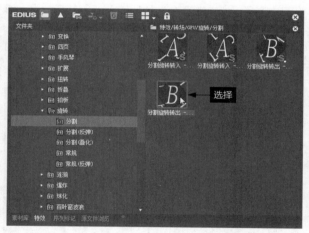 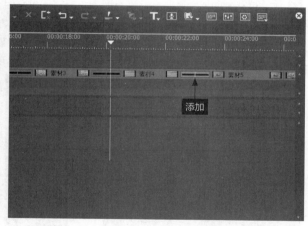

图17-48　选择"分割旋转转出-顺时针"转场　　　　图17-49　添加"分割旋转转出-顺时针"转场

19 单击"播放"按钮，预览添加的"分割旋转转出-顺时针"转场效果，如图17-50所示。

图17-50　预览添加的"分割旋转转出-顺时针"转场效果

20 在"特效"面板中展开"波浪"转场特效组，在其中选择"波浪（小）-向上"转场效果，如图17-51所示。

21 在选择的转场效果上，按住鼠标左键并拖曳至视频轨中的"素材5"与"素材6"之间，释放鼠标左键，添加"波浪（小）-向上"转场效果，如图17-52所示。

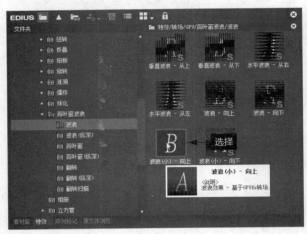

图17-51 选择"波浪（小）-向上"转场

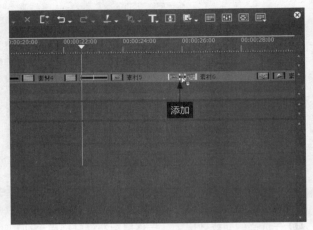

图17-52 添加"波浪（小）-向上"转场

22 在"特效"面板中展开"竖管（淡出）"转场特效组，在其中选择"从内卷管（淡出.环转）-5"转场效果，如图17-53所示。

23 在选择的转场特效上，按住鼠标左键并拖曳至视频轨中的"素材6"与"素材7"之间，释放鼠标左键，添加"从内卷管（淡出.环转）-5"转场效果，如图17-54所示。

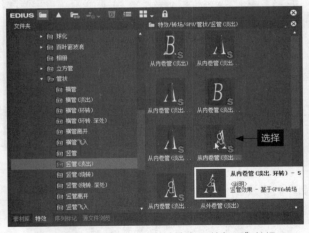

图17-53 选择"从内卷管（淡出.环转）-5"转场

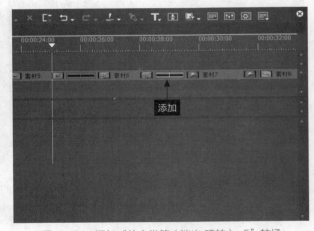

图17-54 添加"从内卷管（淡出.环转）-5"转场

24 在"特效"面板中展开"横管（淡出）"转场特效组，在其中选择"横管出现（淡出.环转）-4"转场效果，如图17-55所示。

25 在选择的转场效果上，按住鼠标左键并拖曳至视频轨中的"素材7"与"素材8"之间，释放鼠标左键，添加"横管出现（淡出.环转）-4"转场效果，如图17-56所示。

26 在"特效"面板中展开"剥离（纵深）"转场特效组，在其中选择"四页剥离（纵深）-2"转场效果，如图17-57所示。

27 在选择的转场效果上，按住鼠标左键并拖曳至视频轨中的"素材8"与"素材9"之间，释放鼠标左键，添加"四页剥离（纵深）-2"转场效果，如图17-58所示。

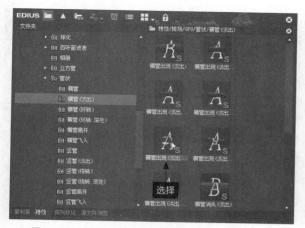

图17-55　选择"横管出现（淡出.环转）-4"转场

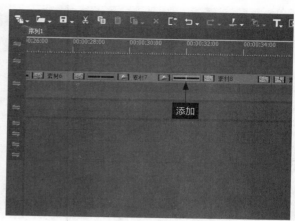

图17-56　添加"横管出现（淡出.环转）-4"转场

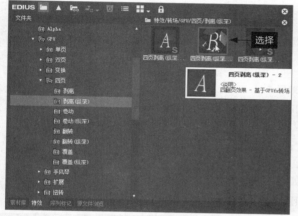

图17-57　选择"四页剥离（纵深）-2"转场

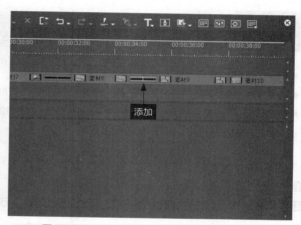

图17-58　添加"四页剥离（纵深）-2"转场

28 用与上述同样的方法，在其他各素材之间添加相应的转场效果。将时间线移至素材的开始位置，单击"播放"按钮，预览添加的转场效果，如图17-59所示。

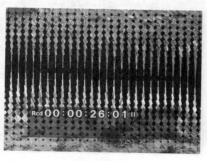

图17-59　预览添加的转场效果

图17-59　预览添加的转场效果（续）

实例 191　制作广告边框效果

- **视频文件** ┃ 光盘\视频\第17章\191制作广告边框效果.mp4
- **实例要点** ┃ 通过将边框拖曳至"轨道"面板中，制作广告边框效果。
- **思路分析** ┃ 在编辑视频的过程中，用户还可以为视频素材添加边框动画效果，使视频效果更加美观。下面介绍制作边框动画效果的操作方法。

▌操作步骤▐

01 在"轨道"面板中将时间线移至00:00:04:00位置处，如图17-60所示。

02 在"素材库"面板中选择"素材15"文件，如图17-61所示。

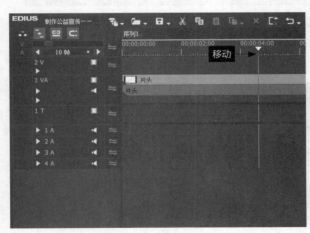 

图17-60　移动时间线的位置　　　　　　　　　図17-61　选择"素材15"文件

03 在选择的"素材15"文件上，按住鼠标左键并拖曳至2V视频轨中的时间线位置，释放鼠标左键，在2V视频轨中添加"素材15"文件，如图17-62所示。

04 切换至"特效"面板，展开"视频滤镜"特效组，在其中选择"手绘遮罩"滤镜效果，如图17-63所示。

05 将选择的"手绘遮罩"滤镜效果拖曳至2V视频轨中的"素材15"文件上，如图17-64所示，释放鼠标左键，添加"手绘遮罩"滤镜效果。

06 在"信息"面板中，查看添加的"手绘遮罩"滤镜效果，如图17-65所示。

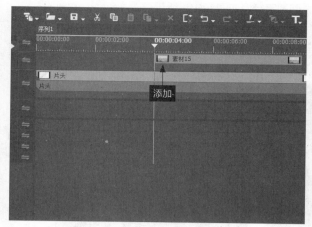

图17-62　添加"素材15"文件

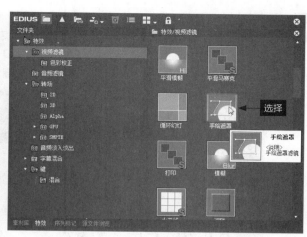

图17-63　选择"手绘遮罩"滤镜

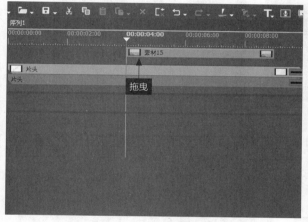

图17-64　拖曳至"素材15"文件上

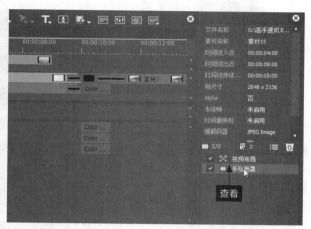

图17-65　添加"手绘遮罩"滤镜效果

07 在"手绘遮罩"滤镜效果上单击鼠标右键，在弹出的快捷菜单中选择"打开设置对话框"选项，如图17-66所示。

08 执行操作后，弹出"手绘遮罩"对话框，单击上方的"绘制椭圆"按钮，如图17-67所示。

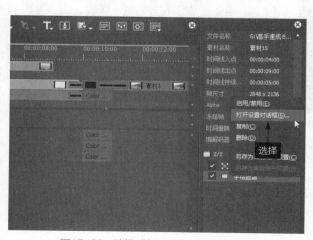

图17-66　选择"打开设置对话框"选项

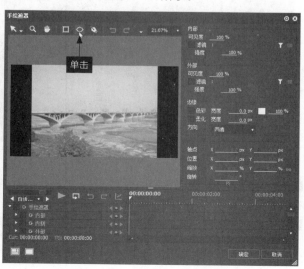

图17-67　单击"绘制椭圆"按钮

09 在预览窗口中的适当位置按住鼠标左键并拖曳，绘制一个椭圆路径，如图17-68所示。

10 在"外部"选项区中，设置"可见度"为0%；在"边缘"选项区中，选中"柔化"复选框，设置"宽度"为120 px；在"外形1"选项区中，设置"轴点""X"和"Y"均为0 px，"位置""X"为327.9 px，"Y"为-29.4 px，"缩放""X"和"Y"均为100.00%，如图17-69所示。

图17-68　绘制一个椭圆路径

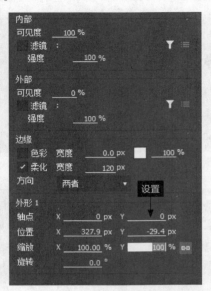

图17-69　设置椭圆路径的参数

11 设置完成后，单击"确定"按钮，在"信息"面板中的"视频布局"选项上单击鼠标右键，在弹出的快捷菜单中选择"打开设置对话框"选项，如图17-70所示。

12 弹出"视频布局"对话框，在"参数"面板的"可见度和颜色"选项区中，设置"源素材"为0%，如图17-71所示。

图17-70　选择"打开设置对话框"选项

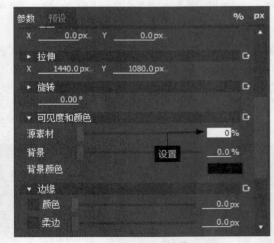

图17-71　设置"源素材"为0%

13 在下方"效果控制"面板中选中"可见度和颜色"复选框，单击右侧的"添加/删除关键帧"按钮，添加1个关键帧，如图17-72所示。

14 在"效果控制"面板中将时间线移至00:00:00:20位置处，如图17-73所示。

图17-72　添加1个关键帧　　　　　　　　图17-73　移动时间线的位置

15 在"参数"面板的"可见度和颜色"选项区中，设置"源素材"为100%，如图17-74所示。

16 在"效果控制"面板中的时间线位置，自动添加第2个关键帧，如图17-75所示。

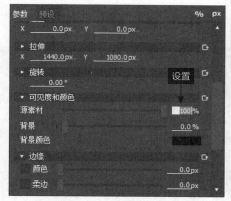
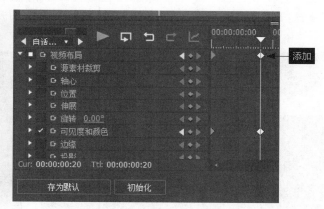

图17-74　设置"源素材"为100%　　　　　　图17-75　自动添加第2个关键帧

17 在"效果控制"面板中将时间线移至00:00:04:13位置处，如图17-76所示。

18 单击"可见度和颜色"右侧的"添加/删除关键帧"按钮，添加第3个关键帧，如图17-77所示。

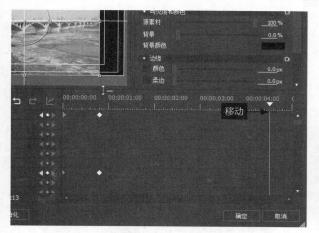

图17-76　移动时间线的位置

图17-77　添加第3个关键帧

19 在"效果控制"面板中将时间线移至00:00:05:00位置处，如图17-78所示。

20 在"参数"面板的"可见度和颜色"选项区中，设置"源素材"为0%，如图17-79所示。

图17-78 移动时间线的位置

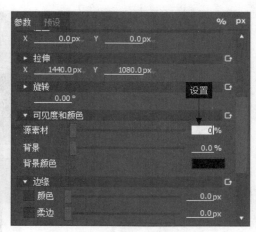

图17-79 设置"源素材"为0%

21 在"效果控制"面板中的时间线位置，自动添加第4个关键帧，如图17-80所示。

22 单击"确定"按钮，返回EDIUS工作界面，在"轨道"面板中将时间线移至00:00:04:00位置处，如图17-81所示。

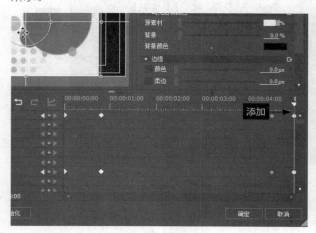

图17-80 自动添加第4个关键帧

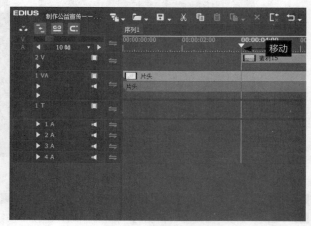

图17-81 移动时间线的位置

23 单击"播放"按钮，预览制作的视频遮罩效果，如图17-82所示。

图17-82 预览制作的视频遮罩效果

24 在"轨道"面板中将时间线移至00:00:10:14位置处，如图17-83所示。

25 在"素材库"面板中选择"边框素材"文件，如图17-84所示。

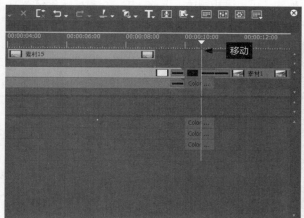

图17-83　移动时间线的位置

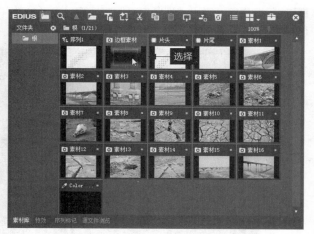

图17-84　选择"边框素材"文件

26 将选择的"边框素材"文件拖曳至2V视频轨中的时间线位置，如图17-85所示。

27 选择添加的"边框素材"文件，单击"素材"|"持续时间"命令，如图17-86所示。

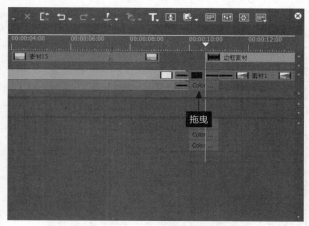

图17-85　拖曳至2V视频轨中

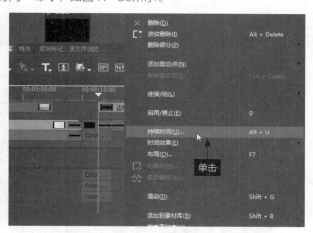

图17-86　单击"持续时间"命令

28 执行操作后，弹出"持续时间"对话框，在其中设置"持续时间"为00:00:42:15，如图17-87所示。

29 单击"确定"按钮，更改"边框素材"文件的"持续时间"，如图17-88所示。

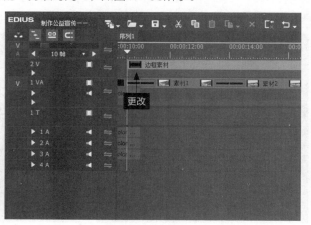

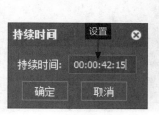

图17-87　设置素材"持续时间"

图17-88　更改素材"持续时间"

30 在"信息"面板中的"视频布局"选项上单击鼠标右键，在弹出的快捷菜单中选择"打开设置对话框"选项，如图17-89所示。

31 执行操作后，弹出"视频布局"对话框，在"参数"面板的"可见度和颜色"选项区中，设置"源素材"为0%，如图17-90所示。

图17-89　选择"打开设置对话框"选项

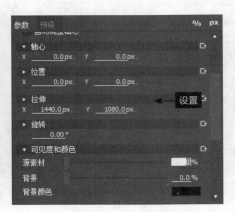

图17-90　设置"源素材"为0%

32 在下方"效果控制"面板中选中"可见度和颜色"复选框，单击右侧的"添加/删除关键帧"按钮，添加1个关键帧，如图17-91所示。

33 在"效果控制"面板中将时间线移至00:00:00:27位置处，如图17-92所示。

图17-91　添加1个关键帧

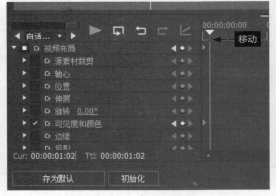

图17-92　移动时间线的位置

34 在"参数"面板的"可见度和颜色"选项区中，设置"源素材"为100%，如图17-93所示。

35 在"效果控制"面板中的时间线位置，自动添加第2个关键帧，如图17-94所示。

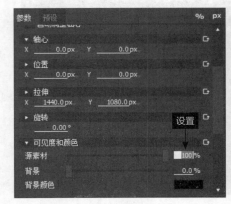

图17-93　设置"源素材"为100%

图17-94　自动添加第2个关键帧

36 在"效果控制"面板中将时间线移至00:00:41:00位置处,单击"可见度和颜色"右侧的"添加/删除关键帧"按钮,添加第3个关键帧,如图17-95所示。

37 在"效果控制"面板中将时间线移至00:00:42:15位置处,如图17-96所示。

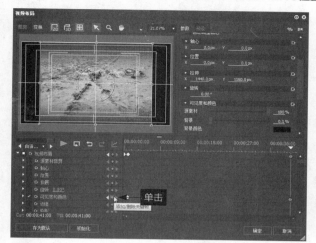

图17-95 添加第3个关键帧

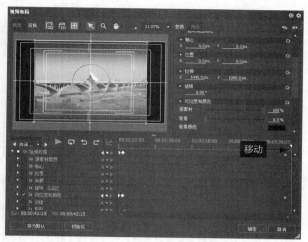

图17-96 移动时间线的位置

38 在"参数"面板的"可见度和颜色"选项区中,设置"源素材"为0.0%,如图17-97所示。

39 在"效果控制"面板中的时间线位置,自动添加第4个关键帧,如图17-98所示。

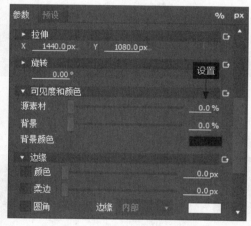

图17-97 设置"源素材"为0.0%

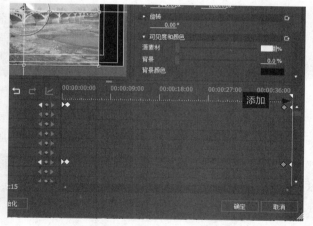

图17-98 自动添加第4个关键帧

40 设置完成后,单击"确定"按钮,返回EDIUS工作界面,将时间线移至素材的开始位置,单击"播放"按钮,预览制作的视频边框效果,如图17-99所示。

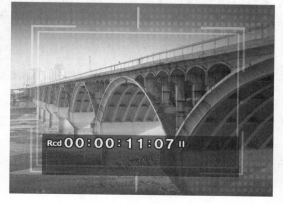
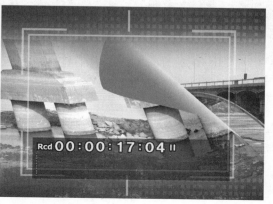

图17-99 预览制作的视频边框效果

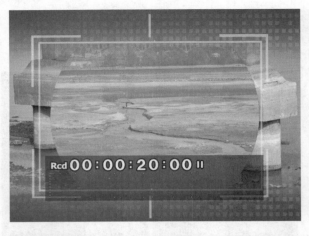

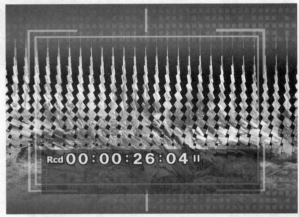

图17-99　预览制作的视频边框效果（续）

41 在"轨道"面板中将时间线移至00:00:54:29位置处，如图17-100所示。

42 在"素材库"面板中选择"素材16"文件，如图17-101所示。

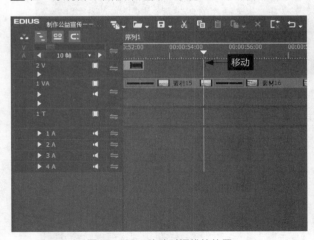

图17-100　移动时间线的位置

图17-101　选择"素材16"文件

43 在选择的"素材16"文件上，按住鼠标左键并拖曳至2V视频轨中的时间线位置，释放鼠标左键，在2V视频轨中添加"素材16"文件，如图17-102所示。

44 向右拖曳"素材16"文件右侧的黄色标记，调整素材的"持续时间"，如图17-103所示。

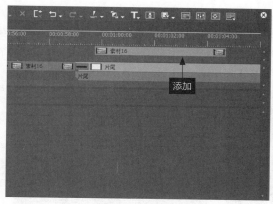

图17-102　添加"素材16"文件

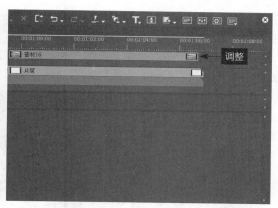

图17-103　手动调整素材的"持续时间"

45 切换至"特效"面板，展开"视频滤镜"特效组，在其中选择"手绘遮罩"滤镜效果，如图17-104所示。

46 将选择的"手绘遮罩"滤镜效果拖曳至2V视频轨中的"素材16"文件上，释放鼠标左键，添加"手绘遮罩"滤镜效果。在"信息"面板中查看添加的"手绘遮罩"滤镜效果，如图17-105所示。

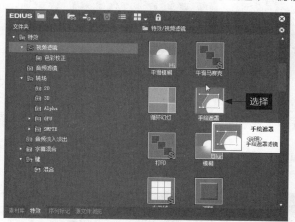

图17-104　选择"手绘遮罩"滤镜效果

图17-105　查看"手绘遮罩"滤镜效果

47 在"手绘遮罩"滤镜效果上单击鼠标右键，在弹出的快捷菜单中选择"打开设置对话框"选项，如图17-106所示。

48 执行操作后，弹出"手绘遮罩"对话框，单击上方的"绘制矩形"按钮，如图17-107所示。

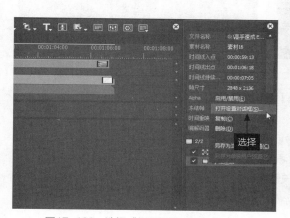

图17-106　选择"打开设置对话框"选项

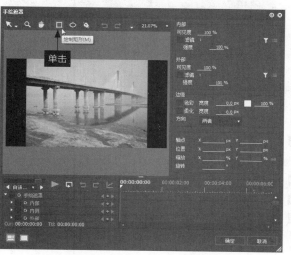

图17-107　单击"绘制矩形"按钮

49 在预览窗口中的适当位置按住鼠标左键并拖曳，绘制一个矩形路径，如图17-108所示。

50 在"外部"选项区中，设置"可见度"为0%；在"边缘"选项区中，选中"柔化"复选框，设置"宽度"为130 px；在"外形1"选项区中，设置"轴点""X"和"Y"均为0 px，"位置""X"为-2.3 px，"Y"为230.6 px，"缩放""X"和"Y"均为90.70%，如图17-109所示。

图17-108　绘制一个矩形路径

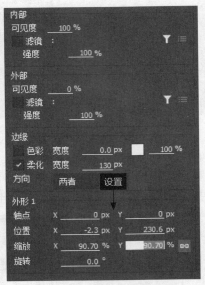

图17-109　设置矩形路径的参数

51 设置完成后，单击"确定"按钮，在"信息"面板中的"视频布局"选项上单击鼠标右键，在弹出的快捷菜单中选择"打开设置对话框"选项，如图17-110所示。

52 弹出"视频布局"对话框，在"参数"面板的"可见度和颜色"选项区中，设置"源素材"为0%，如图17-111所示。

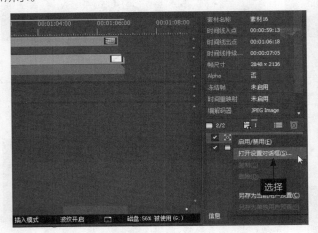

图17-110　选择"打开设置对话框"选项

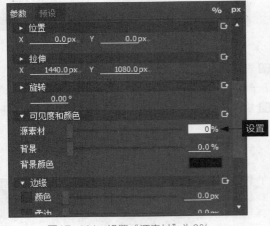

图17-111　设置"源素材"为0%

53 在下方"效果控制"面板中选中"可见度和颜色"复选框，单击右侧的"添加/删除关键帧"按钮，添加1个关键帧，如图17-112所示。

54 在"效果控制"面板中将时间线移至00:00:00:23位置处，如图17-113所示。

55 在"参数"面板的"可见度和颜色"选项区中，设置"源素材"为100%，如图17-114所示。

56 在"效果控制"面板中的时间线位置，自动添加第2个关键帧，如图17-115所示。

图17-112 添加1个关键帧

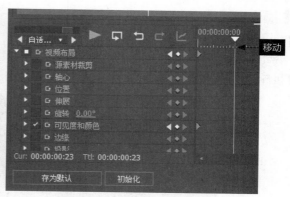

图17-113 移动时间线的位置

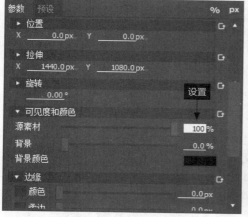

图17-114 设置"源素材"为100%

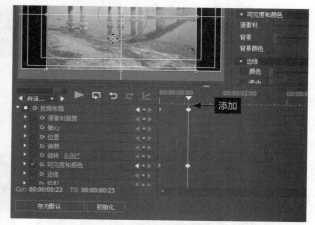

图17-115 自动添加第2个关键帧

57 设置完成后，单击"确定"按钮，返回EDIUS工作界面，单击"播放"按钮，预览制作的视频遮罩效果，如图17-116所示。

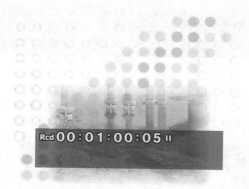

图17-116 预览制作的视频遮罩效果

<table>
<tr><td>实例
192</td><td>**制作公益文字效果**</td></tr>
</table>

- **视频文件** | 光盘\视频\第17章\192制作公益文字效果.mp4
- **实例要点** | 首先导入标题字幕对象，然后将字幕分别拖曳至"轨道"面板中的适当位置，制作字幕效果。
- **思路分析** | 字幕是以各种字体、样式和动画等形式出现在屏幕上的中外文字的总称，字幕设计与书写是视频编辑的艺术手段之一。下面介绍制作公益文字效果的操作方法。

操作步骤

01 在"轨道"面板中选择1T字幕轨道，单击鼠标右键，在弹出的快捷菜单中选择"添加"|"在下方添加字幕轨道"选项，如图17-117所示。

02 执行操作后，弹出"添加轨道"对话框，在其中设置"数量"为1，如图17-118所示。

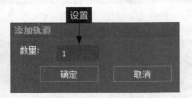

图17-117　选择"在下方添加字幕轨道"选项　　　图17-118　设置"数量"为1

03 单击"确定"按钮，在"轨道"面板中增加一条字幕轨道，如图17-119所示。

04 在"素材库"面板中的空白位置上单击鼠标右键，在弹出的快捷菜单中选择"添加文件"选项，如图17-120所示。

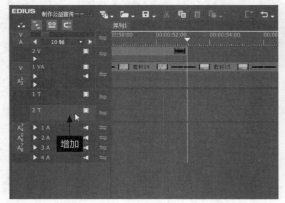

图17-119　增加一条字幕轨道　　　图17-120　选择"添加文件"选项

05 执行操作后，弹出"打开"对话框，在其中选择需要导入的字幕文件，如图17-121所示。

06 单击"打开"按钮，将字幕文件导入"素材库"面板中，如图17-122所示。

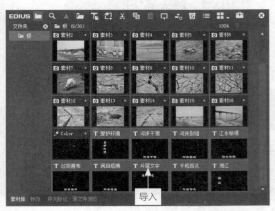

图17-121　选择需要导入的字幕文件　　　图17-122　导入"素材库"面板中

07 在"素材库"面板中选择"湘江"字幕文件，如图17-123所示。

08 将选择的字幕文件拖曳至1T字幕轨道中的开始位置，如图17-124所示。

图17-123　选择"湘江"字幕文件

图17-124　拖曳至1T字幕轨道中

09 在添加的字幕文件上单击鼠标右键，在弹出的快捷菜单中选择"持续时间"选项，如图17-125所示。

10 弹出"持续时间"对话框，在其中设置字幕的"持续时间"为00:00:10:00，如图17-126所示。

图17-125　选择"持续时间"选项

图17-126　设置字幕的"持续时间"

11 设置完成后，单击"确定"按钮，更改字幕的"持续时间"，如图17-127所示。

12 切换至"特效"面板，在"柔化飞入"特效组中选择"向上软划像"运动效果，如图17-128所示。

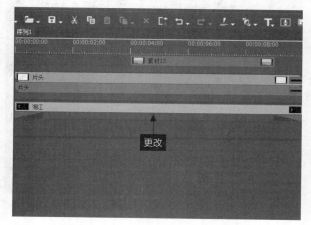

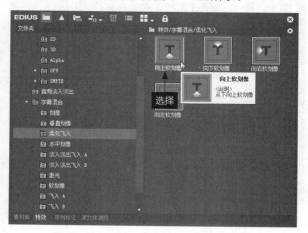

图17-127　更改字幕的"持续时间"

图17-128　选择"向上软划像"运动效果

13 将选择的"向上软划像"运动效果拖曳至1T字幕轨道中的字幕文件上，如图17-129所示。

14 在"信息"面板中查看添加的"向上软划像"运动效果，如图17-130所示。

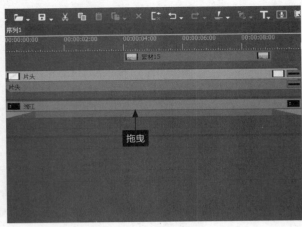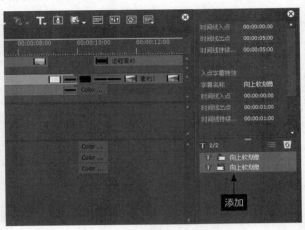

图17-129　拖曳至字幕文件上　　　　　　　图17-130　添加字幕运动效果

15 单击"播放"按钮，预览制作的标题字幕动画效果，如图17-131所示。

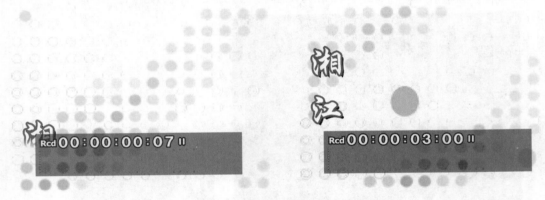

图17-131　预览制作的标题字幕动画效果

16 在"轨道"面板中将时间线移至00:00:01:00位置处，如图17-132所示。

17 在"素材库"面板中选择"爱护环境"字幕文件，如图17-133所示。

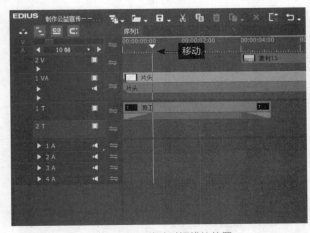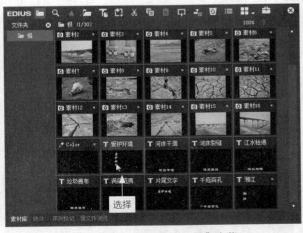

图17-132　移动时间线的位置　　　　　　　图17-133　选择"爱护环境"字幕

18 将选择的字幕文件拖曳至2T字幕轨道中的时间线位置，如图17-134所示。

19 向右拖曳"爱护环境"字幕右侧的黄色标记，调整字幕的"持续时间"，如图17-135所示。

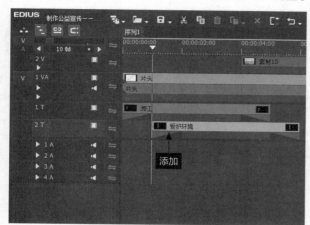

图17-134　添加"爱护环境"字幕

图17-135　调整字幕的"持续时间"

20 切换至"特效"面板，在"柔化飞入"特效组中选择"向上软划像"运动效果，如图17-136所示。

21 将选择的"向上软划像"运动效果拖曳至2T字幕轨道中的字幕文件上，在"信息"面板中查看添加的"向上软划像"运动效果，如图17-137所示。

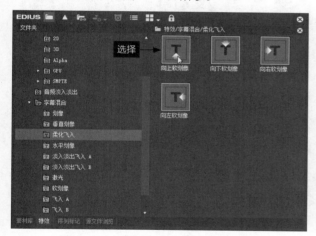

图17-136　选择"向上软划像"运动效果

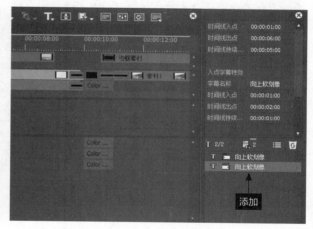

图17-137　添加"向上软划像"运动效果

22 单击"播放"按钮，预览制作的标题字幕动画效果，如图17-138所示。

图17-138　预览制作的标题字幕动画效果

23 在"轨道"面板中将时间线移至00:00:11:14位置处，如图17-139所示。

24 在"素材库"面板中选择"河床干涸"字幕文件，如图17-140所示。

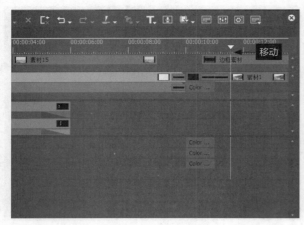

图17-139　移动时间线的位置

图17-140　选择"河床干涸"字幕文件

25 将选择的字幕文件拖曳至1T字幕轨道中的时间线位置，如图17-141所示。

26 向右拖曳"河床干涸"字幕右侧的黄色标记，调整字幕的持续时间，如图17-142所示。

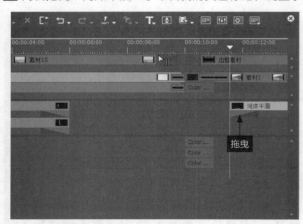

图17-141　拖曳至轨道中的时间线位置

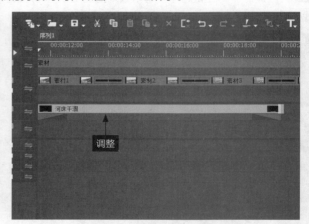

图17-142　调整字幕的持续时间

27 在"特效"面板的"柔化飞入"特效组中，选择"向左软划像"运动效果，如图17-143所示。

28 将选择的"向左软划像"运动效果拖曳至1T字幕轨道中的字幕文件上，为其添加运动效果，如图17-144所示。

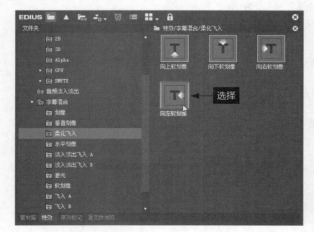

图17-143　选择"向左软划像"运动效果

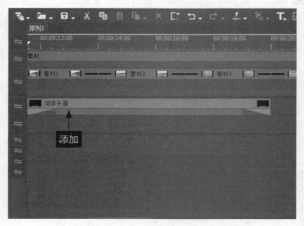

图17-144　添加"向左软划像"运动效果

29 在"轨道"面板中，向右拖曳"向左软划像"运动效果入点右侧的黄色标记，调整入点处的字幕运动区间长度，如图17-145所示。

30 在"轨道"面板中，向左拖曳"向左软划像"运动效果出点左侧的黄色标记，调整出点处的字幕运动区间长度，如图17-146所示。

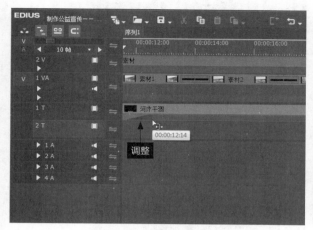
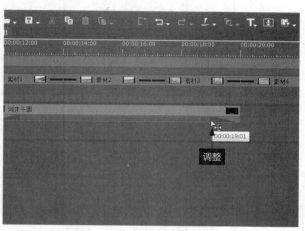

图17-145　调整字幕入点区间　　　　图17-146　调整字幕出点区间

31 单击"播放"按钮，预览制作的标题字幕动画效果，如图17-147所示。

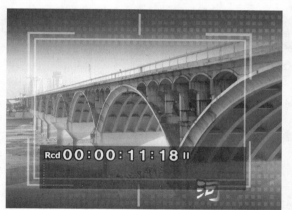

图17-147　预览制作的标题字幕动画效果

32 用与上述同样的方法，在1T字幕轨道中添加其他字幕文件，并设置字幕的运动特效。单击"播放"按钮，预览制作的其他标题字幕动画效果，如图17-148所示。

图17-148　预览制作的其他标题字幕动画效果

图17-148　预览制作的其他标题字幕动画效果（续）

实例 193　制作广告背景音乐

- **素材文件**｜光盘\素材\第17章\音乐.mpa
- **视频文件**｜光盘\视频\第17章\193制作广告背景音乐.mp4
- **实例要点**｜通过"添加文件"选项导入音乐文件。
- **思路分析**｜在后期制作中，音频的处理相当重要，声音运用恰到好处，往往给观众带来耳目一新的感觉。下面介绍制作广告背景音乐的操作方法。

▐ 操作步骤 ▐

01 在"素材库"面板中的空白位置上单击鼠标右键，在弹出的快捷菜单中选择"添加文件"选项，如图17-149所示。

02 执行操作后，弹出"打开"对话框，在其中选择需要导入的音乐素材，如图17-150所示。

图17-149　选择"添加文件"选项　　　　　图17-150　选择需要导入的音乐素材

03 单击"打开"按钮，将选择的音乐素材导入"素材库"面板中，如图17-151所示。
04 选择导入的音乐素材，按住鼠标左键并拖曳至1A音频轨中的开始位置，添加音乐素材，如图17-152所示。

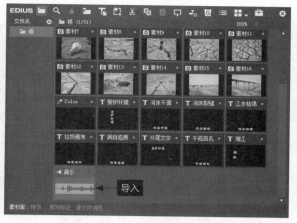

图17-151　导入"素材库"面板中

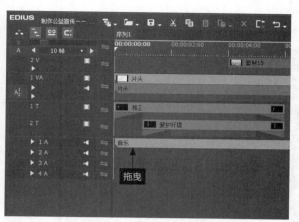

图17-152　拖曳至1A音频轨中的开始位置

05 在"素材库"面板中选择刚导入的音乐素材，按住鼠标左键并拖曳至1A音频轨中第1段素材的结尾处，此时显示虚线框，表示素材将要放置的位置，如图17-153所示。
06 释放鼠标左键，在1A音频轨中添加第2段相同的音乐素材，如图17-154所示。

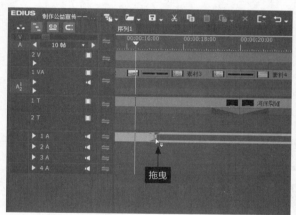

图17-153　拖曳至第1段素材的结尾处

图17-154　添加第2段相同的音乐素材

07 用与上述同样的方法，在1A音频轨道中再添加两段相同的音频素材，将时间线移至合适位置处，如图17-155所示。
08 按【Shift+C】组合键，对音乐素材进行剪切操作，如图17-156所示。

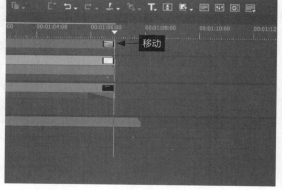

图17-155　移动时间线的位置

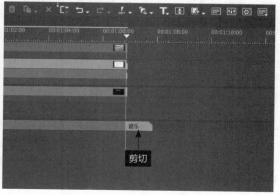

图17-156　对音乐素材进行剪切操作

09 选择剪切的后段音乐文件，单击鼠标右键，在弹出的快捷菜单中选择"删除"选项，如图17-157所示。

10 执行操作后，即可删除后段音乐素材，如图17-158所示。单击录制窗口下方的"播放"按钮，试听制作的音乐效果。

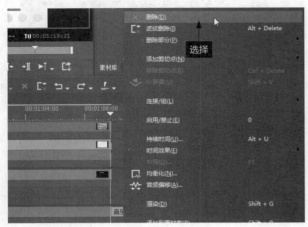

图17-157　选择"删除"选项

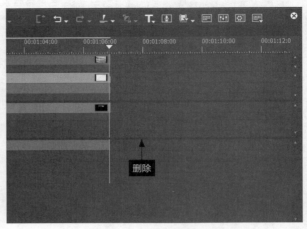

图17-158　删除后段音乐文件

实例 194　输出公益宣传文件

- **素材文件┃**光盘\效果\第17章\制作公益宣传——《爱护环境》.ezp
- **视频文件┃**光盘\视频\第17章\194输出公益宣传文件.mp4
- **实例要点┃**通过"输出到文件"选项输出公益宣传视频文件。
- **思路分析┃**视频编辑好后，用户便可以将编辑完成的影片输出成视频文件了。下面介绍输出公益宣传视频文件的操作方法。

┃ 操作步骤 ┃

01 在录制窗口下方单击"输出"按钮，在弹出的列表框中选择"输出到文件"选项，如图17-159所示。

02 执行操作后，弹出"输出到文件"对话框，在左侧窗口中选择AVI选项，在右侧窗口中选择相应的预设输出方式，如图17-160所示。

图17-159　选择"输出到文件"选项

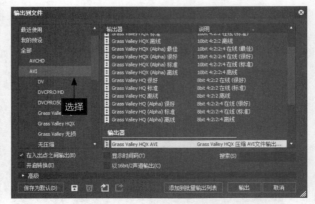

图17-160　在左侧窗口中选择AVI选项

03 单击"输出"按钮，弹出"Grass Valley HQX AVI"对话框，在其中设置视频文件的输出路径，在"文件名"文本框中输入视频的保存名称，如图17-161所示。

04 单击"保存"按钮，弹出"渲染"对话框，显示视频输出进度，如图17-162所示。待视频输出完成后，在"素材库"面板中显示输出后的视频文件，单击"播放"按钮，可以预览输出后的视频画面效果。

图17-161　输入视频的保存名称

图17-162　显示视频输出进度

第 **18** 章

制作专题剪辑
——《新桥试行》

本章重点

制作视频剪辑特效

制作视频片尾特效

制作视频背景音效

Rcd 00 : 00 : 42 : 15 ‖

，宽为38.5米，福元路桥为目前跨湘江大桥中桥面最宽的一

本章主要向读者介绍制作专题剪辑——《新桥试行》视频的
制作方法，讲述新桥通车的全程，以及配上新闻讲解员对该
桥的详细解说，构成了一段专题视频讲解，希望读者熟练掌
握本实例的制作方法。

效果欣赏

本实例介绍如何制作专题剪辑——《新桥试行》，效果如图18-1所示。

图18-1　制作专题剪辑——《新桥试行》

技术提炼

制作出一段完整的专题剪辑，需要经过以下几个环节：

进入EDIUS工作界面，新建一个工程文件；在"素材库"面板中导入专题视频素材文件，将素材分别添加至相应轨道中，对素材进行分割操作，重新合成视频画面，并添加转场效果；添加相应的字幕文件，并制作字幕的"向左软划像"运动特效；添加专题语音解说旁白与背景音乐，制作视频音效；输出专题视频文件，即可完成专题视频——《新桥试行》视频的制作。

实例 195　制作视频片头特效

- **素材文件** | 光盘\素材\第18章\背景音乐.mpa、片头画面.wmv、片尾画面.wmv、声音旁白.mp3、视频内容.mov等
- **视频文件** | 光盘\视频\第18章\195制作视频片头特效.mp4
- **思路分析** | 在"素材库面板"中，用户可以通过"添加文件"选项，将专题视频素材导入其中。为视频制作动感的片头特效，可以增强视频的视觉冲击力。下面向读者介绍制作视频片头特效的操作方法。

● 思路分析 | 首先通过"添加文件"选项导入视频素材，然后将导入的素材分别拖曳至视频轨道中，并调整各个素材的持续时间与拉伸属性，完成视频画面的制作。

操作步骤

01 运行EDIUS应用软件，新建一个项目文件，在"工程设置"对话框中，设置"视频预设"为"HD 1920×1080 2.5p 16：9 8bit"，如图18-2所示。

02 单击"确定"按钮，新建一个工程文件。在"素材库"面板中的空白位置上单击鼠标右键，在弹出的快捷菜单中选择"添加文件"选项，如图18-3所示。

图18-2　设置工程信息

图18-3　选择"添加文件"选项

03 执行操作后，弹出"打开"对话框，在其中选择需要添加的专题视频素材，如图18-4所示。

04 单击"打开"按钮，即可将专题视频素材导入到"素材库"面板中，如图18-5所示。

图18-4　选择需要添加的专题视频素材

图18-5　导入专题视频素材

05 在"素材库"面板中的相应视频素材上双击鼠标左键，在播放窗口中即可预览导入的视频素材画面效果，如图18-6所示。

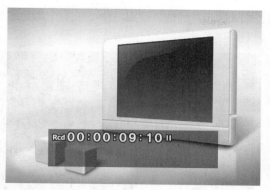

图18-6　预览视频素材画面效果

06 将"素材库"面板中的"片头画面"视频素材，添加至1VA视音频轨道中的开始位置，如图18-7所示。

07 在视频素材上单击鼠标右键，在弹出的快捷菜单中选择"布局"选项，如图18-8所示。

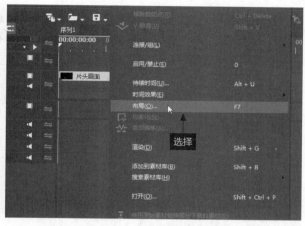

图18-7　添加至视音频轨道中的开始位置　　　　　　　　图18-8　选择"布局"选项

08 执行操作后，弹出"视频布局"对话框，在其中设置"拉伸""X"为1700px。在"效果控制"面板中将时间线移至00:00:09:09位置处，选中"可见度和颜色"复选框，单击右侧的"添加/删除关键帧"按钮，添加一个关键帧，如图18-9所示。

09 将时间线移至00:00:09:24的位置处，在"参数"面板的"可见度和颜色"选项区中设置"源素材"为0%，此时软件自动在时间线位置添加第2个关键帧，如图18-10所示。

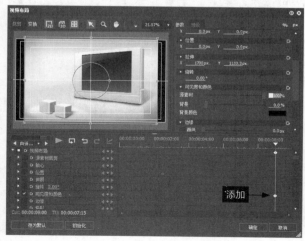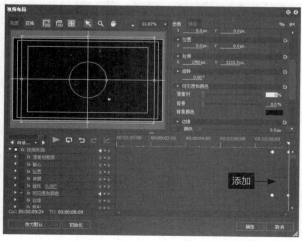

图18-9　添加一个关键帧　　　　　　　　　　　　图18-10　添加第2个关键帧

10 设置完成后，单击"确定"按钮，返回EDIUS工作界面，单击"播放"按钮，预览视频淡出画面特效，如图18-11所示。

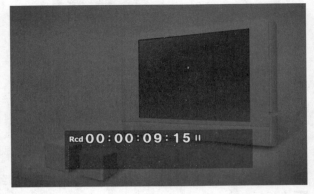

图18-11 预览视频淡出画面特效

11 在"时间线"面板中将时间线移至00:00:06:18的位置处，如图18-12所示。

12 将"素材库"面板中的"素材1"文件添加至2V视频轨中的时间线位置，如图18-13所示。

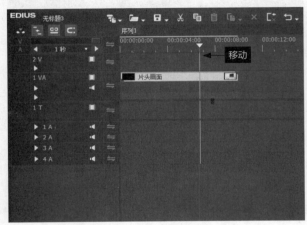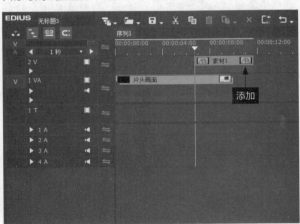

图18-12 移动时间线的位置　　　　　　　　　　　　　图18-13 添加"素材1"文件

13 向左拖曳文件右侧的黄色标记，手动调整素材的持续时间，如图18-14所示。

14 在菜单栏上单击"素材"|"视频布局"命令，如图18-15所示。

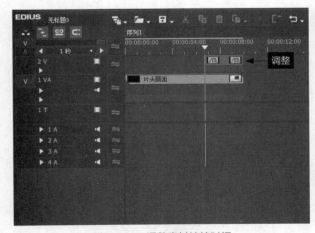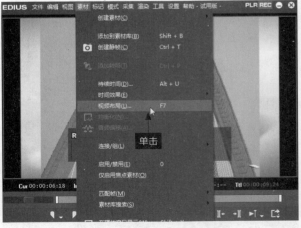

图18-14 调整素材持续时间　　　　　　　　　　　　　图18-15 单击"视频布局"命令

15 弹出"视频布局"对话框，进入3D模式编辑界面，在"参数"面板的"轴心"选项区中，设置相应参数；在"位置"选项区中，设置相应参数，在下方分别选中"源素材裁剪"和"可见度和颜色"关键帧，单击右侧的"添加/删除关键帧"按钮，添加第1组关键帧，如图18-16所示。

16 在"效果控制"面板中将时间线移至00:00:01:10的位置处，在"源素材裁剪"选项区中，设置"顶"为0px、"底"为0px；在"可见度和颜色"选项区中，如图18-17所示。设置"源素材"为100%，此时软件自动在时间线位置添加第2组关键帧。

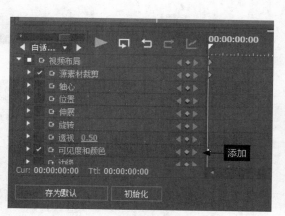

图18-16 添加第1组关键帧

图18-17 添加第2组关键帧

17 在"效果控制"面板中将时间线移至00:00:02:17的位置处，单击"可见度和颜色"复选框右侧的"添加/删除关键帧"按钮，添加第3组关键帧，如图18-18所示。

18 在"效果控制"面板中将时间线移至00:00:03:06的位置处，在"可见度和颜色"选项区中，设置"源素材"为0.0，此时软件自动在时间线位置添加第4组关键帧，如图18-19所示。

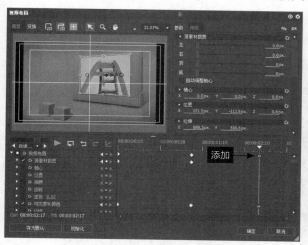

图18-18 添加第3组关键帧

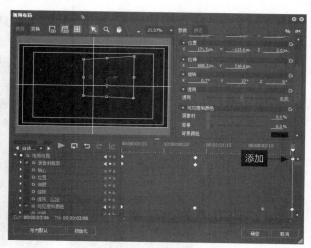

图18-19 添加第4组关键帧

19 设置完成后，单击"确定"按钮，返回EDIUS工作界面，单击"播放"按钮，预览制作的视频画面效果，如图18-20所示。

20 在"时间线"面板中将时间线移至00:00:03:22的位置处，如图18-21所示。

21 将"素材库"面板中的"字幕1"文件添加至1T字幕轨道中的时间线位置，如图18-22所示。

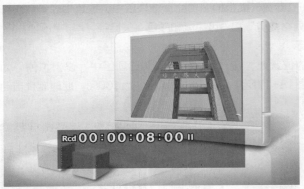 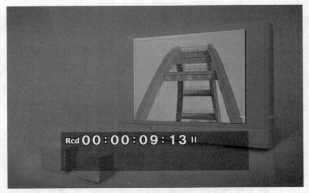

图18-20　预览制作的视频画面效果

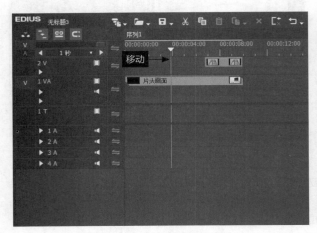

图18-21　移动时间线的位置

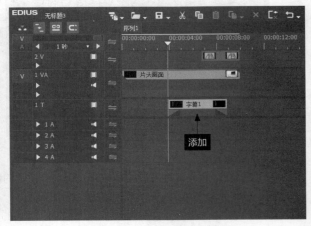

图18-22　添加"字幕1"文件

22 按【Alt＋U】组合键，弹出"持续时间"对话框，在其中设置"持续时间"为00:00:06:08，如图18-23所示。

23 单击"确定"按钮，即可更改字幕的"持续时间"长度，如图18-24所示。

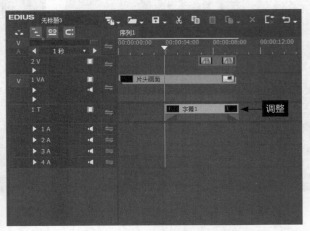

图18-23　设置字幕"持续时间"

图18-24　更改字幕的"持续时间"长度

24 在"特效"面板中展开"柔化飞入"特效组，在其中选择"向上软划像"字幕特效，如图18-25所示。

25 将选择的字幕特效拖曳至1T字幕轨道中的"字幕1"文件淡入位置，如图18-26所示。

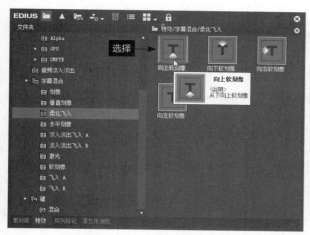

图18-25　选择"向上软划像"字幕特效

图18-26　添加至字幕淡入位置

26 释放鼠标左键，即可在字幕的淡入位置添加"向上软划像"字幕混合特效。按【Shift＋Alt＋U】组合键，弹出"持续时间"对话框，设置"持续时间"为00:00:02:27，如图18-27所示。

27 单击"确定"按钮，即可更改字幕的淡入时间长度，如图18-28所示。

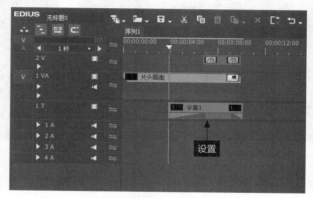

图18-28　设置字幕淡入时间

图18-27　设置"持续时间"参数

28 单击"播放"按钮，预览制作的视频片头特效，如图18-29所示。

图18-29　预览制作的视频片头特效

实 例 196　制作视频剪辑特效

- **视频文件** | 光盘\视频\第18章\196制作视频剪辑特效.mp4
- **实例要点** | 增加一条视频轨道，通过剪切功能，可以将一段视频剪切成多个小段视频。
- **思路分析** | 在EDIUS工作界面中，用户通过剪切功能可以将一段视频剪切成多个小段视频，然后在各小段视频之间添加过渡特效，使制作的视频播放更加流畅，画面更加协调。

操作步骤

01 在"时间线"面板中增加一条视频轨道，如图18-30所示。

02 将"素材库"面板中的"视频内容"素材文件添加至3V视频轨中的时间线位置，此时视频中的背景音乐将自动添加至1A音频轨道中，如图18-31所示。

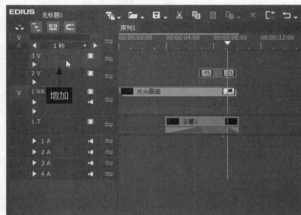

图18-30　增加一条视频轨道

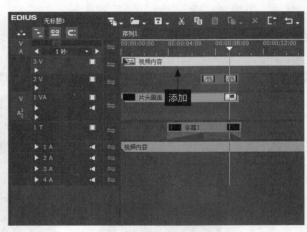

图18-31　添加"视频内容"素材文件

03 在"视频内容"素材文件上单击鼠标右键，在弹出的快捷菜单中选择"连接/组"|"解组"选项，如图18-32所示。

04 即可解组"视频内容"素材，然后选择1A音频轨道中的素材，如图18-33所示。

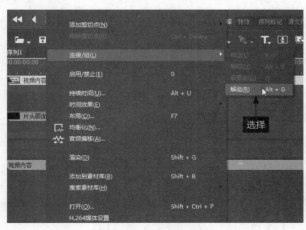

图18-32　选择"解组"选项

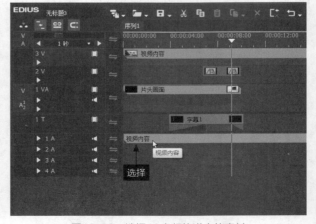

图18-33　选择1A音频轨道中的素材

05 按【Delete】键，将选择的背景音乐删除，如图18-34所示。

06 在"时间线"面板中将时间线移至00:00:04:15的位置处，如图18-35所示。

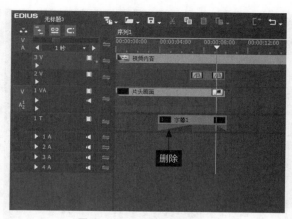

图18-34 删除背景音乐

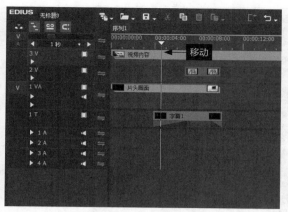

图18-35 移动时间线的位置

07 选择3V视频轨中的素材,单击"编辑"|"添加剪切点"|"选定轨道"命令,即可将视频素材剪切成两段,如图18-36所示。

08 用与上述同样的方法,在00:00:06:08、00:00:11:24、00:00:19:22、00:00:31:02、00:00:43:01、00:01:05:00、00:01:16:02、00:01:29:08的位置,分别添加视频剪切点,将视频文件进行分割操作,然后选择分割后的第1段、第3段、第5段、第7段、第9段视频,按【Delete】键进行删除操作,此时"时间线"面板如图18-37所示。

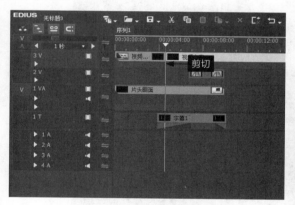

图18-36 将视频素材剪切成两段

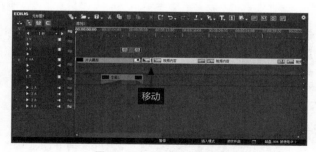

图18-37 显示3V视频轨中的素材文件

09 按住【Shift】键的同时,选择3V视频轨中的所有视频素材,将其移动到1VA视音频轨道中的"片头画面"视频后面,移动视频的位置,如图18-38所示。

图18-38 移动视频的位置

10 删除3V视频轨道,然后将时间线移至00:00:54:00的位置,按【C】键,添加视频剪切点,并删除后部分裁剪的视频。选择最后一段视频,按【F7】键,弹出"视频布局"对话框,在"效果控制"面板中将时间线移至00:00:10:00的位置,选中"可见度和颜色"复选框,单击"添加/删除关键帧"按钮,添加一个关键帧,如图18-39所示。

11 在"效果控制"面板中将时间线移至00:00:11:09的位置,或者是最后一帧的位置,在"可见度和颜色"选项区中,设置"源素材"为0%,此时软件自动在时间线位置添加第2个关键帧,如图18-40所示。

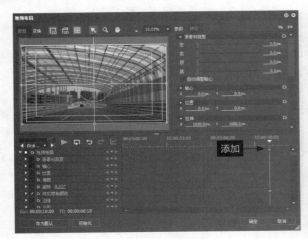

图18-39　添加一个关键帧

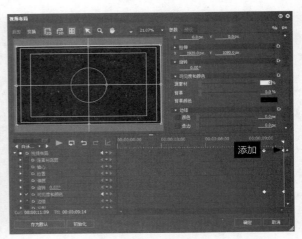

图18-40　添加第2个关键帧

12 设置完成后，单击"确定"按钮，返回EDIUS工作界面，单击"播放"按钮，预览剪辑合成后的视频画面效果，如图18-41所示。

图18-41　预览剪辑合成后的视频画面效果

13 在"特效"面板中，展开"色彩校正"滤镜组，在其中选择"色彩平衡"视频滤镜特效，如图18-42所示。

14 将选择的滤镜添加至1VA视音频轨道中的第1段"视频内容"素材上，如图18-43所示。

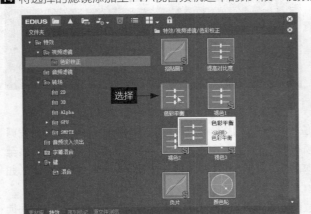

图18-42　选择视频滤镜特效

图18-43　添加到相应素材上

15 在"信息"面板中选择添加的"色彩平衡"滤镜，单击鼠标右键，在弹出的快捷菜单中选择"打开设置对话框"选项，如图18-44所示。

16 执行操作后，弹出"色彩平衡"对话框，在其中设置"色度"为7、"亮度"为39、"对比度"为13，设置各参数，如图18-45所示。

图18-44　选择"打开设置对话框"选项

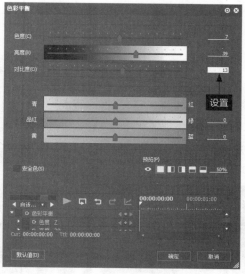

图18-45　设置各参数

17 设置完成后，单击"确定"按钮，返回EDIUS工作界面，单击"播放"按钮，预览调整颜色后的视频画面效果，如图18-46所示。

图18-46　预览调整颜色后的视频画面效果

18 在菜单栏中单击"编辑"|"复制"命令，如图18-47所示。

19 对第1段视频进行复制操作，在1VA视音频轨道中选择第2段"视频内容"素材文件，如图18-48所示。

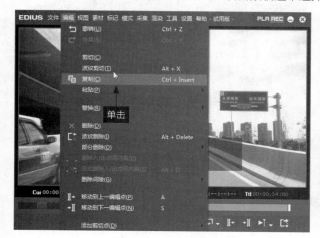

图18-47　单击"复制"命令

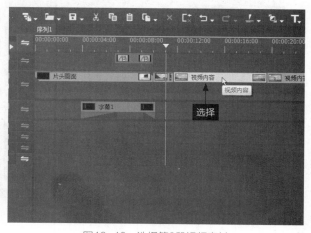

图18-48　选择第2段视频素材

20 在"时间线"面板上方单击"替换素材"按钮，在弹出的列表框中选择"滤镜"选项，如图18-49所示。

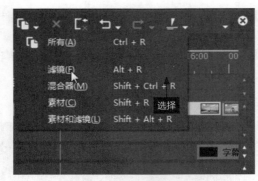

图18-49 选择"滤镜"选项

21 执行操作后，即可将第1段素材上的滤镜效果应用到第2段素材上。单击"播放"按钮，预览替换滤镜后的视频画面，如图18-50所示。

图18-50 预览替换滤镜后的视频画面

22 用与上述同样的方法，将"色彩平衡"滤镜复制与替换到其他的视频中。单击"播放"按钮，预览调整颜色后的视频画面效果，如图18-51所示。

图18-51 预览调整颜色后的视频画面效果

23 在"特效"面板中展开"2D"转场特效组，在其中选择"溶化"转场特效，如图18-52所示。

24 将选择的转场特效添加至1VA视音频轨道中的第1段与第2段"视频内容"素材之间，添加"溶化"转场特效，如图18-53所示。

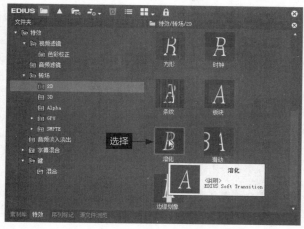
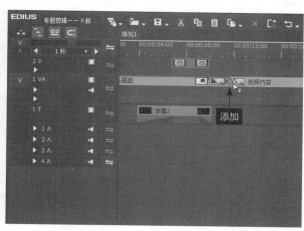

图18-52　选择"溶化"转场特效　　　　　　　　　　　图18-53　添加"溶化"转场特效

25 用与上同样的方法，在其他各视频素材之间添加相应的转场特效。单击"播放"按钮，预览添加的转场画面，如图18-54所示。

图18-54　预览添加的转场画面

实例 197　制作字幕运动特效

● **视频文件┃**光盘\视频\第18章\197制作字幕运动特效.mp4

● **实例要点┃**通过"添加文件"选项导入各类字幕素材，然后将字幕拖曳至字幕轨道中。

● **思路分析┃**在EDIUS工作界面中，制作完视频的片头与片中特效后，接下来制作视频的主体字幕效果，使制作的视频内容更加丰富。

操作步骤

01 在"时间线"面板中将时间线移至00:00:11:22的位置处，如图18-55所示。

02 在"素材库"面板中单击"新建素材"按钮，弹出列表框，选择"色块"选项，如图18-56所示。

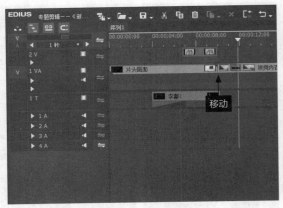

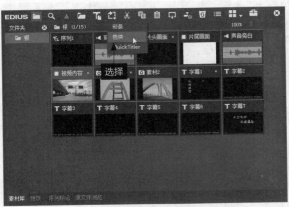

<table>
<tr><td>图18-55　移动时间线的位置</td><td>图18-56　选择"色块"选项</td></tr>
</table>

03 执行操作后，弹出"色块"对话框，在其中设置"颜色"为白色，单击"确定"按钮，如图18-57所示。

04 此时，新建的色块素材将显示在"素材库"面板中，如图18-58所示。

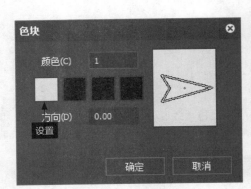

<table>
<tr><td>图18-57　设置"颜色"为白色</td><td>图18-58　显示新建的色块素材</td></tr>
</table>

05 将"素材库"面板中新建的色块素材添加至2V视频轨中的时间线位置，如图18-59所示。

06 按【Alt＋G】组合键，对色块素材进行分组操作，然后删除4A、5A、6A、7A音频轨道，此时"时间线"面板如图18-60所示。

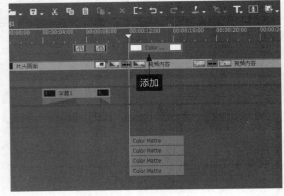

<table>
<tr><td>图18-59　添加色块素材</td><td>图18-60　删除轨道后的"时间线"面板</td></tr>
</table>

07 选择色块素材，按【Alt＋U】组合键，弹出"持续时间"对话框，在其中设置"持续时间"为00:00:37:12，如图18-61所示。

08 单击"确定"按钮，即可更改色块的持续时间长度。按【F7】键，弹出"视频布局"对话框，在"位置"选项区中，设置相应参数；在"拉伸"选项区中，设置相应参数；在"可见度和颜色"选项区中，设置"源素材"为42.6%。在"效果控制"面板中将时间线移至00:00:36:06的位置处，选中"可见度和颜色"复选框，单击右侧的"添加/删除关键帧"按钮，添加一个关键帧，如图18-62所示。

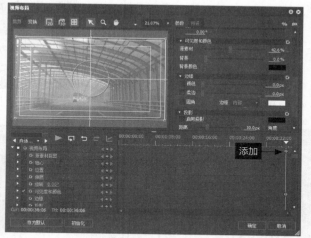

图18-61 设置色块"持续时间"   图18-62 添加一个关键帧

09 在"效果控制"面板中将时间线移至00:00:37:12的位置处，在"可见度和颜色"选项区中，设置"源素材"为0%，此时软件自动在时间线位置添加第2个关键帧，如图18-63所示。

10 设置完成后，单击"确定"按钮，返回EDIUS工作界面。选择1T字幕轨道，单击鼠标右键，在弹出的快捷菜单中选择"添加"|"在上方添加字幕轨道"选项，如图18-64所示。

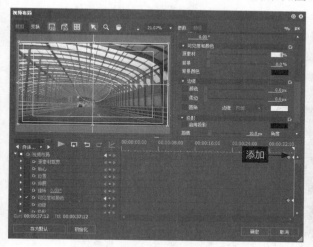

图18-63 添加第2个关键帧   图18-64 选择"在上方添加字幕轨道"选项

11 执行操作后，弹出"添加轨道"对话框，在其中设置"数量"为2，如图18-65所示。

12 单击"确定"按钮，即可新增两条字幕轨道，如图18-66所示。

13 在"时间线"面板中将时间线移至00:00:11:22的位置处，如图18-67所示。

14 将"素材库"面板中的"字幕2"文件添加至1T字幕轨道中的时间线位置，如图18-68所示。

图18-65　设置"数量"为2　　　　　　　　　图18-66　新增两条字幕轨道

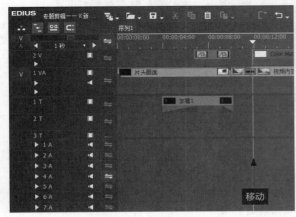

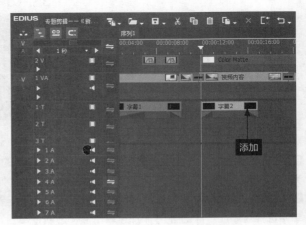

图18-67　移动时间线的位置　　　　　　　　　图18-68　添加"字幕2"文件

15 按【Alt + U】组合键，弹出"持续时间"对话框，在其中设置"持续时间"为00:00:12:19，如图18-69所示。

16 单击"确定"按钮，即可更改字幕的"持续时间"长度，如图18-70所示。

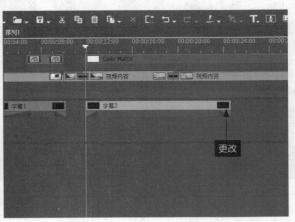

图18-69　设置字幕"持续时间"　　　　　　　图18-70　更改字幕的"持续时间"长度

17 在"特效"面板中展开"柔化飞入"特效组，在其中选择"向左软划像"字幕特效，如图18-71所示。

18 将选择的字幕特效添加至1T字幕轨道中的"字幕2"文件上，此时鼠标指针呈向下箭头形状，如图18-72所示，释放鼠标左键，即可添加字幕特效。

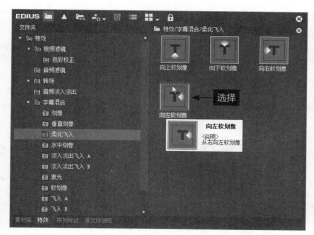

图18-71　选择"向左软划像"字幕特效

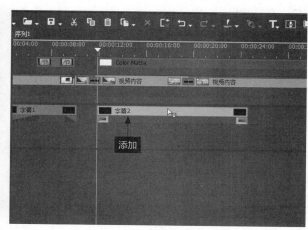

图18-72　添加字幕特效

19 按【Shift＋Alt＋U】组合键，弹出"持续时间"对话框，在其中设置"持续时间"为00:00:06:17，如图18-73所示。

20 单击"确定"按钮，即可更改字幕的淡入特效"持续时间"长度，如图18-74所示。

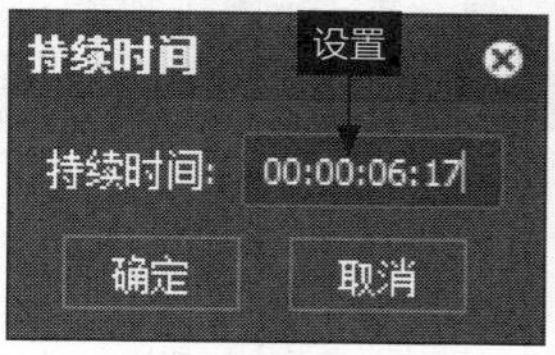

图18-73　设置"持续时间"参数

图18-74　更改字幕淡入特效时间

21 按【Ctrl＋Alt＋U】组合键，弹出"持续时间"对话框，在其中设置"持续时间"为00:00:06:02，如图18-75所示。

22 单击"确定"按钮，即可更改字幕的淡出特效"持续时间"长度，如图18-76所示。

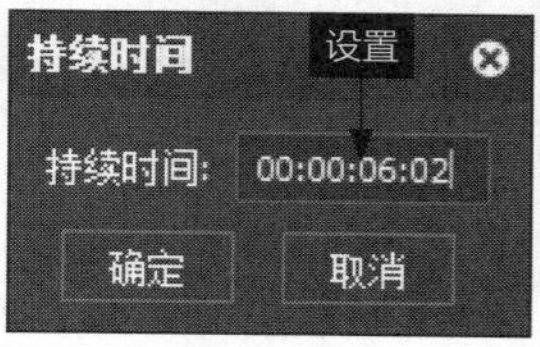

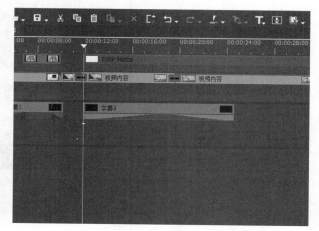

图18-75　设置"持续时间"参数

图18-76　更改字幕淡出特效时间

23 制作完成后，单击"播放"按钮，预览标题字幕动画效果，如图18-77所示。

图18-77 预览标题字幕动画效果

24 在"时间线"面板中将时间线移至00:00:18:04的位置处，如图18-78所示。

25 将"素材库"面板中的"字幕3"文件添加至2T字幕轨道中的时间线位置，如图18-79所示。

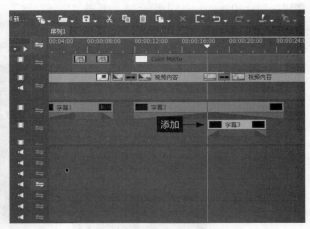

图18-78 移动时间线的位置　　　　　　　　　图18-79 添加"字幕3"文件

26 按【Alt+U】组合键，更改"字幕3"的"持续时间"为00:00:12:19，如图18-80所示。

27 为"字幕3"添加"向左软划像"字幕特效，按【Shift+Alt+U】组合键，设置字幕淡入特效"持续时间"为00:00:06:02；按【Ctrl+Alt+U】组合键，设置字幕淡出特效"持续时间"为00:00:06:17，如图18-81所示。

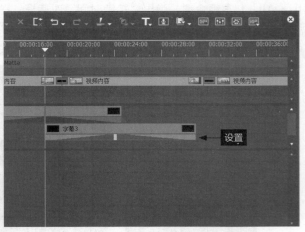

图18-80 更改"字幕3"的"持续时间"　　　　　图18-81 设置字幕淡入淡出"持续时间"

28 制作完成后，单击"播放"按钮，预览标题字幕动画效果，如图18-82所示。

图18-82　预览标题字幕动画效果

29 将时间线移至00:00:24:06的位置处，将"素材库"面板中的"字幕4"文件添加至3T字幕轨道中的时间线位置，如图18-83所示。

30 按【Alt+U】组合键，更改"字幕4"的"持续时间"为00:00:12:19，如图18-84所示。

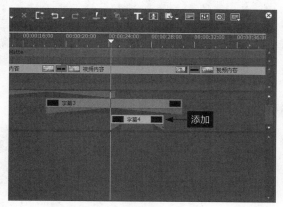 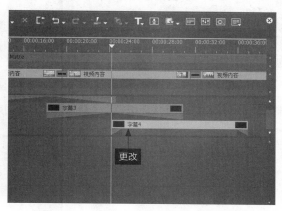

图18-83　添加"字幕4"文件　　　　　　　图18-84　更改"字幕4"的"持续时间"

31 为"字幕4"添加"向左软划像"字幕特效，按【Shift+Alt+U】组合键，设置字幕淡入特效"持续时间"为00:00:06:17；按【Ctrl+Alt+U】组合键，设置字幕淡出特效"持续时间"为00:00:06:02，如图18-85所示。

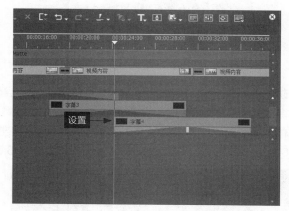

图18-85　设置字幕淡入淡出"持续时间"

32 制作完成后，单击"播放"按钮，预览标题字幕动画效果，如图18-86所示。

图18-86　预览标题字幕动画效果

33 在"时间线"面板中将时间线移至00:00:30:20的位置处，如图18-87所示。

34 将"素材库"面板中的"字幕5"文件添加至1T字幕轨道中的时间线位置，按【Alt+U】组合键，更改"字幕5"的"持续时间"为00:00:12:19。为字幕添加"向左软划像"字幕特效，设置字幕淡入特效"持续时间"为00:00:06:02，设置字幕淡出特效"持续时间"为00:00:06:17，如图18-88所示。

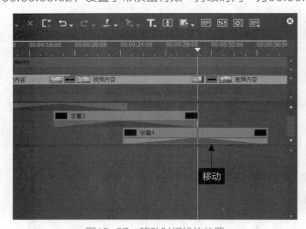 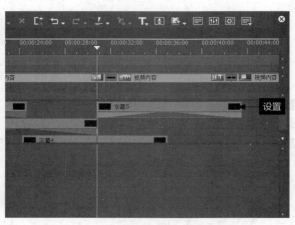

图18-87　移动时间线的位置　　　　　　　　　　图18-88　设置字幕"持续时间"

35 制作完成后，单击"播放"按钮，预览标题字幕动画效果，如图18-89所示。

图18-89　预览标题字幕动画效果

36 在"时间线"面板中将时间线移至00:00:36:15的位置处，如图18-90所示。

37 将"素材库"面板中的"字幕6"文件添加至2T字幕轨道中的时间线位置，按【Alt+U】组合键，更改"字幕6"的"持续时间"为00:00:12:19。为字幕添加"向左软划像"字幕特效，设置字幕淡入特效"持续时间"为00:00:06:17，设置字幕淡出特效"持续时间"为00:00:06:02，如图18-91所示。

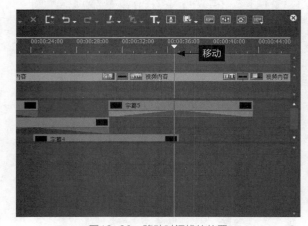 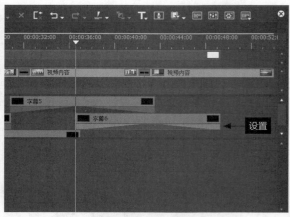

图18-90　移动时间线的位置　　　　　　　　　　图18-91　设置字幕"持续时间"

38 制作完成后，单击"播放"按钮，预览标题字幕动画效果，如图18-92所示。

图18-92　预览标题字幕动画效果

实例 198　制作视频片尾特效

- **视频文件**｜光盘\视频\第18章\198制作视频片尾特效.mp4
- **实例要点**｜制作完专题视频的主体字幕特效后，可以制作漂亮的片尾特效，与片头动画相呼应。
- **思路分析**｜下面向读者介绍制作视频片尾特效的操作方法。

操作步骤

01 将时间线移至00:00:54:00的位置处，将"素材库"面板中的"片尾画面"视频文件添加至1VA视音频轨道中的时间线位置，如图18-93所示。

02 用与上述同样的方法，将"素材库"面板中的"字幕7"文件添加至1T字幕轨道中的时间线位置，如图18-94所示。

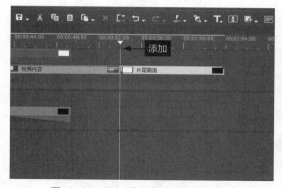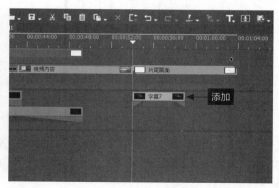

图18-93　添加"片尾画面"视频文件　　　　图18-94　添加"字幕7"文件

03 向右拖曳字幕文件右侧的黄色标记，手动调整字幕素材的"持续时间"，如图18-95所示。

04 在"特效"面板中展开"激光"特效组，在其中选择"下面激光"字幕特效，如图18-96所示。

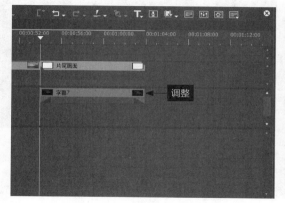

图18-95　调整字幕素材的"持续时间"　　　　图18-96　选择"下面激光"字幕特效

05 将选择的字幕特效添加至1T字幕轨道中的"字幕7"文件淡入位置，如图18-97所示。

06 设置"字幕1"淡入特效的"持续时间"为00:00:01:29，如图18-98所示。

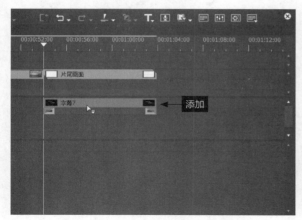

图18-97 添加至字幕文件淡入位置　　　　图18-98 设置字幕淡入"特效时间"

07 单击"播放"按钮，预览制作的片尾字幕特效，如图18-99所示。

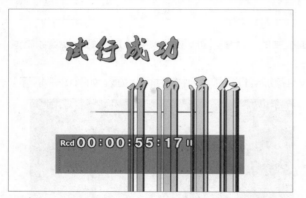

图18-99 预览制作的片尾字幕特效

08 在"时间线"面板中将时间线移至00:00:57:00的位置处，如图18-100所示。

09 将"素材库"面板中的"素材2"文件添加至2V视频轨中的时间线位置，如图18-101所示。

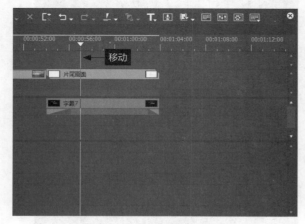

图18-100 移动时间线的位置　　　　图18-101 添加"素材2"文件

10 向右拖曳"素材2"文件右侧的黄色标记，手动调整素材的"持续时间"，如图18-102所示。

11 按【F7】键，弹出"视频布局"对话框，在"可见度和颜色"选项区中，设置"源素材"为0%。在下方选中"可见度和颜色"复选框，单击右侧的"添加/删除关键帧"按钮，添加一个关键帧，如图18-103所示。

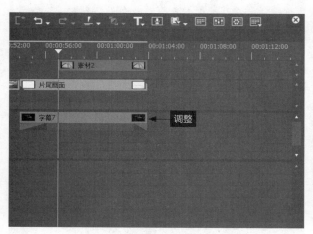

图18-102 调整素材的"持续时间"

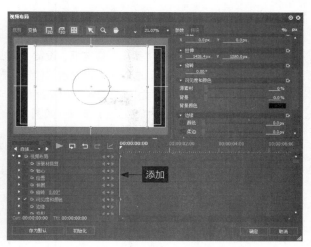

图18-103 添加一个关键帧

12 在"效果控制"面板中将时间线移至00:00:00:23的位置处，在"可见度和颜色"选项区中，设置"源素材"为100%，此时软件自动在时间线位置添加第2个关键帧，如图18-104所示。

13 设置完成后，单击"确定"按钮，在"特效"面板中展开"视频滤镜"特效组，在其中选择"手绘遮罩"滤镜效果，如图18-105所示。

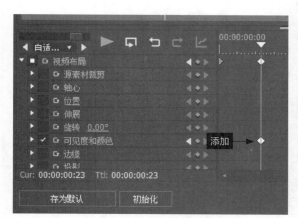

图18-104 添加第2个关键帧

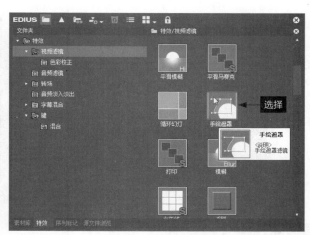

图18-105 选择滤镜效果

14 将选择的滤镜效果添加至2V视频轨中的"素材2"文件上，在"信息"面板中选择"手绘遮罩"滤镜效果，单击鼠标右键，在弹出的快捷菜单中选择"打开设置对话框"选项，如图18-106所示。

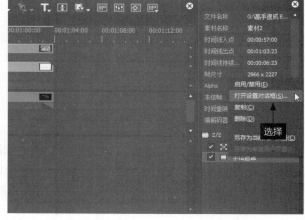

图18-106 选择"打开设置对话框"选项

15 弹出"手绘遮罩"对话框，在预览窗口中绘制一个矩形，在"外部"选项区中，设置"可见度"为0%；在"边缘"选项区中，选中"柔化"复选框，设置"宽度"为120px；在"外形1"选项区中，设置"位置"（"X"为12.3px、"Y"为311.1px）和"缩放"（"X"为87.5%、"Y"为87.5%）参数，如图18-107所示。

图18-107　设置各参数

16 设置完成后，单击"确定"按钮，返回EDIUS工作界面，单击"播放"按钮，预览制作的视频片尾特效，如图18-108所示。

图18-108　预览制作的视频片尾特效

实例
199　制作视频背景音效

- **素材文件** | 光盘\素材\第18章\背景音乐.mpa
- **视频文件** | 光盘\视频\第18章\199制作视频、声音旁白.mp3
- **实例要点** | 通过"添加文件"选项导入背景音乐，然后将音乐拖曳至音频轨道中。
- **思路分析** | 在编辑影片的过程中，除了画面以外，声音效果是影片的另一个非常重要的因素。下面介绍制作背景声音特效的操作方法。

操作步骤

01 在"时间线"面板中将时间线移至00:00:12:23的位置处，如图18-109所示。

02 将"素材库"面板中的"声音旁白"素材文件添加至1A音频轨道中的时间线位置，如图18-110所示。

03 用与上述同样的方法，将"素材库"面板中的"背景音乐"文件添加至2A音频轨道中的开始位置，如图18-111所示。

04 将时间线移至00:00:12:23的位置处，按【C】键，对"背景音乐"进行分割操作，如图18-112所示。

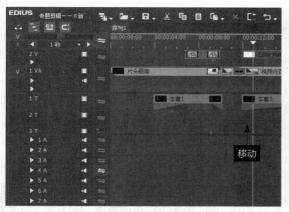

图18-109　移动时间线的位置

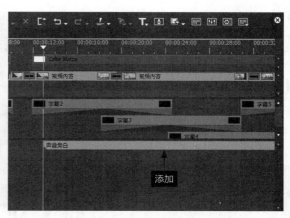

图18-110　添加"声音旁白"文件

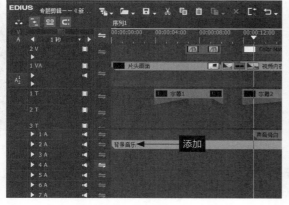

图18-111　添加"背景音乐"文件

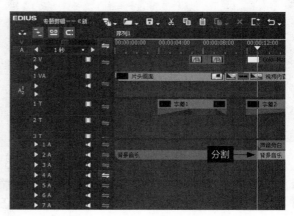

图18-112　对"背景音乐"进行分割操作

05 进入"音量"控制状态，向下拖曳关键帧与调节线，降低"背景音乐"的音量，如图18-113所示。

06 用与上述同样的方法，在2A音频轨道中的其他位置添加"背景音乐"素材文件，对素材进行相应分割操作，并调整部分区域的音量大小，"时间线"面板如图18-114所示，完成背景音效的制作。

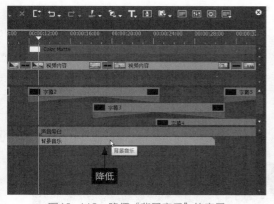

图18-113　降低"背景音乐"的音量

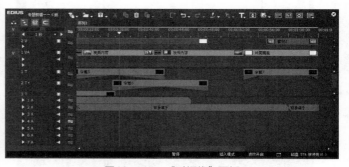

图18-114　"时间线"面板

实例 200　输出专题剪辑文件

● **效果文件** | 光盘\效果\第18章\制作专题剪辑——《新桥试行》.ezp

● **视频文件** | 光盘\视频\第18章\200输出专题剪辑文件.mp4

● **实例要点**┃通过"输出到文件"选项输出专题剪辑文件。

● **思路分析**┃创建并保存视频文件后，即可对其进行渲染。渲染时间因编辑项目的长短以及计算机配置的高低而略有不同。EDIUS提供了多种输出影片的方法供用户选择。

┃操作步骤┃

01 在菜单栏中单击"文件"|"输出"|"输出到文件"命令，如图18-115所示。

02 弹出"输出到文件"对话框，在左侧窗格中选择"Windows Media"选项，然后单击"输出"按钮，如图18-116所示。

图18-115　单击"输出到文件"命令

图18-116　单击"输出"按钮

03 执行操作后，弹出相应对话框，在其中设置《新桥试行》视频文件的文件名与保存位置，如图18-117所示。

04 单击"保存"按钮，弹出"渲染"对话框，提示用户正在输出视频文件，并显示输出进度，如图18-118所示。

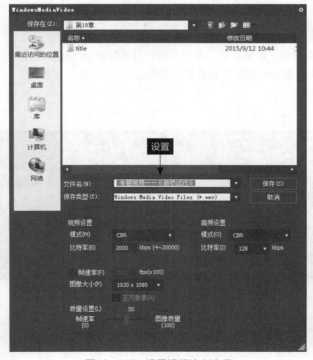

图18-117　设置视频输出选项

图18-118　显示输出进度

05 稍等片刻，待视频文件输出完成后，将显示在"素材库"面板中。在"素材库"面板中双击输出的视频文件，在播放窗口中单击"播放"按钮，即可预览输出的视频文件画面效果，如图18-119所示。至此，《新桥试行》专题视频文件制作完成。

图18-119 预览输出的视频文件画面效果

附录A　EDIUS快捷键速查

项目名称	快捷键	项目名称	快捷键
新建工程	【Ctrl + N】	创建静帧	【Ctrl + T】
新建序列	【Shift + Ctrl + N】	添加转场	【Ctrl + P】
打开工程	【Ctrl + O】	持续时间	【Alt + U】
保存工程	【Ctrl + S】	视频布局	【F7】
另存为	【Shift + Ctrl + S】	时间效果速度	【Alt + E】
撤销	【Ctrl + Z】	时间重映射	【Shift + Alt + E】
恢复	【Ctrl + Y】	连接/组	【Y】
播放/暂停	【Space】、【Enter】	解除连接	【Alt + Y】
波纹剪切	【Alt + X】	设置组	【G】
复制	【Ctrl + Insert】	解组	【Alt + G】
粘贴指针位置	【Ctrl + V】	匹配帧	【F】
波纹删除	【Alt + Delete】	显示源素材	【Alt + F】
波纹删除入/出点间内容	【Ctrl + D】	搜索录制窗口	【Shift + F】
移动到上一编辑点	【A】	搜索播放窗口	【Shift + Ctrl + F】
移动到下一编辑点	【S】	在播放窗口显示	【Shift + Y】
去除剪切点	【Ctrl + Delete】	打开素材	【Shift + Ctrl + P】
替换全部	【Ctrl + R】	编辑素材	【Shift + Ctrl + E】
替换滤镜	【Alt + R】	查看素材属性	【Alt + Enter】
替换混合器	【Shift + Ctrl + R】	设置入点	【I】
替换素材	【Shift + R】	设置出点	【O】
替换素材和滤镜	【Shift + Alt + R】	设置音频入点	【U】
删除所有转场	【Alt + T】	设置音频出点	【P】
删除素材转场	【Shift + Alt + T】	为选定的素材设置入/出点	【Z】
删除音频淡入淡出	【Ctrl + Shift + T】	清除入点	【Alt + I】
删除键	【Ctrl + Alt + G】	清除出点	【Alt + O】
删除透明度	【Shift + Ctrl + Alt + G】	清除入/出点	【X】
删除所有滤镜	【Shift + Ctrl + Alt + F】	跳转至入点	【Q】
删除视频滤镜	【Shift + Alt + F】	跳转至出点	【W】
删除音频滤镜	【Ctrl + Alt + F】	添加标记	【V】
删除音频音量	【Shift + Alt + H】	清除所有标记	【Shift + Alt + V】
删除音频声相	【Ctrl + Alt + H】	跳转至上一个序列标记	【Shift + Page up】
删除选定素材间隙	【Backspace】	跳转至下一个序列标记	【Shift + Page down】
在选定轨道添加剪切点	【C】	常规模式	【F5】
在所有轨道添加剪切点	【Shift + C】	剪辑模式	【F6】

项目名称	快捷键	项目名称	快捷键
在入/出点间范围添加剪切点	【Alt + C】	多机位模式	【F8】
去除剪切点	【Ctrl+Delete】	采集	【F9】
选择选定轨道	【Ctrl + A】	批量采集	【F10】
选择所有轨道	【Shift + A】	渲染序列红色区域	【Shift + Ctrl + Q】
显示/隐藏素材库	【B】	渲染序列橙色区域	【Shift + Ctrl + Alt + Q】
显示/隐藏所有面板	【H】	渲染入/出点间红色区域	【Ctrl + Q】
显示常规窗口布局	【Shift + Alt + L】	渲染入/出点间橙色区域	【Ctrl + Alt + Q】
显示/隐藏安全区域	【Ctrl + H】	渲染入/出点间所有内容	【Shift + Alt + Q】
显示/隐藏中央十字线	【Shift + H】	删除临时渲染文件	【Alt + Q】
显示/隐藏屏幕状态	【Ctrl + G】	添加文件	【Ctrl + O】
添加到素材库	【Shift + B】	添加字幕	【Ctrl + T】

附录B 50个EDIUS常见问题解答

1. EDIUS软件安装完成后，打开时出现"内存不能为Read"报错，导致软件不能正常打开？

答：这是Windows系统的原因，一般在改变桌面主题后有上述现象，可以尝试再将Windows主题改回来，解决该问题。

2. EDIUS 8.0与金山快译同时安装，EDIUS报错，导致无法启动？

答：金山快译与EDIUS 8.0会产生冲突，卸载金山快译后系统恢复正常。

3. 安装在EDIUS 8.0软件中的插件，不能直接在EDIUS 8.0中使用？

答：在EDIUS 8.0中使用的插件，都必须是最新版本的，否则EDIUS 8.0将无法识别，也就会调用失败。

4. 在自己计算机上使用的工程文件，移动到其他计算机上，还可以照样打开吗？

答：可以打开，前提是其他计算机也安装了与你同样版本的软件以及插件。如果该工程文件还包含了视频、图片或音频素材，就必须将整个目录文件夹一起复制过去。

5. 一些图片插入EDIUS界面中后，颜色显示变了？

答：如果图片的模式是CMYK，导入EDIUS视频轨中，图片的颜色就会有变化。可以先将CMYK模式的图片导入Photoshop中，将模式改为RGB模式，再调入EDIUS界面中，颜色就会正常了。

6. 使用EDIUS编辑时，录制/播放窗口由于误操作而消失，或修改分辨率后，录制/播放窗口超出了显示区域？

答：按【Shift + Alt + L】组合键，显示常规窗口布局模式即可。

7. 在EDIUS软件中进行图像亮度键抠像时，能否设定一个抠像范围？

答：使用亮度键时，在窗口下方选中"矩形选择有效"，即可画定一个矩形，矩形内部按照亮键抠像的效果显示，外部全透明。

8. 什么情况下用波纹模式？有什么作用呢？

答：当在一个轨道上进行片段的波纹删除或拉伸等操作时，其他轨道上的素材会一起自动跟进，这个时候需要使用波纹模式剪辑。

9. EDIUS中如何进行音量调节？

答：在V1下有2个下拉箭头，选择第一个箭头，会看到一个灰色VOL选项，单击打开它，素材上有一条红色音频线，上下拉动该线就可以调节音量大小了。

10．原先工程文件打不开，EDIUS出现无响应？

答：新建工程，在新建工程下能否打开该工程文件？如果不行的话，读取最近保存的工程文件，或者在新建工程下合并原先想要打开的工程文件。

11．EDIUS中打不开特技窗口，如何解决？

答：用快捷键【H】。如果还是没有的话，到布局中选择常规布局就可以了。

12．EDIUS中的"帧匹配跳转"功能有时不起作用？

答：该功能和视频文件内的时间码有关，如果文件内不记录时间码或时间码不正确，则无法使用此功能。可以使用的文件格式有Canopus DV AVI、Canopus HQ AVI、MS DV AVI、MOV；不能适用的文件格式有MPEG1、MPEG2 PS、MPEG2 TS、WMV。

13．视频为什么要渲染？渲染和输出有什么区别？

答：在播放时间线上的素材、特技等，不能实时预览时，需要渲染，这样就可以观看效果了。输出是在时间线上输出一个完整的视频文件。

14．时间线上无法实时回放，在播放的时候出现停止？

答：查看是不是做了3D特效，如果有的话，删除特技效果。如果一定要用这个特技效果的话，渲染一下，还是不行的话，加入点出点，重新生成一个AVI就可以了。

15．为什么有时候图片加到视频中输出后是颤抖的？

答：应该是场序的问题，另外需要确认输出到监视器是否有抖动。如果没有，那应该没多大关系，如果也是抖动的话，那就是场序上的问题，调节一下即可。另外，如果图片有移动效果的话，也会有抖动，这是正常现象。

16．在EDIUS中如何添加多条轨道？

答：在轨道名称上单击鼠标右键，在弹出的快捷菜单中选择"添加"选项，在弹出的子菜单中选择相应的选项，即可添加相应的轨道数量。

17．文字在做上滚字幕的最后如何定格？

答：做一个静帧放在字幕第2轨上就可以了。关键是要对准，现在雷特的传奇字幕里有可以将字幕上滚之后保持停留的设置。

18．如何在EDIUS下实现字幕的放大缩小功能？

答：将字幕文件添加到视频轨道中，然后进入"视频布局"对话框，在其中通过关键帧，制作放大缩小的运动特效。

19．如何在titlmotion实现单个字符的运动方式？

答：在字幕做好之后，选择按照单个字符进行运动设置，再进入动画模式，对每个字加关键帧，创建每个字的不同运动方式。

20．在"轨道"面板中，如何一次拖动多个素材？

答：选择要移动的多个素材后，按【Shift + Alt】组合键，在最前面的素材处鼠标指针会改变形状，然后拖动序列即可。

21．EDIUS中的特效可否多次快速复制到其他素材上？

答：可以复制，只需在"信息"面板中选择相应的特效文件，按住【Ctrl】键的同时，将特效拖曳至其他素材上即可添加。

22．在EDIUS界面中，如何对多个视频画面进行预览和编辑？

答：可以使用多机位模式，对多条视频轨道中的视频画面进行预览和编辑。

23．音乐文件添加到轨道中，听不见声音？

答：这种情况可能是在调音台中将轨道设置为静音了，只需在调音台中将静音取消，即可听到音频轨道中的声音了。

24. 怎样把轨道后面的素材整体同步向前移动，使素材中间没有空隙，而且衔接流畅？

答：在EDIUS中，使用删除素材间隙功能，将中间的间隙删除，即可接上前面的素材。

25. 在"轨道"面板中，如何隐藏暂时不需要编辑的轨道画面？

答：可以在"轨道"面板中单击"视频静音"按钮，暂时隐藏视频画面。

26. 如何在视频开始和结尾处添加淡入淡出特效？

答：可以在"视频布局"对话框中，通过在视频的开始和结尾处添加"可见度和颜色"关键帧，在0～100%调整参数，制作关键帧运动特效，实现视频的淡入淡出特效。

27. 使用其他软件制作的多声道文件，是否可以调入EDIUS中？

答：使用其他音频软件制作的多声道文件，在EDIUS软件中可以调用，并且可以分别对各个声道进行调节。具体方法为：在音频轨上分别设置非立体声1、2、3、4……有多少个声道，就要建多少个音频轨。另外，在"素材库"面板中可以查看所调用的音频文件是多少个声道的。

28. 在EDIUS中能否使用板卡带的接口进行同步录音？

答：在EDIUS中使用同步录音功能，只能在声卡中进行输入，不能使用板卡音频输入。

29. EDIUS时间线上，原本设置透明通道的素材，渲染后透明通道消失？

答：正确的渲染方法是播放不实时后在素材前后打上入、出点后按【Q】键，或从渲染按钮中选择渲染全部。如果是在时间线素材上单击右键选择"渲染"，则通道会消失。

30. 使用Flash输出的"swf"格式的文件，可否导入EDIUS界面中？

答："swf"格式的动画文件不能导入EDIUS界面中使用。

31. 在EDIUS中导入EDL表时，音频轨道为空，没有音频？

答：在导入EDL表之前，将音频轨道设置为立体声1、2。另外，需注意，如果导入/导出EDL表为AVID或Premiere软件所用，在EDL表的设置中选择导出格式为模式2。

32. EDIUS是否可以批量输出多个入/出点间的视频？

答：可以输出多个入/出点间的视频。在录制窗口下方单击"输出"按钮，在弹出的列表框中选择"批量输出"选项，在弹出的对话框中设置多个入/出点区间，输出即可。

33. 装好EDIUS软件之后，发现采集没有信号，另外在输出项目工程中也看不到NHX-E1的设备，如何解决？

答：检查设备管理器中是否有CANOPUS的硬件，如果有的话，则重新安装HX-E1的驱动就可以了。如果安装之后还是没有的话，建议卸载软件，重新安装一遍就可以了。

34. EDIUS合并工程并保存退出后，再次打开工程时提示素材离线，指向原素材恢复时告知素材信息不符，无法恢复，原来的工程都可以正常打开？

答：取消恢复离线素材。用优化工程工具，选中"复制使用的文件到工程文件夹"项中，优化后工程离线素材恢复。

35. EDIUS中已正确设置了采集时分割文件的选项，但NX使用DV采集时画面仍被分割为多段？

答：必须保证磁带时间码的连续性，或录制前预铺时间码（AJ-455MC 使用SET+REC可以重置时间码）。

36. TM在使用过程中出现"程序运行不稳定被WINDOWS关闭"的提示？

答：是由于在安装TM时没有安装完全造成的，重新安装即可解决。

37. Sony光盘摄像机的文件如何采集？

答：Sony光盘摄像机可以用光盘采集成."m2p"文件，但是采集后的文件在EDIUS中调用时会引起死机（高配置机器能调上去，但是回放会丢帧）。可以用Procoder直接进行格式转换后再用，或是直接打开光盘里的文件转换。

38. SP 无法输入，DV模拟都用过了，没有信号，如何解决？

答：按照步骤，先确定工程项目的设置，选择SHX-E1，编码选择DV PAL，然后输入源直接连板卡DV输入，输入选项选择DV PAL，最终问题解决。

39. 在EDIUS中，只要导入一个SD的TGA序列（没有通道），时间线显示就不能实时，是否正常？

答：TGA序列文件本身比较大，实时效果不是很好，最好将文件转换成AVI之后再进行编辑。

40. DVCPRO 25M进行数字采集时出现花屏，监视器上也出现花屏，并无法回录？

答：因为25M素材是4:1:1的编码格式，因此，目前来说，所有的非编系统都无法很好地支持它，唯一的解决办法是通过模拟来进行采集和回录。

41. 在EDIUS中生成输出VCD后，在电视机上播放时画面变小了，是什么问题？

答：可能是压缩软件的问题，重新安装压缩软件试试，新建一个工程重新制作，可以解决问题。

42. 在EDIUS中采集的AVI文件是有声音，但加入到时间线上却没有声音输出，时间线播放窗口也没有声音波形，输出到监视器上也没有声音。

答：判断工程项目设置是否正确。按照以上的说法，可能是软件上的问题，建议还是重新安装EDIUS软件。

43. EDIUS软件中JPG格式文件打不开，TGA格式的则可以？

答：（1）卸载装有Quicktime编码库的软件，如暴风影音等（保证计算机中没有高版本的Quicktime编码库，否则新的安装会失败）；（2）安装暴风影音，选择组件时，选中"我已安装Quicktime程序"复选框，安装过程中会提示"是否安装Quicktime解码库"，选择"否"（是为光盘采集安装的，没有这个需要可以跳过这一步）；（3）安装盘里有一个Quicktime播放器，安装即可（安装Quicktime组件）。

44. 用EDIUS怎样输出IBP文件？

答：在自定义设置中，将默认静帧格式设置为IBP，然后输出为静帧即可。

45. 将HDV格式文件压缩为DVD需要多长时间？

答：理论时间比在1：2以上，具体还要进行更详细的测试。

46. 在EDIUS中，高清工程向标清工程变换时，字幕位置和字形变换出现问题？

答：必须用TitleMotion字幕软件制作，字幕肯定要变位置。

47. 在EDIUS软件中，如何生成左右声道分离效果？

答：用"音频电位平衡器"滤镜分离左右声道时，有时分不干净，需要配合工程设置中的音频通道表来分配1A、2A分别是左声道还是右声道（将1A全设为左声道，2A全设为右声道），将1A、2A轨分别设为非立体声通道1和非立体声通道2。调入素材后，左、右声道会自动分别放置在1A和2A轨上。

48. 刻录出来的DVD光盘在电视上看有拉丝现象，在计算机上看没有问题？

答：压缩好之后直接将M2P文件放在时间线上，输出到监视器上看看会不会有拉丝现象。如果不会的话，说明压缩好的文件是没有问题的，问题可能出在刻录的时候，重新选择一个刻录软件。如果还是有问题的话，可能是刻录机的问题了。

49. EDIUS输出的TGA图片序列在AE下调用，无论使用N制、P制工程，都显示为30帧/秒，时间变短？

答：在AE中将"Perfermence" | "import" | "Sequnce footage"设置为25（默认为30）。

50. 同一磁带既记录高清信号又记录标清信号，在进行软件设置后有信号输入，但走带一会儿后忽然无信号输入，此时设置正确工程也无信号输入？

答：将EDIUS重新设置为与当前信号相同的工程后，将连接非编的1394线重新连接即可解决问题。对于Sony设备，如Z1C、FX1E或M10C等，可使用i-LINK中的变换功能，将高清记录信号强制为标清输出。